民國建築工程期刊匯編

MINGUO JIANZHU GONGCHENG QIKAN HUIBIAN

61

《民國建築工程期刊匯編》編寫組 編

廣西師範大學出版社
GUANGXI NORMAL UNIVERSITY PRESS
·桂林·

第六十一册目録

中國建築

30529

中國建築

中國建築師學會出版

THE CHINESE ARCHITECT

VOL. 1 No. 4　　第一卷　第四期

國產之
建築石料最
堂皇美麗者首推
青島中國石公司出品
如磨光之花崗石大理石等
五光十色應有盡有質地康
美製造精良倘蒙
光顧無任歡迎
註冊商標
中國石公司
CHINA STONE CO.
上海事務所四川路三三號
電話……一五八八六
電報掛號：五八八六
總公司：青島蒙古路二一—二二號
電話……五一〇七
電掛號……五一〇七
建築
國產

Mosaico

中國建築雜誌社徵求著作簡章

本社徵求關於建築學說,藝術,及計劃之一切著作;暫訂簡章於后:

一、應徵之著作,一律須爲國文。 文言語體不拘,但須注有新式標點。 由外國文轉譯之深奧專門名辭,得將原文寫出;但須置於括弧記號中,附於譯名之下。

二、應徵之著作,撰著譯著均可。 如係譯著,須將原文所載之書名.出版時日,及著者姓名寫明。

三、應徵之著作,分爲短篇長篇兩種:字數在一千以上,五千以下者爲短篇;字數在五千以上者,均爲長篇。

四、應徵之著作,一經選用,除在本刊發表外,均另酌贈酬金。 不須受酬者,請於應徵時聲明,當贈本刊半年或全年。

五、應徵著作之中選者,其酬金以篇數計:短篇者,每篇由五元起至五十元;長篇者每篇由十元起至二百元。 在本刊發表後,當以專函通知酬金數目,版權即爲本社所有,應徵者不得再在其他任何出版品上登載。

六、應徵著作之未中選者,概不保存及發還。 但預先聲明寄還者,須於應徵時附有足數之遞回郵費。

七、應徵著作之選用與否,及贈酬若干,均由本社審查價值,全權判定。 本社並有增刪修改一切應徵著作之權。

八、應徵者須將著作用楷書繕寫清楚,不得汚損糢糊;並須鈐蓋本人圖章,以便領酬時核對。 信封上須將姓名及詳細住址寫明,由郵直接寄至本社編輯部,不得寄交私人轉投。

中 國 建 築

第一卷　　第四期

民國二十二年十月出版

目 次

著 述

插 圖

卷頭弁語

本刊出版以來，謬承讀者贊許。各界人士之購閱者，數日激增；國內外各地之訂購者，尤見踴躍。本社鑒此情形：除在社內特設發行部，辦理一切發售事項外；又與本外埠各大書局訂約，託請代售。迄今爲時祇三月餘，而各代售處寄售之本刊，大都均已銷售一空，陸續來函囑即另寄。行銷之速，可見一般。因之剗下第一期業經掃數售罄，社中亦無餘存，須俟再版重印後方可復售。以致欲購第一期諸君，頗多未能買得，不免向隅之憾者。本社慚汗之餘，歉仄彌深。特於卷頭略誌數語，以致微忱；諸希鑒察，是所感幸。

本社定章，本刊須於每月中旬十天內印就發行。上期（即第三期）因值首都中央運動場全部工程落成；又當全國運動會定於國慶日在此場第一次舉行；爰特編爲南京中央運動場專刊，以爲此場此會留誌紀念。此專刊原應在上月中旬發售，無如時距國慶尚有二十餘天，時日相隔過遠，遽將專刊出售，殊覺有失紀念意義。不得不展至上月下旬者，蓋緣此故。至於本期，本社因須改換印刷所，驟易生手，時間遂感侷促。大約亦將展至本月下旬方可出版。斯均由於臨時發生特別情事，殊屬意外。以後本社自當竭力避免，特此聲明，祈亮鑒之。

本社命名，係附屬於中國建築師學會。故本刊中之攝影照片等，均由會中諸君熱心襄助，隨時贈刊。文稿方面，除由同人等蒐集資料，編譯撰著外，復多承愛護本刊諸君，不吝金玉，源源惠賜。盛情雅意，彌深感佩。顧建築之範圍甚爲廣大；國內研討者亦日加多。學會會員暨本社同人究居其中之少數，以學術之浩若煙海，豈少數人所能窮盡。本社爲求本刊內容之得臻於完善起見，爰於本期起訂立簡章，徵求著作。俾可集思廣益，互資切磋。尚懇讀者諸君常頒佳作鉅著，本社當另薄具菲酬，略伸微忱，匪敢云投桃之報，聊答愛護本刊之熱情於萬一云爾。

銀行建築，爲房屋建築中之別具特質者。其中之各種設備，均與他種房屋迥異。既宜堅固，更應穩妥。在外觀上又須現出銀行特質之精神。本刊特在本期中，注意此種特殊建築，將新建中國金城兩銀行之設計攝影等，擇優登載。使讀者得有參考，雖非應有盡有，而藉此一斑，亦可略窺全豹矣。

編者謹識 二十二年十月十五日

30536

中國建築

民國廿二年十月　　第一卷第四期

銀行建築之內外觀

楊　肇　煇

銀行一業：出納貨幣，流通錢財；操市面貿易之樞紐，握各業金融之脈絡；與社會經濟，固直接存有最密切之關係；於羣衆生活，亦間接給以極重大之影響。故業銀行者，不得不殫精力，竭智慮，以圖內中實力之日趨雄厚；更不得不敏手腕，銳目光，以求外來顧客之日益加增。而堅固，穩妥，誠實三者，遂爲銀行事業之特質。故銀行之能否巍然樹立而不飄搖，屹然久峙而不衰落，亦僅視其是否確實備具此三特質而已。

此三特質，不但爲任何銀行所必須備具，業銀行者，且須隨時顯現之，逐處表露之。表現之法多端，而能具有吸引大衆觀視之力，且爲大衆視線所集之處者，首爲銀行所在之房屋。於是唯有借助建築技藝，始能立卽表現此三項特質之精神；亦唯有運用建築計劃，方可容易映出此種事業之意義。由是觀之，房屋建築之於銀行，實居首要；業銀行者，殊不可忽視之也。

關於銀行建築之普通見地，有使人難於了解者：卽無論建築師或外行，均存一堅決之意見；謂須照古典上之作風計劃之。羅馬與希臘建築之格調，誠能無疑的將銀行之特質，如堅固誠實等，明顯表出；但就另一方面觀看，因有異國之聯想，遂覺此類建築絕對不能表出二十世紀之新精神。故在今日我國，若仍沿用此一種類，殊屬不宜也。最困難者，有一不幸而盛行之趨勢：係將某種作風與時間，附會於某類建築（如學校銀行等）；而不繫屬於建築歷史中之某一時代。以致教堂與學校建築，均曾經過此等困難；銀行建築亦復如斯。所以作風備受拘束；而建築上之創造能力，因亦缺少發展之機會矣。

當計劃銀行房屋之時，建築師必須明瞭此類特別建築，係爲何用？其所特別需要者，係在何處？銀行之種類亦不一；有儲蓄銀行，有信託公司，有私人銀行等。每一銀行各行使其迥不相同之職務；各有其便利進行之方法。故銀行中之一切佈置，應與其所特別需要者，互相吻合也。猶有進者，銀行各有其單獨作法；此作法又各有一範圍。故房屋設計更應依其單獨作法之範圍；而使其施行職務時，既可以發生效率，又可以適合經濟也。

進出大門之位置，爲銀行底層之最重要處。建築師僉謂大門之於銀行，儼若臉面之於人身。是以大門計劃，爲銀行外觀之元素。須能激動門前熙來攘往者之喜新務奇；而增加其亟欲入內之興趣。蓋此輩人一入內後，其餘之事，則業銀行者不難自爲之矣。茲舉一例：設於大門前造一宏大壯偉之圓拱，可使入其中者恍若置身圖景，美趣橫生，倦態全消；同時又可發出穩妥之感觸。於以知大門之位置，在銀行內容之全體計劃上，殊具有甚大之物質效果焉。

時至今日，舊時銀行事業之祕密，均已掃除無餘。近世之業銀行者，莫不以能與羣衆接近爲榮。蓋與顧客間之躬親接觸，實爲現今銀行交易之要點。所以銀行人員之辦公桌，大都直接置放於行中空處，僅於桌之前面裝一低欄，以便私人祕事之用。惟在儲蓄銀行中，辦事人員限於事實上之障礙，不克與所有顧客一一親接；迄今尙有另自各設辦公室者。至於收支員之辦公桌及銀行四圍櫃台之設計，須視各銀行之特別需要而決定之；但宜與大門相近，庶使顧客出入得有便利。

銀行房屋爲表示莊嚴及堅實起見，宜用比較稍高之天花板，以高牆具有令人偉大之感觸，且含有上述之性質也。顧高牆頗須勇敢之建築藝術，高天花板亦須鼓動興趣之裝飾計劃；而着顏色與裝飾品二者，實爲使人賞心悅目之注意物，在布置上遂不可輕忽之矣。 再者，櫃台爲銀行內部之要具；收支員與顧客之多數交易，咸以此爲接觸處。 是其計劃宜具有可以互相親近之元素；不但使人感有興趣，並須簡單方可。

穩妥與堅固旣爲銀行事業之特質，故當全部設計經過之時，對於一切材料之選擇，尤應顧慮及此，須用具有此二特質者，其在外觀上之形態，亦應將誠懇與親摯之表示，完全顯出。 蓋近代銀行所最賴以取得顧客之信用者，端在於此。

材料中如石類中之大理石，五金中之銅鐵等，均能使銀行內容，立即表出其所需之特質；以其確係穩妥而堅固也。 此諸種材料所取之形態，不應因其爲供作銀行設計之元素而決；然須以某一特種銀行所須具之單獨特質爲準。 此說也，可使顧客深信計劃之作風，應取決於與當地有關之歷史習慣。 獨立特出之性，實較重於普遍性。 所以古典上之線條，或可適用於某一處之銀行設計，而不適用於美國。 他如西班牙式之影響所及之處亦然。 且也，建築設計每根基於誠實之觀念。 故能引起觀者迴憶古代羅馬寺廟之建築，殊不能暗示其爲銀行。 然在現今之美國，猶有多人及建築師，將某一歷史上之建築作風，參合於某一式樣之房屋中者，殊可浩嘆！ 要之，標準化之建築計劃，猶之人生其他途徑，徒然掩蔽個性之發展而已。 必也將此種固陋觀念推翻，然後建築可期進步。 今之建築師，其急起而善自爲之。

銀行內部設計之細節，建築師固可施用若干自由；但遇有公認之習慣，則不能捨棄不用。 例如銀行櫃台下部之高度，通常已定爲三呎五吋，其櫃台自地板量起之全高度，可由比例得之，但平均約爲七呎三吋。 同例者，如支票台之平均高度爲三呎五吋；而可在兩面寫字所需之寬度爲三呎等是。 蓋此種尺寸，皆由經驗得來，故人人均覺舒適合宜也。

現代銀行房屋建築師之大問題爲何？即向顧客開陳，使之了然，無一種建築作風，定能較他一種更爲合宜於銀行房屋之設計，是也。 外部之計劃，亦若內部計劃，必須顯示房屋之用途；並須表明其所容納之特殊機關之性質。 所以任何房屋設計，無論係包含古舊之美國式，或英國式，或意國式，甚或完全爲現代之思想，倘能適合實用，未有不臻於發展之途者。 此種建築設計原理，實爲顚撲不破；顧客對之，業已愈生信仰。是故銀行之內部設計，固宜求此要義之健全；即外部設計，亦賴此要義之引用。 苟明乎此，則銀行建築之眞實價值，庶可得公允之鑒定矣。

上海金城銀行大廈　　莊俊建築師設計

上海金城銀行設計概况

建築大厦之難點甚多，而獨難解決者，厥爲光線。蓋房屋比櫛，分配匪易。果而所佔位置，四面臨街，解決猶易，若臨街面少，與他建築相接聯，則光線之設計，能從容解決，則較難能可貴耳；此則金城銀行大廈，能勝人一籌之點，而爲業主所推許之源也。按金城銀行佔地五萬方呎，祗有一面臨江西路，其餘則鄰房相接，苦無隙地。在設計上，光線之解決，誠亟乎其難，而莊俊建築師將營業部份及辦公室等，皆能分配臨於馬路，而不需要光線之庫房扶梯等，則設置中間，致將老大難題，迎刃而解。尤非易舉也。

金城銀行興建於民國十四年春，於民國十六年春工竣，計費時二年，造價及設備，計費九十萬元，共六層，高度八十五呎，下二層爲該行自用，上四層則出租作各事務所之寫字間。樓下爲大庫，儲蓄部及會客廳亦均分配適當。保管庫設於二樓其營業部，文書處，會計處，經理室等，亦均設此樓，對於適用之優點，已無形解決矣。

滬上地位較低，每於颶風過境，輒遭浦江水患，該行位於上海最低之江西路，其未屢次遭江水浸入者，其設計者於事前有相當籌思乎！該行設計避用地下室（Basement），其第一層於設計上，似嫌不經濟，然其利弊相較，達人所能洞鑒，捨小利而全大體，此設計者之明達也。

上海土質鬆軟，高大之建築物於完成後，沉度（Settlement）常有出人意料之外者，故於打樁時宜特別審慎。金城銀行，用排木打樁法（Raft System），如此設計，不但於平時使其房屋不易下沈，旣外界有新建築打樁等情發生，亦無城門失火之殃。都城飯店（Metropole Hotel）建造打樁時，該行迭受極烈之震動，而其中一磚一瓦，亦

上海金城銀行正門　　　　莊俊建築師設計

無損壞，既最易破壞之雲石地板，亦未發現一塊裂痕，兼以幾次大水浸蝕，並無若何下沈，此更不能不歸功設計者矣。

建築大廈，雖美觀是尚，而對於經濟上亦不能不加以注意。 當該行興建時，雖物價較廉，然祇費九十萬元，卽能設備完美，實屬經濟。 况所用材料，擇優選良，力求盡善，非監工得人，曷克臻此！

該行所用之材料，外面用蘇州石，裏面用斐納之意大利雲石，故於觀瞻上異常美感而雅緻。 庫及庫門，爲約克洋行所承造，庫門呈圓形，遙望之如洞天別府，頗稱優越，上海各大銀行，採用此種精美之庫及庫門者，尙稱

上海金城銀行由內部視入口處　　　　莊俊建築師設計

獨步，其中設備，更較完全，參看圖樣，可見一斑． 該行暖氣部分亦爲約克洋行所承造者． 他如慎昌洋行之電線安裝，葛烈道（Crittle）之鋼窗裝置，沃的斯（Otis）之電梯設備，西門子之自動電話，Crane & Co. 之水道裝置，無一不採用優異者． 此該行之所以入眼爲安，而無虎狗之憾也．

上海金城銀行樓梯　　莊俊建築師設計

上海金城銀行營業廳裝飾之一
莊俊建築師設計

上海金城銀行客室之串堂　　莊俊建築師設計

上海金城銀行營業廳裝飾之二
莊俊建築師設計

上海金城銀行內部建築之一

上海金城銀行內部建築之二

上海金城銀行遠留保管庫門之概況

上海金城銀行內部建築之三

上海金城銀行會客室之一　　莊俊建築師設計

上海金城銀行庫門裝置之情形
莊俊建築師設計

上海金城銀行會客室之二　　莊俊建築師設計

上海金城銀行保管庫之偉觀
莊俊建築師設計

上海金城銀行去經理室之串堂

上海金城銀行經理室

上海金城銀行去保管庫之過道

上海金城銀行辦公室

上海金城銀行由一層至二層樓梯

上海金城銀行第五層過道

上海金城銀行建造保管庫牆情形之一

上海金城銀行行徽

上海金城銀行建造時裝石情形

上海金城銀行建造保管庫牆情形之二

對於上海金城銀行建築之我見

麟　炳

銀行建築.佔社會上特殊之地位,其作風自與其他建築所不同。 故執金融界之牛耳者,除賴手腕靈活,目光敏銳而外,更需注意其銀行建築之適當。 蓋銀行一業,謀利於衆人,而衆人亦以銀行謀利,所謂既足利人,復以利己,須賴塔積以沙,裘成以腋.及至衆望所歸,然後輾轉自如;以收厚利. 而達此衆望所歸之目的,則誠戛乎其難矣!經營銀行者資本雄厚,其初也而人不知,業銀行者之信用誠篤,其初也人亦不知,人不知而求其信,既不信而求其交易,天下必無此理.故唯一介紹於人,而使人漸次認識之目標,則爲其銀行之建築.此建築師對於銀行建築之所以日夜兢兢,殫精竭慮,以求銀行建築之適用化,而廣業銀行者之招徠也. 予詳觀莊俊建築師之金城銀行設計,頗多優越之點,雖古典派建築不能盛行於當時,而莊嚴偉大之概,不減於近代建築,特爲介紹其要點,以供諸建築家之一參考焉!

光線解決成績斐然: 金城銀行,三面接於比鄰,一面臨江西路,欲得充分之光線,允非易事,故祇有將主要房屋,佈置臨馬路一方法,而莊建築師將營業部,辦公室等,均能從容圓滿解決,無虎狗之不稱,是其殫精竭慮處.

排木打樁堪稱獨步: 高大之房屋,不安全之點有二:一曰沉,二曰裂;基身不固,潮水侵蝕,均足影響下沉;近鄰打樁,異外震動,均足影響破裂. 而金城銀行用排木打樁法,使基礎安如磐石,水浸而無患;房屋重心聚於中部,震動而不裂,故數度水浸,接鄰興建,均未足以影響該行之安全,是其可自豪者也.

經濟上特殊之解決: 古典派建築在近代衰落之原因,經濟上耗費,實爲極大之關鍵,蓋古典派建築,如中國之駢體文,稍有離題,即畫虎類犬,且其雕飾,柱頭,花線等,均足以耗金費時,故建築家多有避之者. 莊建築師不避緊難,是其勇敢處,不憚物議,是其果決處,均非常人所能及,至建築成功,所用材料,均選上品,內部設備,力求美滿,而經濟上並無額外損失. 全部造價,祇費九十萬元,實出人意料之外.

庫門之美感而便利: 銀行爲存儲銀錢之地,故保險庫之設計,實佔銀行建築之主要位置,而庫門之建設,逐不亞於緊要入口矣. 金城銀行庫門呈圓形,遙望之,如隱者之洞,頗有入內則別有洞天之概,使人感覺入眼爲安. 此種設備,在上海銀行界堪稱獨步.

總之金城銀行全部設計,審密周到;雖無地下室似較不經濟,而可隔絕水浸之患,反覺其便,足可爲提倡文藝復興建築者之標榜,而令人永無忘古典派建築之不可偏廢也.

上海金城銀行內部　　莊俊建築師設計

彩玉鋪地，粉飾其牆；方格乃頂，鋼架其簷；觀之有古氣，材料反新穎；開「古典派」之別面，為新式派之途上。別具匠心，可爲標榜；技術之母，建築之光。

——嶋 烟 誌——

上海金城銀行內部　　莊俊建築師設計

文化以時代之進化而推移，技術以需要之不同而日異；自新式建築崛興以後，建築家多以此是尚；而所謂前此衆目之的之『古典派』建築，竟無人過問矣。 論新式建築之簡單經濟，固爲建築界所推許，但『古典派』亦頗有不可偏廢之點。 如金城銀行內部之『古典派』設計，玉砌雕闌，古氣盎然，誠令人入眼爲安，心曠神怡也。

——麟炳誌——

上海中國銀行虹口分行大廈建築情形

我國銀行業，應社會之需要，日益發展。北京路一隅，華廈巍然，鱗次櫛比，說者謂為上海公共租界之經濟中心區，可媲美美之華爾街也。至北區若虹口界路一帶，為工商業薈萃之區，銀行開設，逐有增加；最近中國銀行於北四川路海甯路轉角，新建大廈，聳立雲霄，壯嚴偉大，莫與倫比。

該行設立於民國十八年，夙以服務社會為職志，舉凡商業銀行業務，無不殫精竭慮，力求改進，數年來，扶助工商企業，尤為卓著成績。比以營業範圍日廣，乃於該處覓得基地，自建大廈。由陸謙受及吳景奇二建築師設計，新金記祥號及周芝記二營造廠承造，各項設備，無不精美。歷時二載，需費百萬，甫於今秋全部竣工。

該廈沿北四川路，長凡三百另五呎，屋高六層，一二樓間有擱樓（Mezzanine Floor）屋頂一層闢花園，壯嚴華麗，雅潔宜人。自用部份，約占底層二分之一，餘為備出租之保管箱庫，店舖，商號辦公室，單人宿舍及公寓。

保管庫位於該廈二樓，庫內全部，鋪用半寸及一分厚之鋼板二層，庫外上下四圍，概用鋼骨水泥。庫門則用厚二十四寸之精鋼。此外尚有警鐘密室等設備，堅固安全，計劃周至。其租箱時所用鑰匙，係臨時裝璜配合，日後此項鑰匙，如因退租而繳還該行時，立即當面燬銷，其第二次租用之顧客，絕對不致領得他人已經用過之舊鑰匙，此項辦法，不獨在上海一埠所僅見，即在國內尚屬創舉。對於儲藏物品，自可益臻安全，亦足見其設計之周密矣。保管庫對門，設置檢物室四間，專備顧客檢驗物品之用，全室精緻玲瓏，佈置新穎。以該庫設於二樓，絕無患潮之虞，尤屬一大特色也。

公寓北鄰為四行準備庫大樓，故於觀瞻上二樓並峙，更形雄偉。全樓計有公寓十九間，宿舍三十二間，內部設備齊全，且極精緻，即一床一桌，均係出自名師設計，莫不盡善盡美，稱心滿意。每層設有會客室，浴室，

上海虹口中國銀行之正門

傭人室，廚房，廁所等，大小寬度，十分適宜，且空氣清暢，光綫充足，最合新式家庭住宅之用，所有煤氣，電氣，衛生煖氣等，應有盡有，允稱獨步，並備有高速自平電梯三具，以供升降，嘉惠寓客，詢匪淺也。

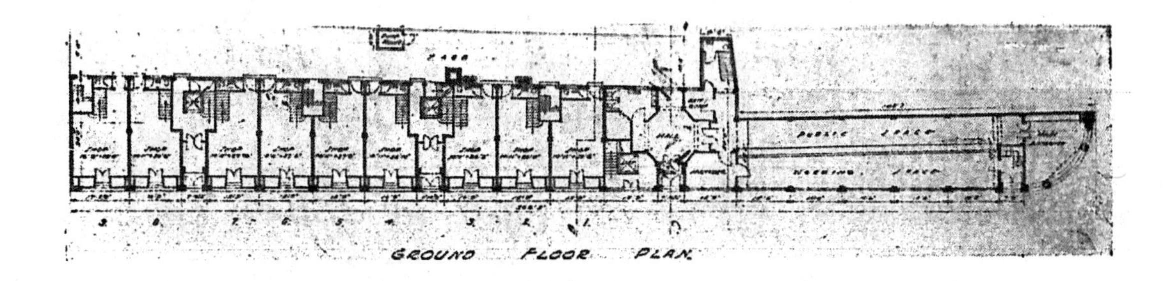

該廈因除自用外,尚有如上述各種出租之寓所等,故於設計,備見困難;因須顧及此特殊之分配也．　如公寓部份,每層入口,祇通二寓所,而單室之宿舍,及出租之辦公室,又各另有入口,故寓其內者,頗覺清靜安適,毫無叫囂擾亂之弊,此不得不歸功於設計者矣!

因地形過狹(見各平面圖)故祇四圍設柱,因之一二層內之擱樓,一面大樑,懸吊於上,非如普通之擱樓於柱上者,亦爲該廈之一特點.

長形房屋,極難使其壯觀,今於其正面橫貫以三長帶,並於海甯路轉角盡頭處,突然高聳,置一現代化之電鐘.實爲該大廈生色不少.

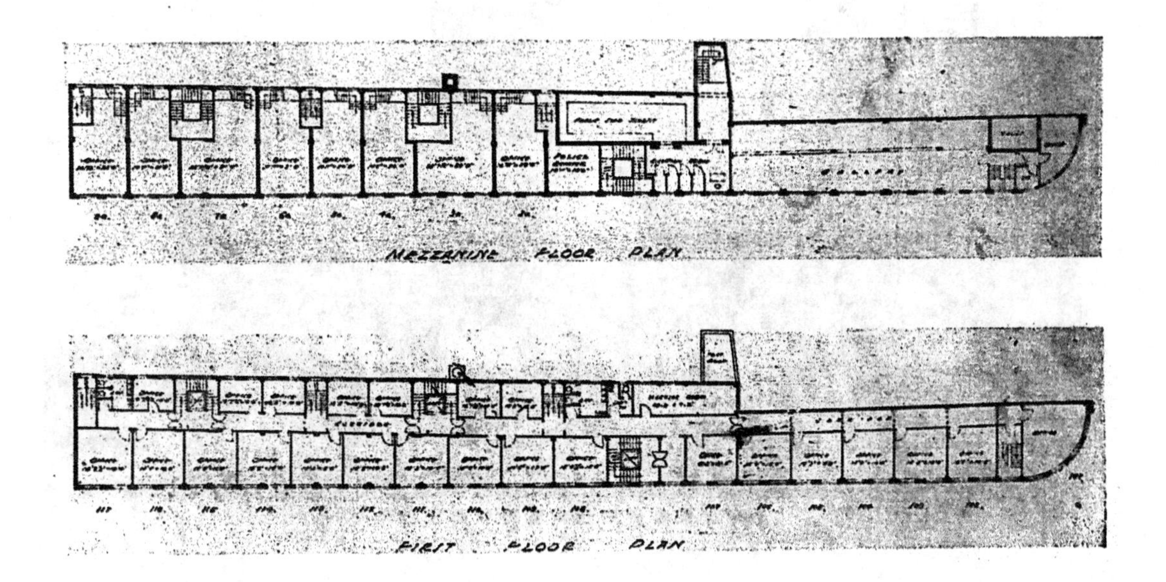

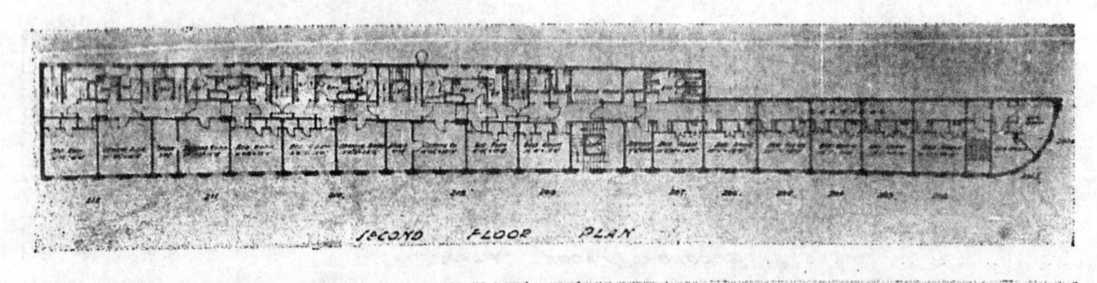

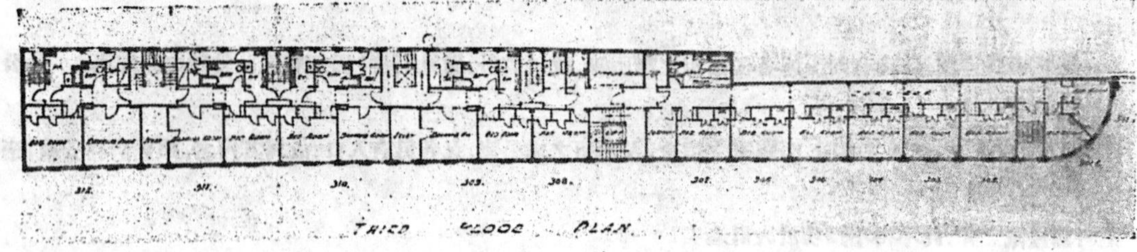

上海虹口中國銀行大廈附設公寓之餐室

上海虹口中國銀行附設之單人宿舍

上海虹口中國銀行保管庫庫門

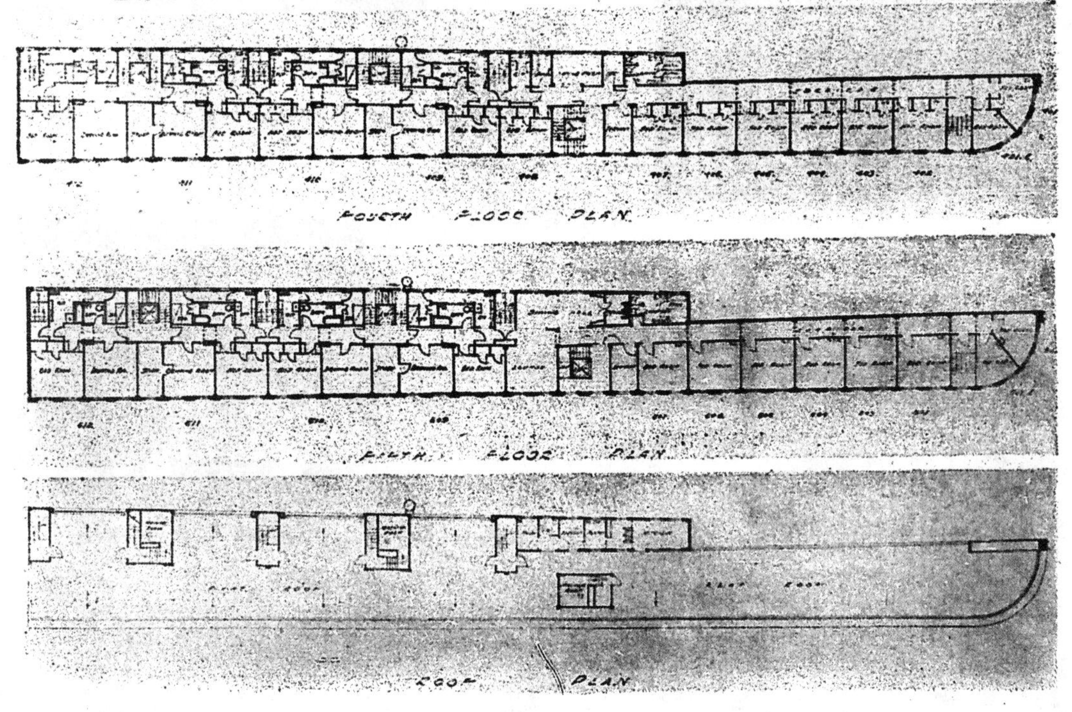

上海虹口中國銀行上部之偉觀

上海虹口中國銀行西面仰視圖

上海虹口中國銀行之基石

上海虹口中國銀行窗櫥雕飾之一斑

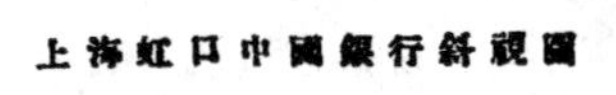

上海虹口中國銀行斜視圖

上海虹口中國銀行之夜銀庫庫門

上海虹口中國銀行　　陸謙受建築師設計

上海虹口中國銀行奇峯突出　　陸謙受建築師設計

虹口中國銀行屋頂之角，設有極高之新式塔頂。豎以旗竿，懸以巨幟；遙望之，如孤峯之獨秀；而與隣房相映，更不啻鶴立雞羣。其莊嚴而偉大，固有目共賞也。

——麟炳識——

上海虹口中國銀行營業廳之[illegible]　　陸謙受建築師設計

建築上主要之件，橫者樑而立者柱，惟樑惟柱，建築乃固。　而樑柱設計之巧，竟有出人意料之外者。觀夫虹口中國銀行營業廳之設計，莫不使各建築家嘆觀止焉。　該銀行所佔之地基，既狹且長，無柱則力不勝任，有柱卽妨害辦公；經設計者煞費苦心，用懸樑吊柱之方法圓滿解決，關心建築者，其注意於此！

——麟炳誌——

吾人對於建築事業應有之認識

張至剛

吾國文化之發源，不遲於埃及；建築之開端，不晚於希臘。遠在周秦之朝，即已具有萌芽，此可於經史詞賦中，窺見一斑。惜乎後起乏人，致此學之淪於銷沉也！歷代以來，帝皇宮宇之建造，雖主專員；但民間營屋，大率操諸工匠之手，人民對於所謂建築事業者，亦祇以之爲梓工大匠之事，至於士大夫則多不屑爲之。興言及斯，能不惋痛！迨夫民國成立，歐化東漸，自故建築師呂彥直先生爲先　總理設計陵墓後，建築之呼聲，始能一振社會人士之耳鼓，於是不復以梓工大匠之事視之，而稍加注意焉。洎乎國民政府奠都南京，極其心力，以從事於建設，建築事業，得以漸興，顧其如是者，亦非無故也。嘗考各國建築之作風，恆受氣候地理歷史政治宗教之影響，故由建築作風之趨向，每每可知其國勢之興替，文化之昌落，他如民氣風俗物產等，亦可隨之查得無遺。是以建築事業，極爲重要，不特直接關係個人幸福；亦且間接關係民族盛衰。今在當局極力提倡，蓋由於此。吾人試登萬里長城之巔；不迴憶當時帝王之威嚴，民力之雄偉者歟！一讀兩都阿房之賦，有不感懷古跡，油然神往者歟！倘再親臨燉煌石窟，白馬諸寺，更有不追思唐時文物之盛，教養之明者歟！他若故都宮禁，偉宇巍峙，徘徊其間，則肅然起敬，又若南國園囿，亭台相望，偃息其中，則逸趣橫生，是建築足以轉移國家之民風，陶養人民之性情矣。非特此也，際此國難環迫，創痛劇慘之時，須有簡單之計劃，以收節省儉約之效，尤須有永久生利之建設，以爲挽危救亡之圖。是則裕民財厚民力利民生者，亦唯建築事業矣。建築事業之重要如此，其影響我國前途，實非淺鮮。爰將其意義，作深切之剖解，俾得明確之認識。想微末之見不無可貢國人之採納也。

近人之視建築事業，大率謂爲係構造工程之雛形，或則謂爲係美術圖案之副產。於其真義，每多含糊，以之較諸曩昔人士之視爲梓工大匠之事者，固有進步，然其曲解而未能深切明瞭者則一也。夫建築須表示民族之文化；陶養人民之性情，於藝術上，尤須充分發揮其形式之美觀；色彩之悅目。譬如一樑一柱所用材料之大小，雖能勝重，但因心理上之感覺，視幻 (Opotical Illusion) 之影響 以致發生疑慮之念，儼有傾圮之虞；又如一窗一戶開闢位置之失當，大小之不稱，以致發生厭惡及不快之感，均不能令人賞心悅目，感受舒適也。是故結構形態，及配和色彩，非僅能使身體感覺舒暢，更能使心理上享受無窮之安慰焉。此實非祇習構造工程一門者所能盡爲之也。顧建築究由物質所構造，材料所集成，一須有精密之計劃，及複雜之結構；二須隨處適合地理地質之情形，乃可保障生命之安全；增進物質之經濟，此又非祇習美術一門者所能完全勝任也。猶有進者，各國有文化之起落，政治之變遷，宗教歷史之不同，地理地質之互異，一一皆有關於建築之作風，一一皆應由建築之作風表示之，是又不能不注意於建築物須有之個別之需要 (Requirement)，及特有之設備 (Equipment) 矣。且也每一建築物應表示其特質 (Character)，否則縱堅固矣，美觀矣，倘若東西參雜，形色失調，即將乖其性質，失其效用，實非建築之真義也。他若建築房屋之佈置 (Arrangement)，組合 (Composition)，地位 (Location)；方向 (Exposure)，更須有高深之研究，作精密之進行。至於衛生工程之施設，都市計劃之設計，亦在在有關於建築，此又非祇習構造工程或美術圖案者所能一一勝任也；能勝任者，惟有今之所謂建築師，亦惟有建築師能發揮建築之真義。

然則建築之眞義爲何？曰效用(Utility)：曰美觀(Beauty)：曰堅固(Stability)是也。此三者乃建築精神之所繫，亦魂魄之所在，循此而發揚光大之，始可得完美之建築。

所謂效用者：能適合生活之需要，完成房屋之功用，及便利民生之改善是也。各種房屋之特性不同，需要不同，地位變更，計劃即異，若居住建築之須舒適；公共建築之須適合羣衆心理；商業建築之須便易營利等等；建築師均應查其需用，考其環境，而後完成之，以使其發生效用始可。所謂效用者，必須注意需要，便利，節省，舒適四點。需要(Requirement)者何？即規定各種建築物所需要之房間，及其應有之設備(Equipment)，與定其大小高低方向環境等，然後方能計其便利。便利及直接(Convenience & Direct)者何？即房屋之佈置，使之有主有賓，以示輕重；有幹有枝，以相連絡，無穿越跋涉之勞，有往來直接之利，然後方可談時間經濟。節省者何？即設計時，注意於地位之節省(Economy)，毋過大而浪費；毋過小而不適，務使一隅一尺之地，盡爲有益之用。舒適(Comfort)者何？即一切之設計，須使身體享受適意，心靈感受愉快，光線應充足，空氣應流通。以上四者，苟缺其一，效用即失，非特經濟受損失，人類幸福亦將減少矣。故欲建築合理，首當使之發生效用也。

房屋之構造，又應堅固。須能抵抗風雪人物之壓力，防避火災潮溼之侵蝕。不然小則修葺頻繁，大則喪財失命，對於社會之安甯，生命財產之保障，關係至巨。且須顧及材料之經濟，施工之合理，毋生危險，毋有浪費。經濟與堅固，相輔並行，乃爲堅固之眞義也。

效用堅固之外，則須注意美觀。俾能充分發揮藝術之美，形式及色彩宜有統一(Unity)，以免散漫，宜有變化(Variety)，以免滯呆，對稱宜平衡以表莊重，風緻宜奇妙，以示幽逸，注重調和(Harmony)以使和心，留意對照(Contract)以使動情。此外尤須將各種作風(Style)之美點，充分發揚之，並將各種建築之特質(Character)，盡力表現之，然後建築可臻於完美矣。

是故建築之意義，就狹義言之：曰效用，曰堅固，曰美觀。就廣義言之：是文章，是藝術，亦工程，亦專學。其廣博深奧也若是，爰詳述之以貢獻於國人，研究斯道者。

建築文件

楊錫鏐

工程說明書

建築合同約分三部：一曰合同本文，二曰建築章程；諸二者已於前二期中詳述之，今將以次及其第三部之說明書矣。說明書在全部建築文件中最占重要，建築師理想中之設計，除一部份用圖樣表出之外，他若人工之運用，材料之選擇，有非數紙圖樣所能畢舉者，非賴說明書之詳爲解釋，不能達意；故說明書者，實工程之指南也。

近世工程建築之學術，皆漸自歐西傳來，負笈而西，輿學而歸，學於他邦，習爲異言；故所用說明書合同類，皆唯英文之是從。以我中華之人，行彼西人之文，余實恥之；但亦有不能深責者。蓋建築工程上一切術語名詞，皆西人之發明，一事一物，有非中土之所有者，中文乃何以稱之？是以名詞既未統一，强爲迻譯，其誰能識之？反不若沿有英文之較爲便利易明耳。因之日久性習，積重難返矣。自我建築師學會之創設，環睹各國對於專門名詞，莫不有統一之標準，反顧我國獨付闕如，能無遺譏於當世哉！因有專門名詞委員會之設立，專事審查及糾正建築上之專門名詞，藉一雪此恥也。錫鏐不敏，備位委員之列，用不揣譾陋，草此以進，俾資參考云爾！

楊錫鏐建築師事務所

S. J. YOUNG, ARCHITECT.

靜安寺路 六三五號　　第一章 底脚樁頭

建造山西路南京飯店

工程說明書

第一章　底脚樁頭

(一)	房屋界綫照圖樣劃出後經工程師驗看準確方可開掘底脚如劃灰綫時查出有尺寸不符或地形與圖樣有出入處應立即報告工程師設法糾正之該項出入如爲數不大在二三尺之內則或大或小皆照原議辦理不另加增倘如相去過巨則按加減之地位按方數照數加減之.	房屋界綫
(二)	底脚掘溝須方正平直照圖樣掘足如掘下遇有垃圾或舊浜應立即報告工程師設法糾正之底脚掘好應即於四周加打板樁並用木料撐堅得工程師之滿意並備有電力抽水機器至少二架以備抽乾溝內積水	底脚溝 抽水機
(三)	標準平水依馬路側石爲準柱頭柱底脚皆掘下四尺六寸溝底鏟平以備打樁.	平水
(四)	樁頭皆用洋松木樁十二寸方對開長四十尺數目地位皆於圖上詳細註明樁頭下端皆削尖四周用柏油塗遍一切樹節大疤及青皮皆須剔淨	樁頭
(五)	打樁用汽機及二噸鋼錘搭架打樁每樁打時皆於頭上加有鐵箍打下須完全垂直稍有歪斜即行拔出重打樁打至離出地面一尺爲止迨完全打好經工程師驗看後始將地上露出之一尺	打樁

第一頁

楊錫鏐建築師事務所

S. J. YOUNG, ARCHITECT.

靜安寺路 六三五號　　第一章 底脚樁頭

	鋸平.	
(六)	樁頭鋸平後地面有踏鬆浮泥重行拓平鋪設碎磚一皮六寸厚.用木人夯打堅實碎磚皆用清潔新或舊磚敲碎或水泥凝土塊亦可惟塊子至大不可過二寸.	碎磚
(七)	碎磚打平再用平水平過然後開始釘壳子及紮鐵.	釘壳子
(八)	四周及分間磚牆底脚皆做石灰三和土底脚先掘溝道較地平低三尺溝底鏟平然後做三和土.	底脚
(九)	三和土用一份頭號白石灰二份吳淞黑砂及四份碎磚先將石灰與砂加水拌和成漿將碎磚放拌板上加漿拌透然後下溝.	三和土
(十)	石灰不可有硬塊及石皮砂應清潔碎磚不可有垃圾雜物混雜塊子最大不得過二寸.	
(十一)	三和土皆分皮落溝每皮下溝九寸用大號木人搭脚手夯堅至六寸爲度俟尺寸放足再澆泉一皮打緊固二次然後砌牆脚.	搭脚手
(十二)	滿堂三和土做法皆與底脚同先將泥填平踏實隨用水澆透並用大號木人夯堅然後做三和土.	
(十三)	一應石踏步皆做三和土底脚六寸厚.	

第二頁

楊錫鏐建築師事務所

S. J. YOUNG, ARCHITECT.

靜安寺路 六三五號　　第二章 鋼骨凝土

第二章　鋼骨凝土

(一)	水泥用啟新馬牌或泰山牌或相等貨色由工程師認可者或桶或袋均須新鮮運進時藏在乾燥高爽地方一有潮濕即不可用	水門汀
(二)	砂用寧波或湖州黃砂須粗潔光亮毫無污穢雜質混入者.	黃砂
(三)	碎石子用於鋼骨凝土者皆須用杭州黑石子無泥土雜質塊子最大不得過六分如有不合立即車去用於滿堂及平常凝土者得參用黃石子惟不可有泥土混雜塊子亦不可大過寸半如有灰砂石屑均用鐵絲篩篩過.	石子
(四)	鋼条均用比國或美國貨品三分以上皆用竹節鋼条三分圓及二分半圓惟用光圓鋼条皆須直条二分圓則可用盤圓	鋼条
(五)	鋼条皆須清潔新貨如有銹蝕起鱗或石灰漬等貨皆須剔淨.	
(六)	鋼条照圖樣尺寸截斷彎曲後細心安放用鉛絲綁牢以落凝土時不致走動高度不論大料樓板皆先做小塊水泥將鋼条墊起得工程師之滿意樓板鐵紮好均於面上做木馬架板以便行走不可容人在紮好鋼条上踐踏.	
(七)	木壳子皆用乾淨洋松做大料柱頭皆二寸板樓板得用一寸板尺寸完全準確裡面刨光下置堅實撐頭撐在堅固地方用人工或機器樁打結實得工程師之滿意.	木壳子 撐頭
(八)	壳子釘時應留意於拆卸時不致損及凝土大料底下皆須做活門可以啟閉俾易掃除垃圾.	拆壳子
(九)	落凝土前一應樓板鐵撐等皆用紙筋嵌補將落凝土應用水將一切壳子板澆透.	
(十)	一應鋼骨凝土皆用一份水泥二份黃砂及四份石子和合先做	和凝土

第三頁

	木號箱由工程師審核認可以後和合皆依此號箱為準	
(十一)	拌水泥或用機器或用人工皆須拌至乾濕適宜隨用隨拌拌好二十分鐘之後即不可用	拌和
(十二)	落凝土須分數層澆搗每層至厚六寸為度用鉄棒搗堅鋼条四周均不得稍留空隙每層應於一日內落完如日短不及應開夜工	澆搗
(十三)	凝土落後應即用蘆蓆或稻草遮蓋一星期內並須時常澆水不使乾燥	澆水
(十四)	天氣嚴寒時不得落凝土如落後四十八小時之內天氣驟寒降至冰點時應完全鑿去候天暖重落費用歸承攬人負担	天寒
(十五)	凝土落後三十六小時內不可置物其上三日後方可砌牆於上	
(十六)	殼子撐頭須得工程師之同意方可拆卸至少須經二十一日方可移動	拆殼子
(十七)	滿堂水泥及平常凝土做法相同	
(十八)	三尺半以外之門窗過樑皆做鋼骨凝土四尺半以內八寸深五尺半以內十寸深濶與牆同中安四分圓鋼条三根又二分圓鋼箍排十寸檔五尺半以外皆另出大樣	門窗過樑

第三章　牆垣水料

(一)	一應外牆皆用洪家灘三號青磚砌十寸或十五寸牆圖上註明用黃砂石灰砌	青磚
(二)	二層三層分間牆皆砌十寸磚牆三層以上甬道兩旁及樓梯間電梯間四周皆砌空心磚牆用振蘇公司或相等貨品四寸半及八寸半空心磚用水泥灰漿砌樓梯四周皆十寸牆其餘皆五寸	空心磚
(三)	一應磚塊及空心磚等皆於砌時用水澆透先裝有多數自來水龍頭通有長皮帶管專為澆水之用	澆水
(四)	凡一切水管電線管等皆於砌牆時隨時與各該項工程之承包者妥協後預留相當之地位並予以相當協助凡切鉄管等有穿過凝土大料柱頭時應向工程師詢問明白得其允准方可施行	水電管
(五)	窗盤石皆用凝土細砂澆出在上面安三分圓鋼条三根出面處斬毛安鋼窗處做出筍頭另出大樣	窗盤石
(六)	門窗除凝土過樑外皆砌法圈半圓形或平法圈視情形而定用水泥灰漿砌	法圈
(七)	牆砌至地面時皆舖二號油毛毡(2 Ply)一皮接縫至少三寸	油毛毡
(八)	店堂下層滿堂皆做水泥凝土底脚先用黃泥填平隨填隨澆水木人打堅上做三和土六寸舖黃砂一皮及一三五水泥凝土三寸厚刮至極平以備日後上面做磨石子地面另詳粉刷類	滿堂三和土
(九)	前門踏步做金山石後門做朱家尖皆六寸十二寸二面做光下做六寸三和土用水泥灰漿安放	石踏步
(十)	大烟囱一只用鋼骨水泥做內部下端鑲火磚八尺高上粉紙筋	鑲火磚
(十一)	牆垣壓頂皆水泥凝土澆出三寸厚	壓頂

(十二)	屋面樓板皆於釘時做出斜勢向二旁落水每尺一分於凝土樓板上舖Celotex三分厚一皮用柏油膠牢上面再做六層柏油油毛毡屋面上再舖細綠豆砂石子該項屋面應由恒大洋行或他家有經驗可靠行家包做六七兩層前面陽台做法亦同	平屋面
(十三)	屋面四周皆做明溝一道六寸寬三寸深用柏油油毛毡做凡水每水落管口做出水眼有銅絲陰溝眼	明溝
(十四)	水落管皆用生鉄鑄出四寸六寸長方形沿山西路及天津路皆砌牆內所有接頭等處皆用生鉛包以防冷熱伸縮而致漏水管內外皆先塗紅丹後弄水落管釘牆上每六寸用鉄攀釘牆上	水落管
(十五)	前面陽台每只均有小水落用二寸白鉄自來水管子砌入牆內均於澆水泥時預先放好一切接頭轉彎皆用彎頭螺絲	
(十六)	屋面完工後承攬人應絕對負責保証屋面之完全滿意毫不滲漏如完工二年內發生一切滲漏情形均歸承攬人負責修理完整凡因該滲漏而損及房屋內部如粉刷平頂等類亦應歸承攬人修理完善惟因業主自不經心致房屋面損壞而滲漏或天災人禍非人力所能挽回者承攬人不負責任	屋面保証
(十七)	大樓梯下地坑一只四周砌十五寸磚牆用水泥灰漿砌內部牆上及地上做柏油油毛毡避水材料及水泥粉刷由著名行家包做應由承攬人負責保証不致漏水完全滿意	地坑

第四章　木料裝修

(一)	一應木料除另註明外皆用洋松頭號貨色無爛節大疤等弊於開工時預先購進架放通氣地方候完全乾燥方可應用	木料
(二)	旅館內一應五寸隔牆除沿甬道及樓梯間四周外皆做板條牆用三寸四寸板牆筋廿四寸對中脚水泥樓板上上下冒頭皆四寸見方中安二寸四寸橫檔二根双面釘四尺長三分機器板条子離縫不得過三分	板条墻
(三)	門樘子皆用三六洋松照大樣做置墻垣內者四周先塗柏油置板条墻內者皆直接釘板墻筋上下冒頭門樘双面有洋松門頭綫	門樘
(四)	門皆用頭號淨料洋松做中鑲夾路五層花旗洋松夾板一切皆照日後大樣做	五層板
(五)	窗皆用上海製造上等鋼窗紫銅執手及曲尺俱全用勝利或恒大出品或與該二家出品相等之貨色應先送樣子經工程師核准並將樣品存案以備日後核對	鋼窗
(六)	鋼窗向內皆批顏色水泥窗頭綫於水門汀內和以來路顏料照日後大樣做踢脚及洋松窗盤板一塊	窗頭綫
(七)	樓下店面大櫥窗皆用柳安做櫥窗離地一尺半櫥內下舖一寸四寸柳安地板上脚打光櫥上用二寸四寸擱柵上舖一六洋松板下面天花板釘三層板櫥後做洋松拉門一切大料尺寸皆於日後出有詳細大樣	櫥窗
(八)	店堂大門皆用柳安做有腰頭一切照日後大樣做	門
(九)	店面內每間自下層至三層樓梯一只皆用洋松做日後有大樣	樓梯

(十) 旅館下層事堂內櫃台一只皆用柳安做三尺半高二尺濶櫃後有抽屜櫃前做出綫子線脚另有大樣。 — 櫃台

(十一) 樓下大廳一只四周牆上做柳安台度八尺高有綫子線脚柱頭二根亦用柳安包轉另出大樣 — 台度

(十二) 浴室廁所內分間皆做洋松板壁七尺高用一寸六寸企口洋松板直拼及三寸四寸上下冒頭做兩裝彈簧門 — 分間

(十三) 樓梯上伙食間內小吊車二只用洋松做二面裝直鉄条用粗鋼絲繩吊牢上裝彈子滑車一切另於臨時出有大樣 — 小吊車

(十四) 凡旅舘各房間內地板皆做美術油地毯(T M B. Hoshe Flooring) 用深咖啡色厚約二分先於凝土樓板上做六分水泥灰漿用鉄板刮平上面鋪做該項油地氊由恒大洋行或美和洋行供給及包做每方價約三十二兩左右。 — 地板

(十五) 各房間內皆裝洋松踢脚線八寸高一寸厚有綫脚 — 踢脚綫

(十六) 每房間內下層事堂間及各甬道內皆釘洋松畫鏡綫另有大樣 — 畫鏡綫

(十七) 各房間小間(Closet) 內皆於四圍壁上釘起光一六洋松板平釘圓棍一根日後有大樣

(十八) 凡陽台欄杆及樓梯欄杆上皆裝柳安扶手另有大樣 — 扶手

第五章　粉刷裝飾

(一) 沿山西路及天津路外牆除另註明外皆做白水門汀汰石子用Atlas或相等牌子白水門汀和雲石屑及礦石石子粉約六分厚候稍乾洗去浮面水泥惟先做樣品經工程師核准滿意。 — 外牆粉刷

(二) 門面上用面磚處皆用泰山公司一寸薄面磚嵌木条子黏上灰縫皆嵌白水門汀一切轉角皆用角磚面磚顏色臨時指定之。 — 面磚

(三) 旅館大門門面計五十七尺濶十八尺高外牆做水泥人造石在磚牆外釘竟子澆細砂凝土三寸厚用石工做光鑿出石頭樣縫得工程師之滿意。 — 人造石

(四) 後面外牆及後弄內圍牆皆粉水泥粉刷劃成方塊形台口線脚做汰石子

(五) 店面下層及二三層內牆做石灰粉刷分三度做第一度柴泥第二度紙筋內加蔴筋每方廿五磅搗爛第三度用老粉加膠水刷三次 — 石灰粉刷

(六) 店面地上粉磨石子用馬牌水泥及礦石屑拌和加顏色粉平面上磨石四周做踢脚綫。 — 磨石子

(七) 店面大門口做白水門汀磨光石子向外斜勢。

(八) 店面二三兩層地上加做水泥粉刷用一份水泥及一份黃砂粉至極平

(九) 樓下廁所及小天井內皆做水泥粉刷地面及台度四尺高。 — 台度

(十) 樓上廁所內皆做白水門汀磨石子地面及台度四尺高有綫脚。

(十一) 地坑鍋爐間內四周牆上皆粉水泥粉刷加入避潮材料。

(十二) 旅館上下內牆除另註明外皆粉水砂粉刷分三度做第一度柴 — 水砂粉刷

泥加蔴筋搗爛第二度與石灰粉刷同第三度用一份淨石灰漿和一份洗淨吳淞水砂用鉄板粉至極光

(十三) 水砂牆上通道內廁所及一二三層各間皆罩顏色油漆詳油漆類四五六七層之房間內皆糊花紙至畫鏡綫為止約價每卷一元五角左右花式由工程師臨時指定之。 — 糊花紙

(十四) 一應平頂及畫鏡綫之上部皆做石灰粉刷除七層外皆直接粉水泥樓板上大料四周皆起有線脚。

(十五) 七層平頂皆做鋼絲網平頂先於澆水泥樓板時置入鉛絲竟子拆去後即用慎昌洋行或泰康洋行鋼絲網釘平大料底每二尺須有鉛絲一根縛牢然後再施粉刷 — 鋼絲網

(十六) 旅館下層事堂及樓上各層甬道以及大樓梯踏步皆做美術顏色人造石用白水門汀及顏色石子和上等顏料粉半寸厚鑲有顏色花邊樓下事堂並鋪出格子方塊面上用機器磨平打光該項人造石應由恒大洋行包做或由專做該項人造石之專門工人包做惟須保証出品與本事務所備樣品一般無二。 — 人造石

(十七) 旅館大門口踏步及階沿皆鋪六分厚中國貨白色雲石用水泥及漿鋪上磨平 — 雲石

(十八) 凡人造石地面之處皆做人造石踢脚線八寸高有線脚。

(十九) 凡浴室廁所內地上皆鋪中國貨瑪賽克小磁磚用益中公司出品四周有花邊用水泥灰漿鋪上縫縫皆擠正用鉄板敲至極平。 — 瑪賽克

(二十) 浴室及廁所牆上皆做六寸方白磁磚台度四尺半高上有花邊線脚下有圓角一應陰陽轉角俱全上部水砂粉刷。 — 磁磚台度

(二十一) 旅館大門事堂及大廳平頂皆做花平頂臨時出大樣牆上並做簡單石膏花頭一切有大樣。 — 花平頂

(二十二) 前首外牆及正面門面有花頭處皆先做石灰樣子經工程師核准方可做上 — 樣子

(二十三) 屋頂壓簷牆向內粉水泥粉刷

第六章　銅鐵五金

(一) 沿面大櫥窗四周及上下冒頭皆包紫銅皮敲出線脚臨時出有大樣由上海製造櫥窗上部格子玻璃亦用銅質丁字条做。 — 櫥窗

(二) 門面各層陽台及六七層前面欄杆皆用熟鉄做花頭大概照圖上再於臨時繪出正式大樣 — 欄杆

(三) 後面三層以上鐵陽台皆裝欄杆用四分方直楞加簡單花頭。

(四) 六層前面陽台上分間處用寸半白鉄管灣成陽間照圖樣漆銀粉七層前面陽台欄杆用熟鉄做出花頭

(五) 後弄內下層廁所窗上皆配鉄直楞四分圓

(六) 旅館大門口天蓬一只用水落鉄及三角鉄做出用花鉄条吊牆上前面裝鋼絲網粉汰石子均於日後出大樣 — 天蓬

(七) 六七兩層陽台分間處皆用三角鉄做架子中裝馬賽鋼絲網做籬笆。 — 籬笆

(八) 大扶梯一只做紫銅花欄杆有生鉄翻出花頭隨後另出大樣。 — 花欄杆

(九) 大樓梯踏步上每級用紫銅踏步条嵌入踏步內日後有大樣。 — 銅条

(十) 旅館小扶梯二只皆做五分方熟鉄欄杆

(十一) 每電梯門口用熟鉄做沿口四寸濶須與某電梯行家合作以準

	確為要.	
(十二)	旅館大門口做馬眼鉄扯門一道扯入牆内上下軌道俱全用彈子轆軸	扯門
(十三)	後弄大鉄門一道熟鉄做出大樣	

第七章　門窗五金

(一)	店面大門及櫥窗外皆裝排門板及木頭橫門鉄搭攀大門上配普通鎖及彈簧鎖各一具白鉄鉸鏈	排門
(二)	店面二三層及廁所各門皆配白磁拉手普通門鎖各一具白鉄鉸鏈四寸	鉸鏈
(三)	後門配熟鉄十二寸橫插銷一具	插銷
(四)	旅館大門配耶而八寸黄銅双關彈簧鉸鏈每扇三塊上下暗彈簧插銷各一付耶而上等大門鎖各一具耶而牌自關門各二付双面銅板及拉手俱全以及双面寸半紫銅推手各三根	彈簧鉸鏈
(五)	樓上甬道彈簧門皆配八寸双關彈簧每扇二塊及双面黄銅板拉手	
(六)	旅館各房門及廁所浴室等門上皆配四寸白鉄鉸二塊全紫銅上海製造上等門鎖一具約價每具四兩左右門内紫銅拉手連插銷一具約價一兩及門後黄銅鈎子俱全該項門鎖執手應定做有旅館牌子字樣另出大樣	門鎖
(七)	門上氣窗皆配三寸白鉄鉸及彈簧插銷銅鉸鏈	

(八)	一應窗上五金皆配紫銅連鋼窗上	
(九)	廁所浴室内小門皆裝黄銅自關彈簧鉸鏈及廁所内插銷鈎子俱全	

第八章　油漆玻璃

(一)	店面大櫥窗向外木器及店面後門廁所門皆漆金漆一底二度	金漆
(二)	一應內門及踢腳線画鏡線皆上色揩泡立水	泡立水
(三)	旅館下層大廳台度泡立水應加工揩出亮光.	
(四)	一應鋼窗皆油漆二度顏色臨時擇定之.	
(五)	水落管黄管及水管之露出墻外者皆紅丹打底油漆二度.	紅丹
(六)	浴室廁所内一應木料皆白漆一底二度	白漆
(七)	旅館下層大廳及串堂墻上皆用顏色油漆於花頭上漆出顏色臨時出有大樣	
(八)	七層各大房間内墻上平頂皆用顏色油漆漆出花頭有大樣.	
(九)	一應鉄欄杆皆油漆一底二度大扶梯及正面陽台欄杆皆有飛金花頭	
(十)	店面大櫥窗配英國貨上等淨白片上部配細花紋水梅片店面大門配車邊厚白片木条釘.	淨片
(十一)	一應鋼窗上皆配廿六盎子片一切氣泡皆須剔淨用來路油灰嵌	
(十二)	旅館大門配車邊厚白片樓上各層甬道彈簧門上皆配鉛絲玻	厚白片

	璃浴室廁所之窗上皆配水梅片.	
(十三)	旅館大門外雨蓬上配鉛絲玻璃廚房及鍋爐間窗上亦配鉛絲玻璃	
(十四)	旅館各房間門上氣窗皆用鉛絲玻璃做硬百葉每條濶二寸半相距約寸半詳大樣	
(十五)	一應玻璃皆於交屋時從行檢点所有破壞皆掉整並逐塊揩拭明淨.	

第九章　溝渠雜項及甬道

(一)	後弄一条地上做三寸水泥凝土及一寸水泥灰漿向二旁落水面上劃成二尺三尺方塊形.	
(二)	後弄二旁各做明溝一道六寸圓用水泥凝土做下做三和土底脚八寸濶六寸厚落水向最近陰井每尺三分	明溝
(三)	陰溝用工部局瓦筒照圖示尺寸安放斜勢至少每尺三分接頭處用水泥封牢每水落下做陰溝眼總管接通至馬路總管	陰溝
(四)	陰井皆用磚砌三尺方牆十寸厚内粉水泥上做生鉄蓋.	陰井
(五)	店面大櫥窗外皆用洋松板做排門須易於上落並須堅固光潔大樣由工程師核准	排門

說明書修改條文

本說明書於簽訂合同時由双方同意將下列各條加以修改所有圖樣上及說明書中所載明有於下列各條相抵觸者悉依下列修改條文辦理之

(一)	第三章第十二條	
	七層以上之大屋面及廚房樓梯間等屋面上之 Celotex 皆取消於鋼骨樓板上粉水泥一皮上照章做六層柏油石子惟六七兩層前面陽台皆照原文辦理	
(二)	第四章第五條	
	所有後面沿弄上下各層窗皆改用洋松木窗尺寸照舊及洋松窗頭線四五六三層房間内之長窗並改為短窗及將各間之假陽台鉄欄杆取消短窗上皆配白鉄鉸鏈及黄銅旋紐長插銷	
(三)	第四章第十一條	
	大廳四周墻上台度取消改為一律水砂粉刷	
(四)	第五章第六條	
	店面各間地上不做磨石子改為水泥粉刷六分厚面上刮平	
(五)	第五章第十三條	
	本條取消	
(六)	旅館下層串堂大樓梯踏步及樓梯間内仍照原文做惟各層甬道内地上改做青水門汀磨石子用馬牌水泥及磨石屑做四周有邊一道	

郵政局習題

今擬於一約二萬五千人口之城市中，建一郵政局，辦理該城市鎮及鄉村一切郵務事宜． 地呈長方形，闊九十呎，面對廣場． 深一百五十呎，設有便道，以利交通．

需要建築：——

一大營業廳；內設信件處，郵票發售處，包裹處，掛號處匯兌處，郵政儲金處，出租信箱室． 此外正局長及副局長辦公室各一間，運夫房六間，容十輛汽車房一所． 底層設鍋鑪房及職員宿舍．

比例尺：——

立面圖： $\frac{1}{4}'' = 1' - 0''$

平面圖： $\frac{1}{8}'' = 1' - 0''$

剖面圖： $\frac{1}{8}'' = 1' - 0''$

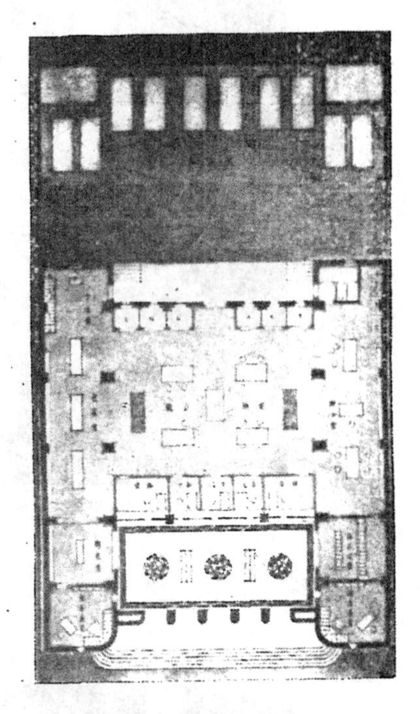

中央大學建築工程系三年級唐璞繪郵政局平面及立面圖

中央大學建築工程系三年級費康繪郵政局立面圖

中央大學建築工程系三年級朱棟繪郵政局立面圖

民國廿二年九月份上海市建築房屋請照會記實

公共租界請照表

請照單號碼	請照單日期	建築種類	建築地點	區域	地册	請照人	照會號碼
B 1911	九月	醫院附小教堂房屋一宅	甯波路	東區	W. 7534	W. Livin	B3641
B 2392 B	九月	焗爐間一所	北蘇州路	北區	1017	業廣地產公司	3642
B 4002 A	九月	汽油唧筒及小油池	韜朋路	東區	3541	亞西亞火油公司	3643
B 4124	九月	華式住房七幢及水塔一座	康腦脫路	西區	6235	T. Y. Chang	3644
B 4164	九月	汽車出租處一所	仁記路	中區	30	雲飛汽車行	3645
B 4176	九月	華式住房九幢市房二幢		西區	4223	The Kyetay Eng, Corp.	3646
B 4373	九月	華式住房六十二幢 華式店鋪十五幢 門樓一所	塘山路	東區	1584—5	Teh Ming Hsu	3648
B 4418	九月	華式住房五十六幢 華式店鋪三十七幢 門樓二所	梅白克路	西區	370	N. Ling Woo	3653
B 4427	九月	職員宿舍	眉州路	東區	7279	Zia Ming Wei	3654

法租界請照表

請照單號碼	請照日期	建築種類	建築地點	地册	請照人	照會號碼	估價
2546	九月一日	中式三層連頂樓住房一幢	徐家滙	5076	汪成方	4746	10,000元
2548	九月五日	跳舞廳一所	呂班路	4005—6	B. V. Gautz	1344	
2549	九月五日	三層店房及行屋各二幢	巨賴達路	5654	H. C. Zee		12,000元
2550	九月六日	三層行屋廿六幢 中式店鋪二幢 圍牆一道	環龍路	4167	Chaw Yong Maw		
2551	九月六日	三層中式住宅一宅及圍牆		13142	李錦沛		60,000元
2553	九月八日	歐式樓房十幢及圍牆	辣斐德路	9091	建安公司	1349	25,000元
2554	九月八月	中式樓房八幢及圍牆		9926	李瑞榮	4748	8000元
2558	九月十二日	八層大廈一宅	環龍路	6648	W. Livin	1348	800,000元
2562	九月十五日	二層市房七幢		12074	顧順生	4757	8500元
2563	九月十九日	三層中式住宅一座	華龍路	4013A	Paul Chelezzi	4750	
2569	九月十九日	浴室一座	平濟利路	1613	中山浴室		
2570	九月廿三日	二層住房廿四幢	馬斯南路	5061A/1C			25,000元
2571	九月廿三日	三層歐式住房八幢 門房一間	西愛咸斯路	13254	啓明建築事務所		30,000元
2573	九月廿八日	二層住房廿四層及圍牆		1305	上海女子銀行		

專　　載

估計房屋價額事

李中道律師來函

逕啓者玆有當事人徐邢氏鑿稱氏所有謹記路一五八號地產上前由租戶文治大學於民國十六年擅僱楊裕興營造廠私建寄宿舍一所後由警備司令部佔居現奉內政部決定准予發還玆爲便利交涉發還起見應委託函知建築師學會估計該屋現時之價額等因前來相應函達並祈於二三日內將估價單擲下至紉公誼此致

建築師學會

本會復函

逕復者接奉七月二十日

大札申請代爲估計

貴當事人徐邢氏謹記路一五八號地基上舊屋一所之現值若干前來當經本會七月二十八日常會決議派員前往該屋實地勘察所得結果如下

(一)房屋地位　該屋係一假三層校舍占地約三千六百平方尺平均高度約三十七尺用磚牆木屋架瓦屋面木地板所造成

(二)建築現狀　該建築約爲七八年前所建造約值國幣七八千元左右最近曾爲駐兵之用對於房屋蹂躪不堪牆垣剝裂地板陷落門窗什八不全粉刷平頂更形毀壞以現狀衡之已不復可容人居住矣

(三)估價根據　七八年前所建之普通房屋而完好可居者當可值原價百分之六七十左右不等然今該屋以毀傷過甚除所有磚瓦木料可作舊料估值外已無足容人居之價值苟欲以完好可居爲目的而加以修理則該項修理費用約計之當在四五千元之譜設修好後可值原價百分之七十五則該屋現值幾將等於零殊非平允之道故估計標準仍以所存舊料之價值計算之

(四)估計現值　該屋各項材料之有舊料價值者約有磚瓦地板擱柵屋頂木料未破之門窗石料水落門窗上五金等類經詳細覆核如地點不計(註一)約可值國幣一千八百五十元正

(註一)舊料估值與該舊料購者及售者之地點遠近殊有關係今因事實上無購主故所估值以就地出售而論

據此特行奉復尙祈

査照爲荷

上海公共租界房屋建築章程

（上海公共租界工部局訂）

楊 肇 煇 譯

其他方法亦可適用。

22.——遇必要時，如石工製或牛釉物製之防臭具或管須接於鉛製污管，廢物管，或防臭具通連於污坑者，此石工製或牛釉物製防臭具或管與此鉛製污管，廢物管或防臭具之中應置一銅製或他種適當混合金屬製之凹臼；此石工製或牛釉物製之防臭具或管應即揷置於此凹臼中；接連處應以水泥做之；此凹臼並應用金屬物之接口連於鉛製污管，廢物管或防臭具上。 但使石工製或牛釉物製之防臭具或管連接於鉛製污管，廢物管或防臭具而能得同等適當與效果者，其他方法亦可適用。

23.——(甲)凡造一連屬於一房屋之污坑，其造法及其位置應設法使可隨時利便實用，俾能易於清潔及除去其中穢物，並須將穢物由此污坑中及其所連屬之房屋中立時掃除於而不由任何其他房屋中經過。

(乙)凡造一連屬於一房屋之污坑，應設置一永久而係鐵製或他種核准之金屬物製之直吸管，其內直徑四吋，安一有蓋而係核准之標準製槍銅所製之轉紐器。 此污坑，除其位置爲八呎寬之載重車所能達到者外應設一不透氣之吸管一內直徑四吋並安有標準轉紐器，置於可達到上述載車之最近處，但此吸管之長度不得過壹百呎。 又吸管須備有可以清潔之開關及能經審查之門口者，不在此例。

(丙)凡連屬於一房屋之污坑應用鐵肇混凝土或混凝土或他種可得本局稽查員核准之永不透水材料建造之。

(丁)凡造一連屬於一房屋之污坑，其深度在最近公路之水平以下不得過八呎；其底應爲曲線或具有不小於一比十之斜度；其內部各處轉角亦應爲圓形。

(戊)凡造一連屬於一房屋之污坑應遵照以下規定之最小容量：

	廁所三處或少於三處之水池容量	廁所三處以上每一處應加之容量
宿舍，俱樂部旅館或零售處	60立方呎	15立方呎
辦公房屋	60立方呎	12立方呎
住宅	60立方呎	20立方呎
工廠	最小容量277立方呎，內中人數在一百以上，每加一人，容量應加3立方呎。	

(己)凡連屬於一房屋之污坑應設一雙開之溝井蓋，其模樣須經本局稽查員核准。 此污坑並應用接連之污管或污溝以流通空氣。

(庚)每一污坑不應有溝或他種方法以通於任何水溝或任何溢水之出口。

24.——無論何人，如須在屋址上施以工程或改造以使不必需用之污坑而爲有用者，及任何屋主之設有不必需之無用污坑者，均應將其中所留之污糞穢物完全空去；並應將此污坑中可以安全拆除之地板，牆，及屋頂與引至及連於此污坑之管子及水溝概行卸去；更應用上好混凝土或用適當之乾淨土，乾淨磚，廢料或他潔淨材料將此污坑全部封閉塡滿；如此污坑之牆未經完全拆除，應在用土塡滿之空處之面上，蓋一層六吋厚之上好混凝土。

25.——屋主應附屬於屋址中之廁所與污坑及其輔助物等維持於完善情況中。

26.——屋主應使附屬於屋址中之每一廁所隨時視需要而全體清潔之，俾其保持清潔狀况而不礙衛生；並應使此廁所中之穢物不致溢出於外或漬漏於下。

第五章完

*新建西式房屋建築章程完

*上海公共租界房屋建築章程係照房屋之式樣及用途分類規定。本刊自第一頁起至此頁止為新建西式房屋之建築章程。其他房屋之建築章程仍將全部譯出，稍續刊佈；但每一章程均另由下頁起登載，藉分段落，而易查閱。

上海公共租界房屋建築章程

關於戲院等之特別章程

1.——本特別章程應專施用於一切戲院，房屋，房間或大衆聚集之其他地方，係此後即須建造而開放作公共表演戲劇與映放影戲之用者；暨一切房屋，房間或大衆聚集之其他地方，係此後即須建造而開放作公共跳舞，音樂或同類之其他公共娛樂之用者。

在本特別章程中，用有"此類房屋"之詞句者，其意即指上述性質之任何房屋並應備有執照。

地址之邊界

2.——凡人欲造此類房屋者，應呈一申請書送至本局，內中敍明該人擬用此類房屋之性質及範圍。此申請書中應附有一屋址圖，表明此類房屋之位置及其娛樂之性質，以其所在地址與隣近房屋及公共道路均有關係也。此圖之比例尺須不小於每吋作二十呎。

倘地址經本局表示滿意，申請書中所述擬建房屋之執照即可發給，但須遵照新建西式房屋建築章程暨本章程下列各條辦理。

申請書中所述擬建房屋之執照，本局有核准或駁斥發給之全權。

為符合本特別章程第九條起見，倘多加一通行路係屬必要，得設一私有之通行路。

此通行路之寬度不得小於十呎，由此類房屋之所有人完全管理之；如其寬度少於二十呎，隣近房屋之門或其他空洞均不得與之通連，或臨向此路之任何部分，但遵照第四條而設置者除外。

此類房屋不得在任何其他房屋之下或在其上

3.——除經本局核准者外，此類房屋內造有劇台及備有佈景者，或欲用作放映影片者，均不應建造於任何其他房屋之任何部分之下或在其上；又不應容置起居房間，但遵照第五條而設置者除外。

牆或屋頂上之空洞

4.——此類房屋與任何相隣不動產之距離在十呎以內者，其牆上或屋頂上概不許有空洞，一除非有一磚牆，厚度係照新建西式房屋建築章程，造於此類房屋與相隣不動產之間，高度須在此屋牆上或屋頂上空洞之上至少六呎。倘本局以為確有需要，同樣之牆亦應造於此類房屋之任何空洞與任何相隣不動產上之引火建築物或材料之間。

牆

5.——此類房屋應四週圍以適當之外牆或分間牆（參照新建西式房屋建築章程第一章第二節），用磚，石或經本局稽查員核准之其他材料建造之。倘此類房屋祗爲一屋之一部分，應有一經本局稽查員核准之避火材料所造之分間牆，以與其他部分互相隔絕。此類房屋不得有一部分臨向相連部分之任何一處，如本局以其或有引火至於此屋之危險。

地板級層等

6.——在一切此類房屋內，大廳之地板，級層等屋頂均應用避火材料（參閱新建西式房屋建築章程第二章第二節）。

7.——此類房屋連廳座水平以上之邊廂在內，不應多過兩級層，除非面前之路之最小寬度不小於五十呎；級層與平直之坡度不應多過三十五度。在第一級層下之廳座之地板及其他每一級層之地板與各該上面之天花板之間，平均高度不得小於十二呎，垂直量之最小高度應爲十呎。

底層或廳座之水平

8.——在此類房屋中，底層最低處之地板或如無底層時卽係廳座之地板，距最近公路之路冠水平以上不得小於十二吋。

入場門與太平門

9.——在一切此類房屋內，除入場大門外，每一級層或每一層能容不過五百人者應設有離開而獨立之太平門兩處；其能容之人數過五百者，則在五百以上每加二百五十人或其分數者，應加設一太平門。此太平門在牆之中間或於開門時在門柱之中間應有不少於五呎之寬度。每一級層或每層之二太平門應互相遠隔，並應各能通達於一天井或一公路上。

倘每層或每一級層能容之人數不過三百者，則除入場大門外，應設有四呎寬之太平門二處。如每層或級層中分隔爲二或多於二部分而各部分間又不能隨意通行時，各部分均應有如上述之太平門，直接通達於出入路口。若每級層或每層中造有廂位，每一廂位至少應置一太平門，直接通達於出入路口。計算此類房屋之每級層，每層或每級層之一部分中能容若干人數時，站立地位亦須可以觀表演，與座位應同樣注意。

太平門之排列均應能由每級層或每層之各處得有迅速準備，可以立時離去；並應直接通達於天井或公路上。

走廊之建造及寬度

10.——此類房屋中之走廊，過道或通路之作聽衆之用者應用避火材料建造之（參閱新建西式房屋建築章程第二章第二節）。造成後之最狹處應照規定太平門之寬度。

斜處

中國建築

THE CHINESE ARCHITECT

OFFICE:

ROOM NO. 427, CONTINENTAL EMPORIUM, NANKING ROAD, SHANGHAI.

廣告價目表

底外面全頁	每期一百元
封面裏頁	每期八十元
卷首全頁	每期八十元
底裏面全頁	每期六十元
普通全頁	每期四十五元
普通半頁	每期二十五元
普通四分之一頁	每期十五元
製版費另加	彩色價目面議
連登多期	價目從廉

Advertising Rates Per Issue

Pack cover	$100.00
Inside front cover	$ 80.00
Page before contents	$ 80.00
Inside back cover	$ 60.00
Ordinary full page	$ 45.00
Ordinary half page	$ 25.00
Ordinary quarter page	$ 15.00

All blocks, cuts, etc., to be supplied by advertisers and any special color printing will be charged for extra.

中國建築第一卷第四期

出版 中國建築師學會

地址 上海南京路大陸商場四樓四二七號

印刷者 美華書館 上海愛而近路三號 電話四二七二六號

中華民國二十二年十月出版

中國建築定價

零售	每冊大洋五角	
預定	半年	六冊大洋三元
	全年	十二冊大洋五元
郵費	國外每冊加一角六分 國內預定者不加郵費	

廣告索引

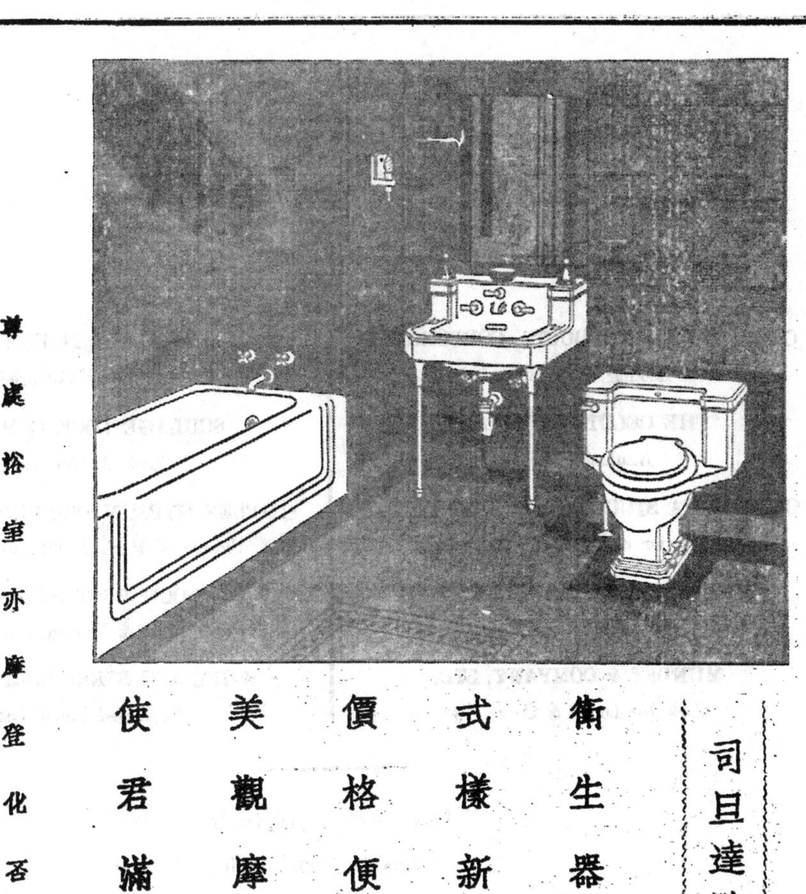

司旦達牌

衛生器具
式樣新穎
價格便宜
美觀摩登
使君滿意

尊處浴室亦摩登化否？

Guaranteed Quality

AMERICAN RADIATOR & STANDARD SANITARY CORPORATION

中國獨家經理

慎昌洋行

上海圓明園路四號

CERTAINTEED PRODUCTS CORPORATION Roofing & Wallboard	**RICHARDS TILES LTD.** Floor, Wall & Coloured Tiles
THE CELOTEX COMPANY Insulating Board	**SCHLAGE LOCK COMPANY** Lock & Hardware
CALIFORNIA STUCCO PRODUCTS COMPANY Interior and Exterior Stuccos	**SIMPLEX GYPSUM PRODUCTS COMPANY** Plaster of Paris & Fibrous Plaster
MIDWEST EQUIPMENT COMPANY Insulite Mastic Flooring	**TOCH BROTHERS INC.** Industrial Paint & Waterproofing Compound
MUNDET & COMPANY, LTD. Cork Insulation & Cork Tile	**WHEELING STEEL CORPORATION** Expanded Metal Lath

---

Large stock carried locally.

Agents for Central China

FAGAN & COMPANY, LTD.

261 Kiangse Road

Telephone
18020 & 18029

Cable Address
KASFAG

美商

美和洋行

承辦屋頂及地板工程并經理石膏粉石膏板甘蔗板避水漿鐵絲網磁磚牆粉門鎖等各種建築材料備有大宗現貨如蒙垂詢請打電話一八〇二〇或駕臨江西路二六一號接洽為荷

中國汽泥磚瓦公司

總經理英商馬爾康洋行

營業所：上海四川路二二〇號
廠　址：上海平涼路一〇九〇號
電　話：一一二二五號（四線）

本公司聘有意國專門技師監工督造各種上等建築材料并承造雲石人造石磨石子一切大小工程凡經本公司承造之工程各業主莫不一致贊許焉

本公司自製面磚及美藝磨石子工程一斑

出品及承包工程

輕質汽泥磚（AEROCRETE）
抗水面磚（TERROCRETE）
大理石工程
磨石子工程
并運意大利比利時法蘭西希臘各國上好大理石花崗石及瑞威（LABRADORS）石倘蒙諮詢或惠顧曷勝歡迎

THE CHINA AEROCRETE CO., LTD.

GENERAL MANAGERS
MALCOLM & CO., LTD.
220 SZECHUEN ROAD

瑞昌
銅鉄五金
工厰
承辦建築一切銅鉄工程
常備大批新式異樣堅固門鎖
漢口路四二一號 電話九四四六〇
靜安寺路六六七號 電話三一九六七號
工廠 同孚路二四三號

朱森記營造廠

事務所：上海南京路大陸商場四樓四一四號　電話：九一七三六

國慶日舉行落成典禮之上海市府大廈　（本廠承造）

本廠承建各界房屋歷造價國幣五六百萬元以上茲略舉數則於下俾各界參考如蒙委託承造無任歡迎

中國科學社明復圖書館
中央研究院鋼鐵試驗場
先烈陳英士紀念塔
南京中央氣象研究所
南京生物研究所
陳英士先烈紀念堂
蘇州交通銀行
蘇州金城銀行
蘇州大陸銀行
蘇州中南銀行
整理文廟公園
上海市立圖書館
上海榮金大戲院
莊俊建築師住宅
德奧瑞同學會會所
同濟校友會會所

總廠　上海閘北西寶興路倫敦路口

褚掄記營造廠

廠址 上海臨平路二一號　電話 五另四四四號

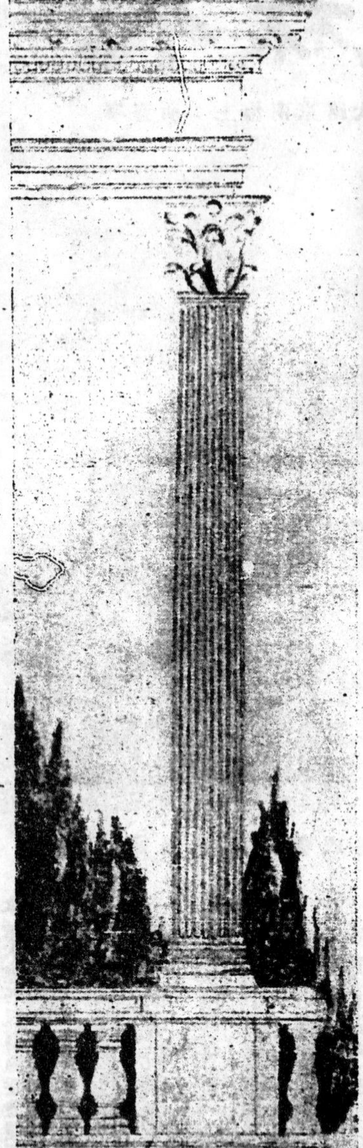

本廠承造一切大小鋼骨水泥工程以及房屋橋樑道路涵洞等如蒙垂詢或委託無任歡迎

上圖爲本廠承造之
總理銅像座基
地點　市中心區

THU LUAN KEE
CONTRACTOR

21 LINGPING ROAD. TEL. 50444.

榮德水電工程所

本工程所創辦以來十有餘年專行承辦暖氣工程冷熱水管衛生器具冷氣設備各種另件一應齊備工作人員經驗豐富早荷各界同聲贊美如蒙賜顧竭誠歡迎

電話 八五零九五號

地址 上海葛羅路十九號

張德興利記電料行

上海電料行

上海北四川路六九〇至九二號 電話四六六二一號

青島吳淞路十五號 電話二九三六號

此圖係二馬路華商證券交易所 建築師陸謙受

本行承裝各埠電氣工程略舉如下備資參考

本埠工程

華商證券交易所　四明銀行新房及市房　美華地產公司市房　交通部部長住宅　外國公寓　永安公司地產市房　四達地產公司市房　中華學藝社　韓登社　清心女學　楊虎臣公館　楊顧銓公館　長公館　劉志樂公館　外國公寓　吳市長公館　王部長公館

漢口路　福煦路　施高塔路　愚園路　威海衛路　北四川路　施高塔路　愛麥虞限路　南市篾竹街　南市跨龍路　海防路　環龍路　寶建路　甘司東路　憶定盤路　海格路　愚園路

外埠工程

青年會 寧波新江橋　華美醫院 寧波北門外　鐵道部 南京　明華銀行公寓 青島　國立山東大學 青島　孫科公館 南京　嚴春陽住宅 南通石港　浙江圖書館 杭州　野利醫院 湖南　何部長公館 南京

上海 張德興利記電料行

青島 上海電料行 謹啓

美商

約克洋行

冷藏 製冰 涼氣 專家

上海仁記路念一號　電話一一四五〇

For Every Refrigeration Need, There is a Suitable "York" Machine

YORK SHIPLEY, INC.,

21 JINKEE ROAD

Shanghai.

現代衛生工程和衛生磁器

顧發利洋行

真空暖氣工程　低壓暖氣工程

暗管暖氣工程　加速及自降暖氣工程

噴氣器

冷氣及濕度調節工程

收塵器　烘棉器　空氣流通裝置

消防設備　自動噴水滅火器　水管工程

暖氣工程

GORDON & COMPANY, LIMITED

Address 443 Szechuen Road

地址　四川路四四三號

電話一六〇七七/八

Telephones 16077-8

電報

Cable Add: Hardware

勝利鋼窗廠

VICTORY MFG CO.

ALL KINDS OF METAL WORKS

STEEL WINDOWS-DOORS-SHOP FRONTS

事務所
甯波路四十七號四樓
電話一九〇三三號

製造廠由法租界薩坡賽路新遷
閘北柳營路萬福橋
第二八四號

專製鋼窗鋼門及銅鐵工程

居住的條件

須要空氣流通

室雅整潔美觀

備裝置

中國銅鐵工廠出品

國貨鋼窗鋼門銅窗銅門

更使君處處滿意並有下列之特點

式樣新穎——堅固耐用

空氣通暢——光線明媚

啟閉靈便——不進風雨

總辦事處
上海甯波路四十號
電話一四三九一號
電報掛號一〇一一三

生泰木器廠

承辦新式木器室內摩登裝璜以及粉刷油漆水泥工程

事務所靜安寺路六百七十五號

譬如愚園路極司非而路轉角百樂門飯店舞廳內中全部木器均由本廠製造現今正在工作他如吳淞衛生局醫院以及南市衛生局之一切木器亦在承造中可見本廠之信用略有一斑焉

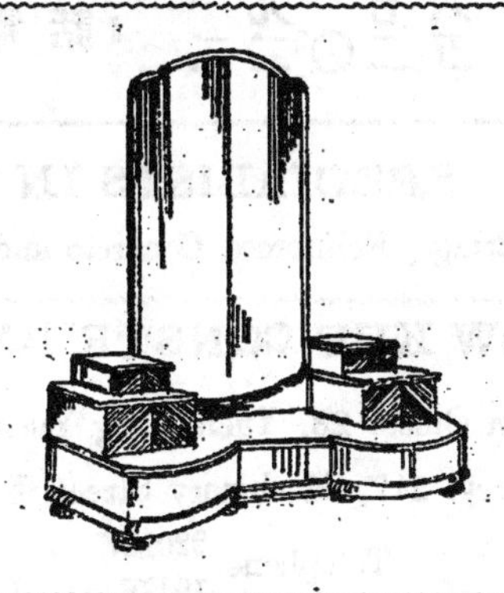

本廠特聘技師悉心研究督造各種西式花樣異樣木器如若各種銀行商店公寓飯店以及俱樂部辦公室等均可代為設計且工作迅速限期不悮如蒙賜顧無任歡迎

電話三五七〇四號

廠址寶山路口頤福里四十三號

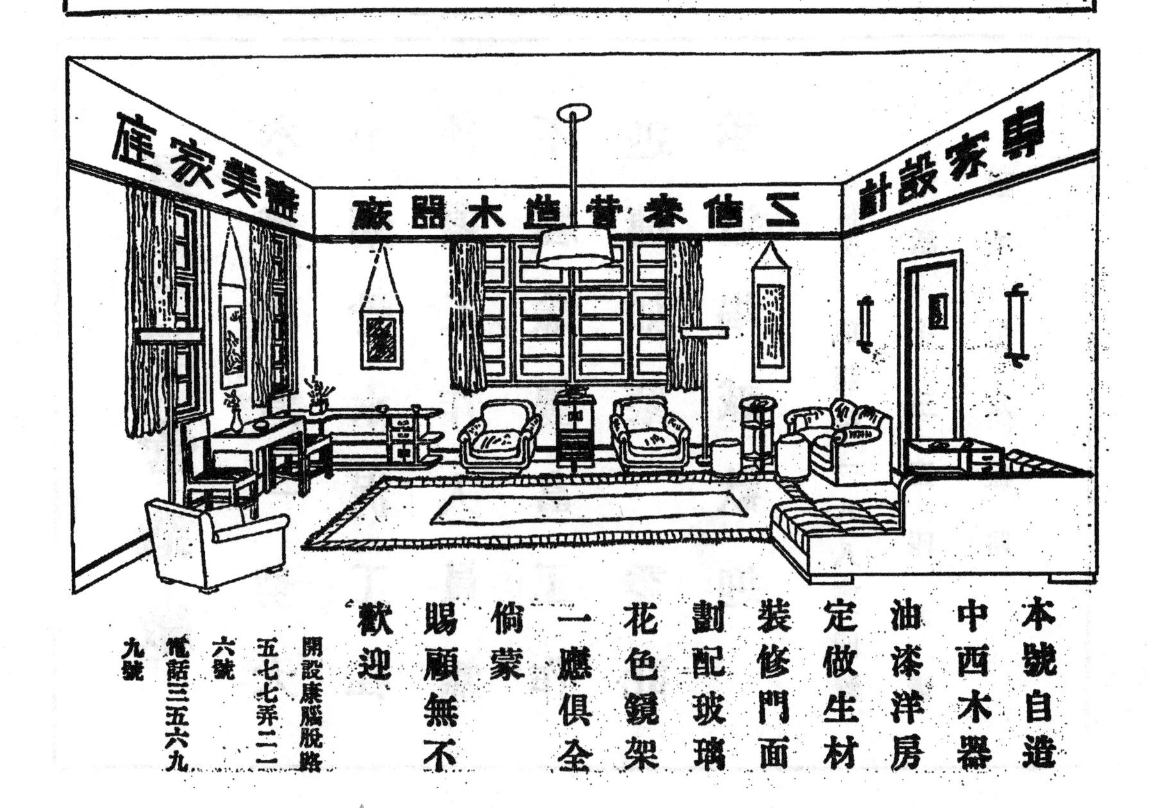

本號自造中西木器油漆洋房定做生材裝修門面劃配玻璃花色鏡架一應俱全倘蒙賜顧無不歡迎

開設康腦脫路五七七弄二一六號

電話三五六九九號

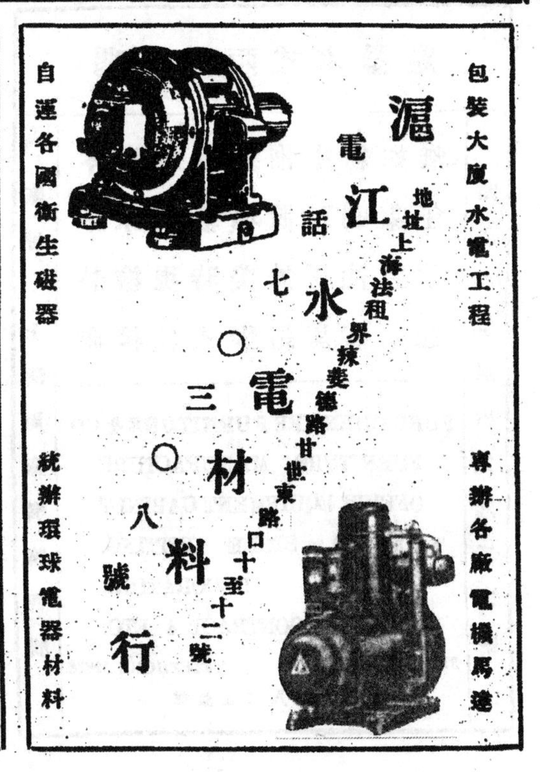

包裝大廈水電工程
滬江水電材料行
地址上海法租界辣斐德路廿世東路口十至十二號
電話七〇三〇八號
自運各國衛生磁器
統辦環球電器材料
專辦各廠電機馬達

G. FINOCCHIARO & CO.
(ITALIAN MARBLE WORKS)

意商飛納洋行

用大理石及花岡石建造各種紀念碑及建築物最爲適宜備有各種大理石及電機石版尺寸俱全

本廠創立於一千九百○三年
地址北四川路八百三十九號
電話四一三四○

TRADE MARK

商標

本公司之馬牌藍晒圖紙顏色鮮麗品質優良歷久不致走光晒洗後加蓋紅墨水線可不化旱經各建築師證明兼售各種臘紙臘布圖畫紙等價格均極廉宜外埠函購由郵局寄奉倘蒙 賜顧不勝歡迎

馬江公司謹啓

地址上海虹口外虹橋堍麥倫路平安里四十五號
電話四二七二七

印刷專家

本館精印中西書報西法畫圖精鑄銅模鉛字銅版鋅版鉛版花邊及鉛字器具等印刷精美出品迅速定期不誤有口皆碑蓋本館由來迄今已有八十餘年之久設備新穎經驗豐富允爲專家洵非自詡如蒙賜顧竭誠歡迎

美華書館
印刷股份有限公司

地址愛而近路二十七八號
電話四二七二六號
此花邊係由本館承印

大昌祥印刷所

本所精印 中西文字 銀行簿據
學校章程 書籍報章 文憑表册
股單聯票 商標仿單 五彩禮券
蘇甯帳册 精刻鋼銅 晶牙玉石
橡皮角木 美術圖章 如蒙賜顧
無任歡迎 價格從廉 限期不誤

印刷所 上海南市王家嘴角街五二號
電話 二二九七九
事務所 上海甯波路瑞芝里一號
電話 九○五七一

MANUFACTURE CERAMIQUE DE SHANGHAI

OWNED BY

CREDIT FONCIER D'EXTREME ORIENT

MANUFACTURERS OF

BRICKS

HOLLOW BRICKS

ROOFING TILES

FACTORY:
100 BRENAN ROAD
SHANGHAI
TEL. 27218

SOLE AGENTS:
L. E. MOELLER & CO.
110 SZECHUEN ROAD
SHANGHAI
TEL. 16650

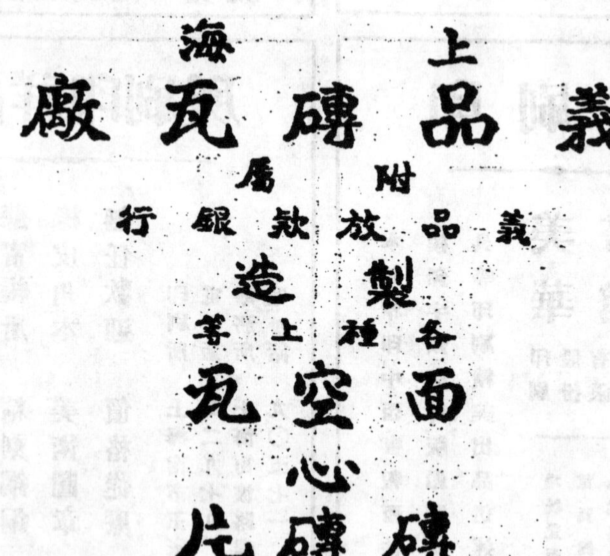

工廠
白利南路第一百號
電話
二七二一八

獨家經理
懋賚地產公司
四川路一一〇號
電話：一六六五〇

中國建築

中 國 建 築 師 學 會 出 版

THE CHINESE ARCHITECT

VOL. 1 No. 5　　第一卷　第五期

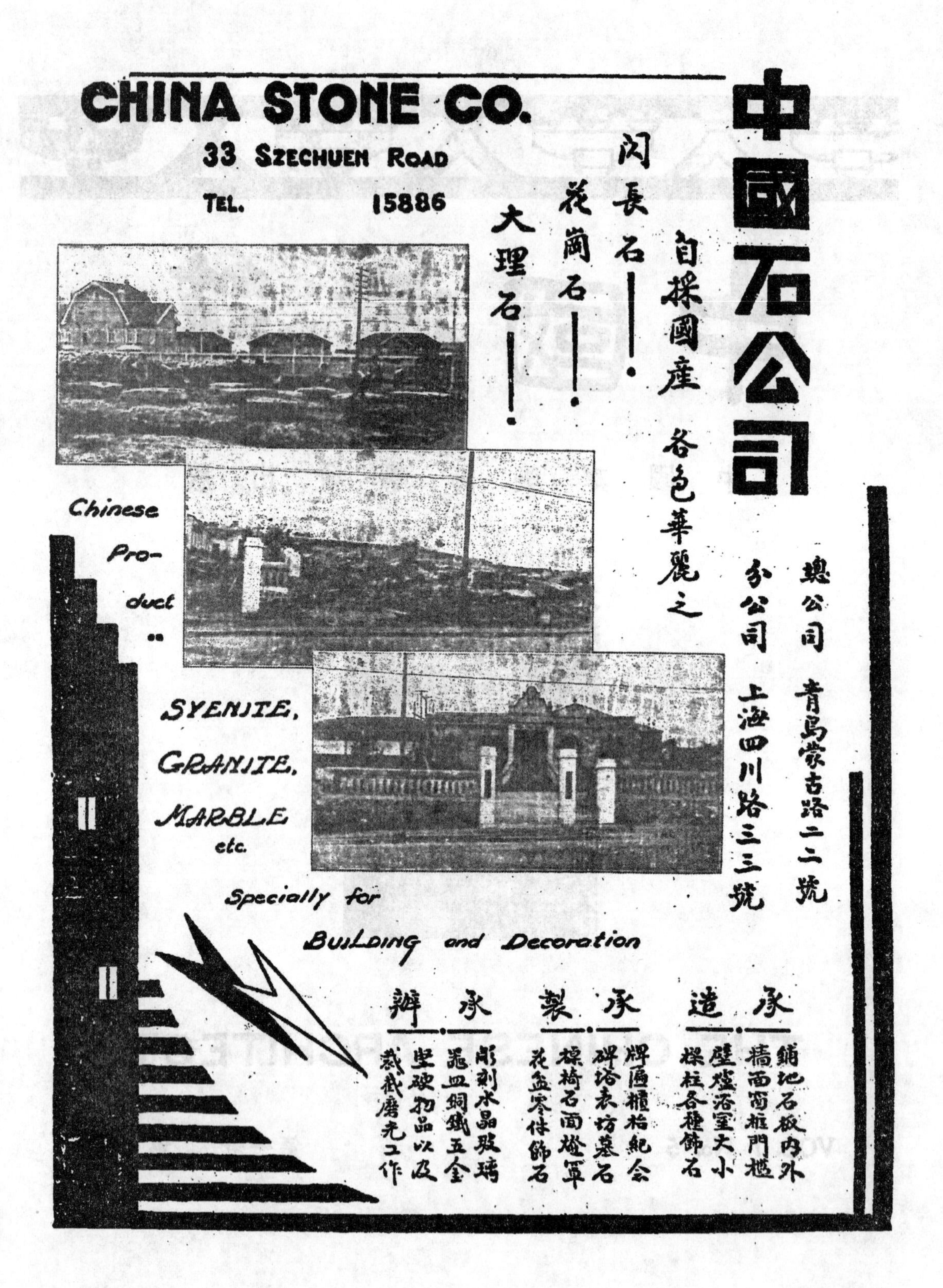

CHINA STONE CO.
33 SZECHUEN ROAD
TEL. 15886
中國石公司
自採國產 各色華麗之
閃長石——!
花崗石——!
大理石——!
總公司 青島蒙古路二二號
分公司 上海四川路三三號
Chinese Pro-duct:
SYENITE,
GRANITE,
MARBLE
etc.
Specially for
BUILDING and Decoration
承造
鋪地石板內外
精面窗框門檻
壁爐浴室大小
樑柱各種飾石
承製
牌匾櫃枱紀念
碑塔表坊墓石
棹椅石面燈罩
花盆零件飾石
承辦
彫刻水晶玻璃
瓷皿銅鐵五金
堅硬物品以及
裁截磨光工作

興業瓷磚股份有限公司

各種美術地牆瓷磚

花式層出不窮　市上絕無僅有
且其品質優良　色澤歷久如新

出品項目
- 美術鋪地瓷磚
- 美術牆磚
- 防滑踏步磚
- 羅馬式瓷磚
- 缸磚

本外埠各大工程大半鋪用本公司出品均極滿意備有各種美術瓷磚圖樣足供參考并可隨時設計服務週詳信譽卓著如蒙光顧無不竭誠歡迎

營業所：上海四川路四一六號

電話：一六〇〇三號

THE NATIONAL TILE CO., LTD.

Manufacturer of all Kinds of Wall & Floor Tiles

416 SZECHUEN ROAD, SHANGHAI

TELEPHONE 16003

中國建築雜誌社徵求著作簡章

本社徵求關於建築學說,藝術,及計劃之一切著作;暫訂簡章於后:

一、應徵之著作,一律須爲國文. 文言語體不拘,但須注有新式標點. 由外國文轉譯之深奥專門名辭,得將原文寫出;但須置於括孤記號中,附於譯名之下.

二、應徵之著作,撰著譯著均可. 如係譯著,須將原文所載之書名,出版時日,及著者姓名寫明.

三、應徵之著作,分爲短篇長篇兩種:字數在一千以上,五千以下者爲短篇;字數在五千以上者,均爲長篇.

四、應徵之著作,一經選用,除在本刊發表外,均另酌贈酬金. 不願受酬者,請於應徵時聲明,當贈本刊半年或全年.

五、應徵著作之中選者,其酬金以篇數計:短篇者,每篇由五元起至五十元;長篇者每篇由十元起至二百元. 在本刊發表後,當以專函通知酬金數目,版權即爲本社所有,應徵者不得再在其他任何出版品上登載.

六、應徵著作之未中選者,概不保存及發還. 但預先聲明寄還者,須於應徵時附有足數之遞回郵資.

七、應徵著作之選用與否,及贈酬若干,均由本社審查價值,全權判定. 本社並有增删修改一切應徵著作之權.

八、應徵者須將著作用楷書繕寫清楚,不得污損糢糊;並須鈐蓋本人圖章,以便領酬時核對. 信封上須將姓名及詳細住址寫明,由郵直接寄至本社編輯部,不得寄交私人轉投.

中國建築

第一卷　　第五期

民國二十二年十一月出版

目　次

著　述

插　圖

卷頭弁語

本刊取材，力主適合建築實用。選載作品，均遵斯旨。讀者諸君試將已經出版各期，逐一參閱，當知此非飾辭也。本期起刊一長篇譯著，題曰房屋聲學。良以現今建築，不特光線須充足，空氣須流通；對於聲音之傳播及隔絕，尤須詳密注意，精確設計。至於公用房屋，如學校，戲院，講廳，樂室等，聲之關係，更居首要。是以此篇在建築應用上，頗可借鏡，想讀者亦以一覩爲快也。

本刊編製，但期與時俱進，有益讀者。並不限定範圍，拘泥格式。故自下期（第六期）起，將添入問答一欄。讀者如有關於建築學說藝術之疑問，請以書面函致本社編輯部。當於下期本刊上，細加解釋，詳爲答覆。實緣研習建築者，旣應澈底明瞭各種需要之學理；又應親自經歷一切實地上之工作。然後方可計劃正確，措置裕如。不過學理尙可於書籍中研求；經驗必待實地熟習後，始能體會。顧此又非一朝一夕，所可有功。本刊因設此欄，俾讀者藉以取得𢭃捷之徑焉。

本刊自上期更換印刷所後，驟易生手，時間遂感侷促。出版日期，因以延緩。所幸各種製版，縱未盡善盡美；尙能清楚明晰。此後當益注意設色，使其愈爲悅目。將來一經熟練，排印等自易進步，時間亦可逐漸縮短，發售當能提早。斯則本社所願爲讀者告慰者。讀者對於編排印製等事，如有賜教，本社尤爲感禱。

一二八之役，淞滬橫被摧殘。土地遭蹂躪；人民爲魚肉。國人之受犧牲者，以千萬計。財產之遭損失者，以兆億計。斯誠國史上稀有之奇恥；國際間罕見之橫暴也。我京滬路之上海北站，係兩路交匯總站；又爲陸地運輸孔道。致成注意目標，作爲攻擊主點。遂於數十分鐘內，燬爲灰燼。當時飛機往來轟炸，重炮四面猛迫；繼以鐵車衝撞，炸彈齊拋。受害之烈，世所未見。光陰迅速，此役至今倏焉幾將兩載矣。比者，北站重建工程宣告落成。本刊爰於本期中，將新造北站之建築攝影，擇優登載；並將工程情形，擇要紀錄，俾爲曾遭大災巨禍之北站，留誌鴻爪；更爲奇恥重辱之國難，永存紀念。惟冀國人不以僅一北站之得復舊觀爲可喜；而以淞滬元氣斲喪凋落爲可慮。怵目傷心於往事之不可追；惕勵奮發於來軫之方遒。則國勢縱危，尙有可爲。仝人自勉之餘，竊於付印之頃，略誌痛忱，願讀者三致意焉！

編者謹識 二十二年十一月二十日

30612

中國建築

民國廿二年十一月　　第一卷第五期

重修上海北站記要

上海北站,爲京滬滬杭甬鐵路管理局局所. 原爲四層大廈。 長六零·五公尺,闊二四·七公尺,共佔地一四九四·五五方公尺。 第一層以上大牆,均用鋼柱支架橫樑;所有牆基柱脚及地板,概用洋灰三合土築成。該屋落成於前清宣統元年,造價三十二萬九千四百四十八元。 氣象雄偉,材料堅固,故歷二十餘年,曾無改變原狀之現象。 不意一二八之役,倍受炮火摧殘,致將莊嚴偉大之上海北站,竟成一片焦土也。

上海北站,乃中外觀瞻所繫,當此摧殘狼藉,不特予旅客一極不良之印象,而旅客無待車之處,皆麕集於售票房雨棚下,其痛苦彌深。 乃由京滬滬杭甬鐵路管理局建議,將該屋下層,大加修理,並重建上層中央一部份,使車務處得以遷入辦公,旅客亦得待車休憩。 經鐵道部照准後,隨即委托華蓋建築事務所建築師趙深,將工務處原計劃修正,供給圖樣,由中南建築公司承造。

此次修建上海北站房屋,大部份供車務處辦公室。 大廳中央設問事處及招待處,上置電氣標準鐘。 此外如二等旅客候車室,行李存放室,飯廳等,亦均設置無遺。 並與交通部上海電話局商洽,大廳南部設公共電話六處。 同時,將站之四周重行布置,以期造成整潔優美之環境。 全部工程,於今年八月二十五日告竣。 而瘡痍滿目之上海北站,乃得恢復其舊觀矣.

上海北站透視圖

上海北站修復後環境設備布置一覽

（一） 站台東北添造木架雨蓬，並建三四等旅客待車室一座內設廁所一間。

（二） 站台西面進口處，添設鋼架雨蓬一排。

（三） 站屋東西兩面，各布置花園一座，以造成幽美之環境。

（四） 站台雨蓬，頂鋪玻璃，以增光線。

上海北站內部之一

上海北站內部之二

(五) 修復界路一帶之鐵柵欄，暨汽車停車間.

(六) 行李房附近之磚拱，改爲玻璃窗，加裝窗柵，以作儲藏行李之用.

(七) 修理沿路邊之警駐所，磚壁改作人造石面，屋瓦改用石綿瓦，所有門窗，均經油漆一新.

(八) 行李房之內外牆，或粉堊刷新，或做人造石面，俾與新落成之站屋外牆，顏色相配合.

(九) 車場邊界一部份，築設水泥圍牆. 車場北面，自水櫃房起至車場道房止之薄鉛皮圍欄及竹籬，亦均改築水泥圍牆.

(十) 在吳淞支線售票房處，改裝鐵門；並將原有鐵棚修理.

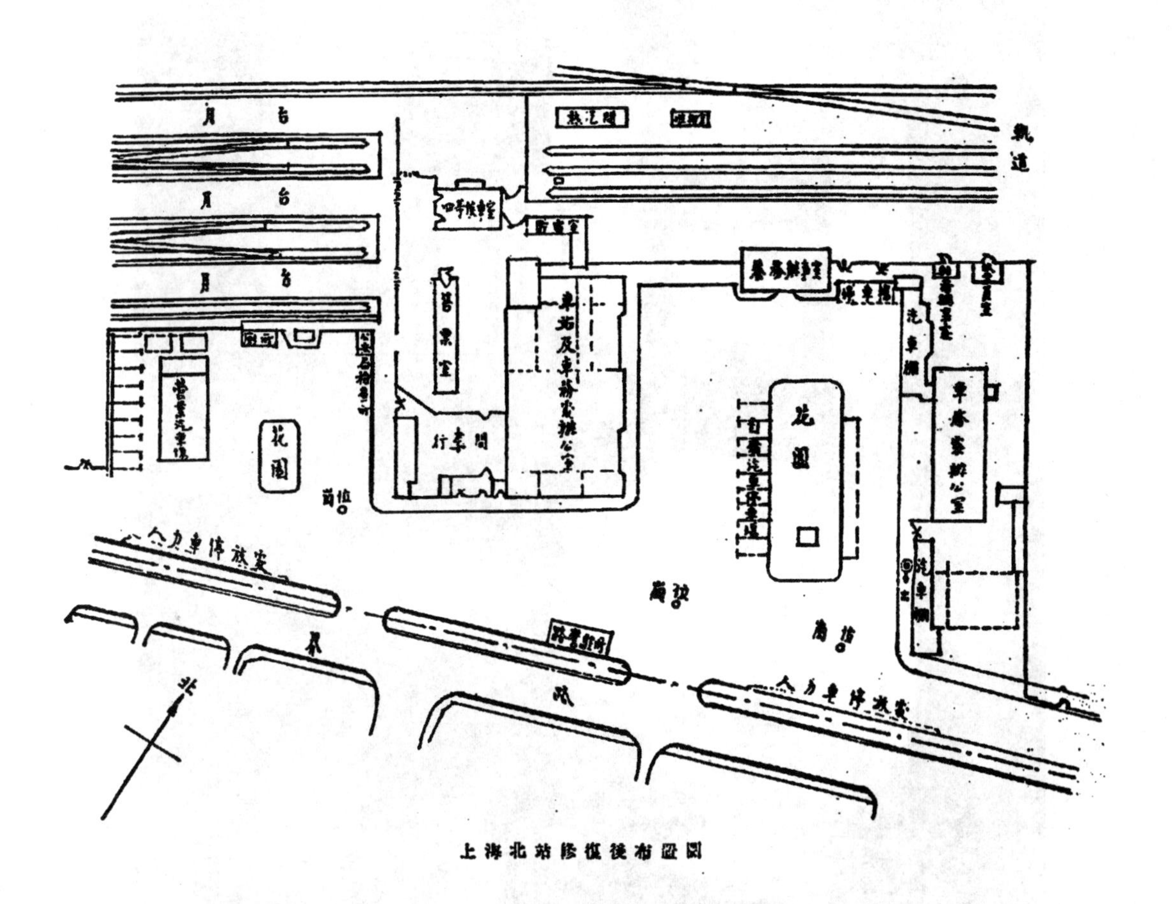

上海北站修復後布置圖

上海北站內部裝置　　　　華蓋建築事務所設計

清心女子中學透視圖

上海清心女子中學校

設計者 李錦沛建築師　　承造者 仁昌營造廠

上海清心女中，位於南市之大南門，形呈簡單古典派(Simple classic)。共有教室十四，每室可容三千人。禮堂十分寬大，設座千餘，講檯闊三十呎，深十五呎，三面通風，異常舒適。全部造價，達五萬兩有奇。衛生設備，爲琅記營業工程行承造；全部鋼窗，歸葛烈道(Crittle)鋼窗公司安裝云。

濟心女中禮堂內部之一　　李錦沛建築師設計

濟心女中校長室

濟心女中圖書閱覽室

濟心女中禮堂內部之二　　　　李錦沛建築師設計

濟心女中化學試驗室

濟心女中教室之一

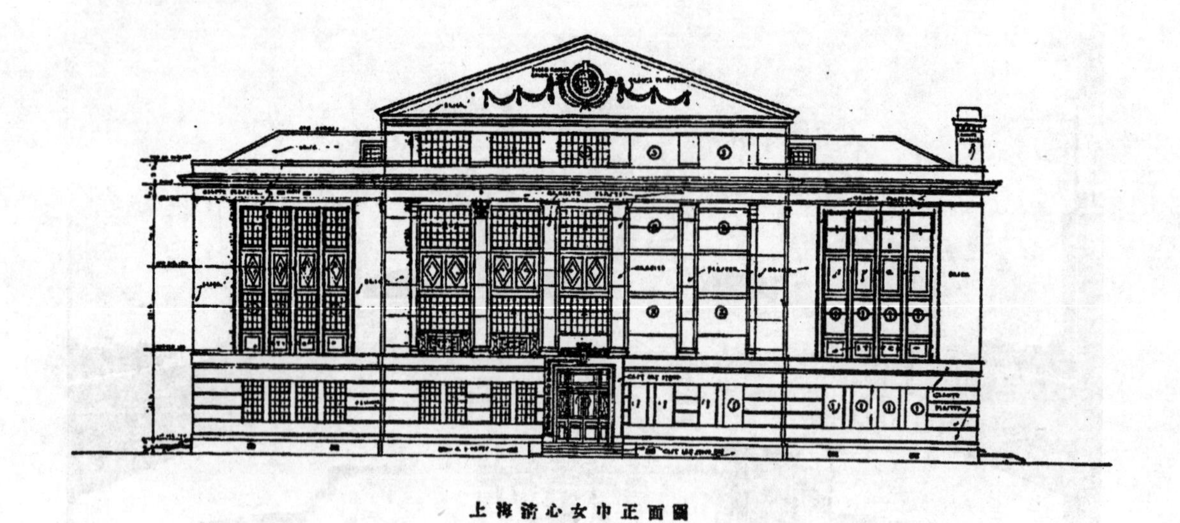

上海清心女中正面圖

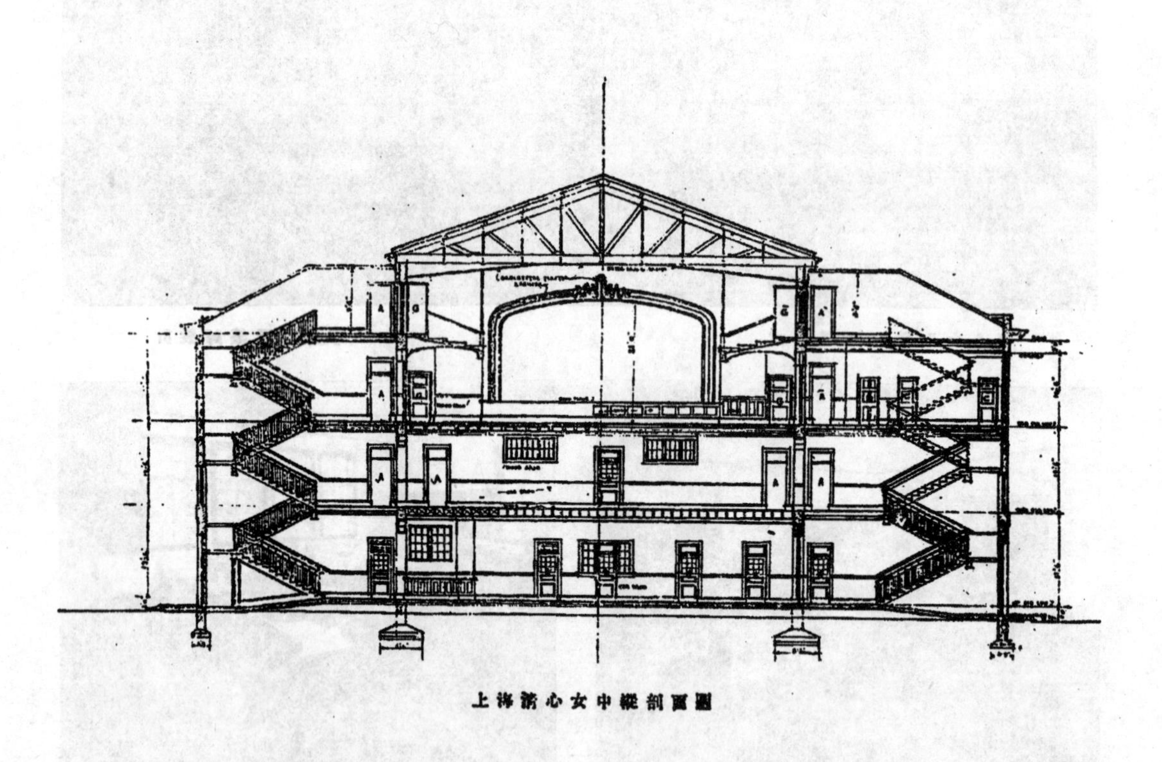

上海清心女中縱剖面圖

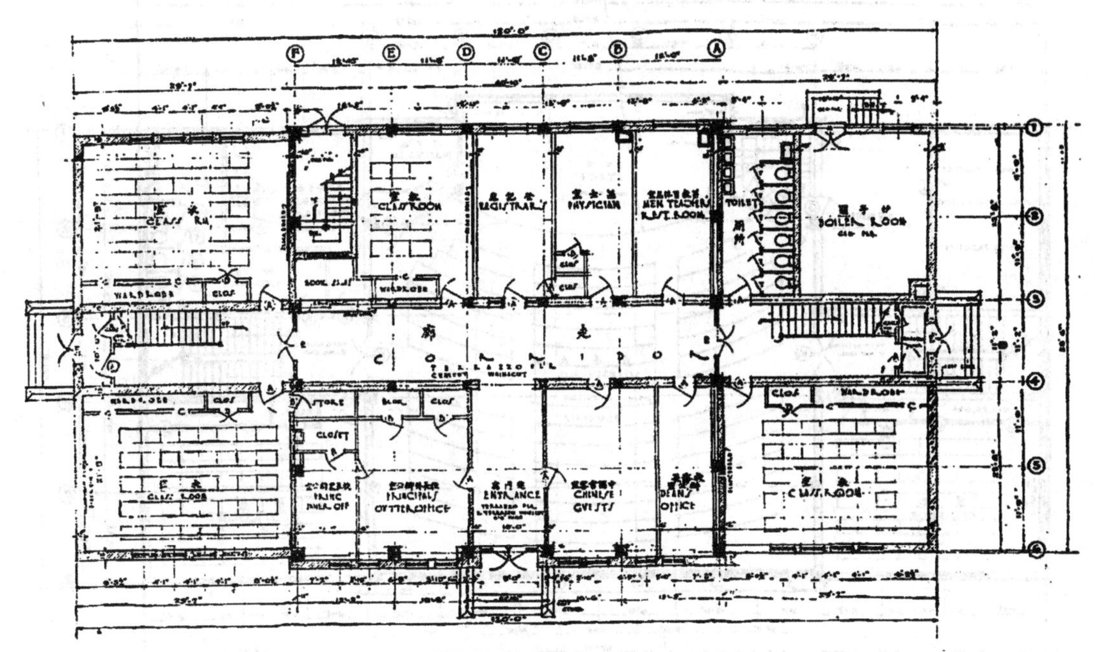

上海濟心女中第一層平面圖

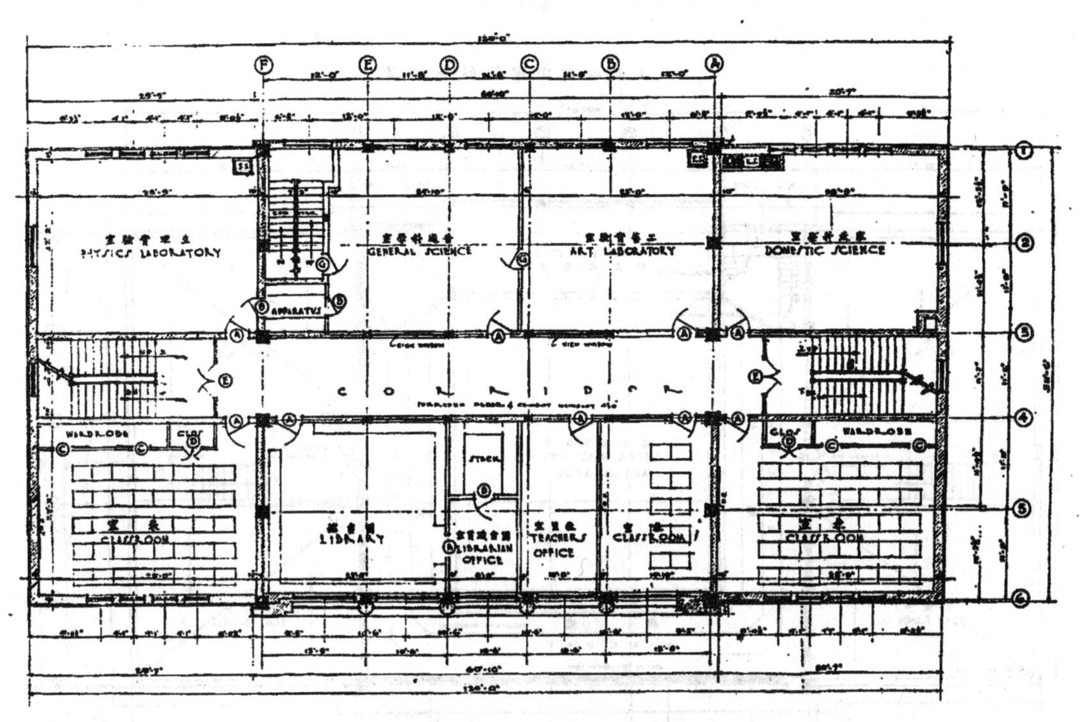

上海濟心女中第二層平面圖

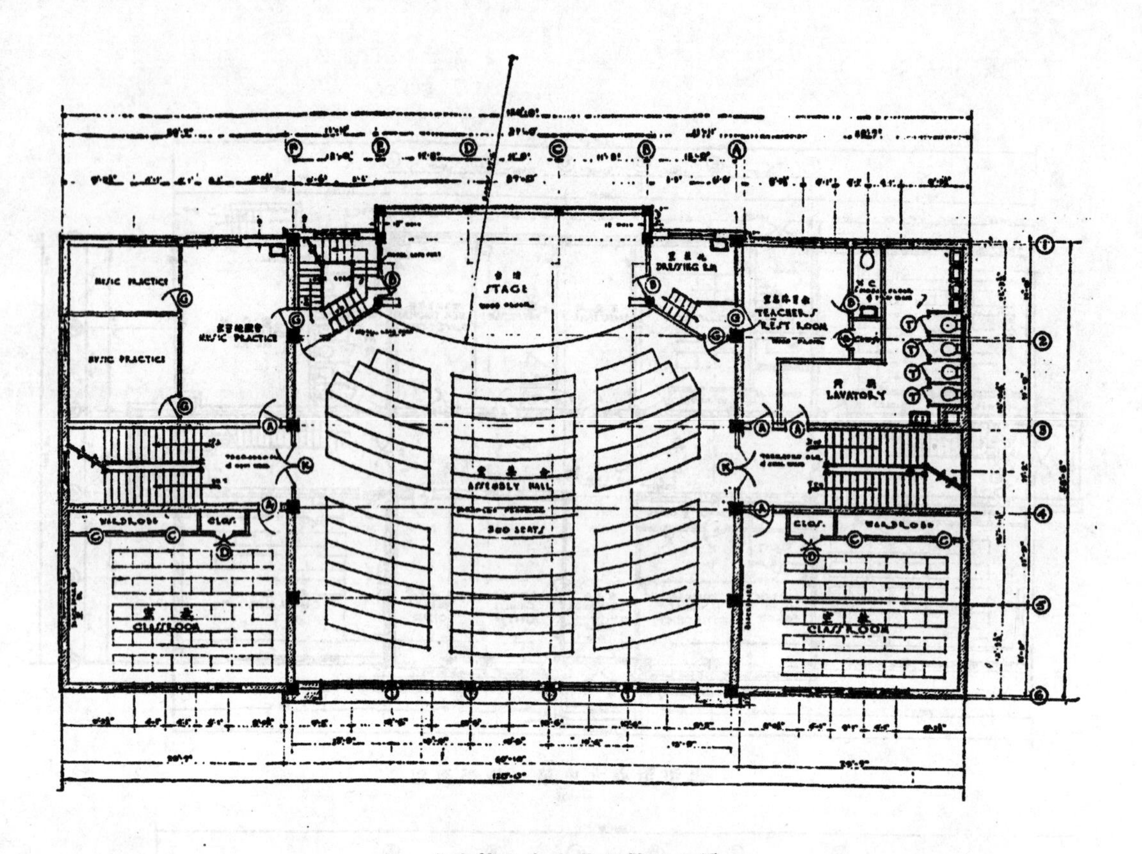

上海清心女中第三層平面圖

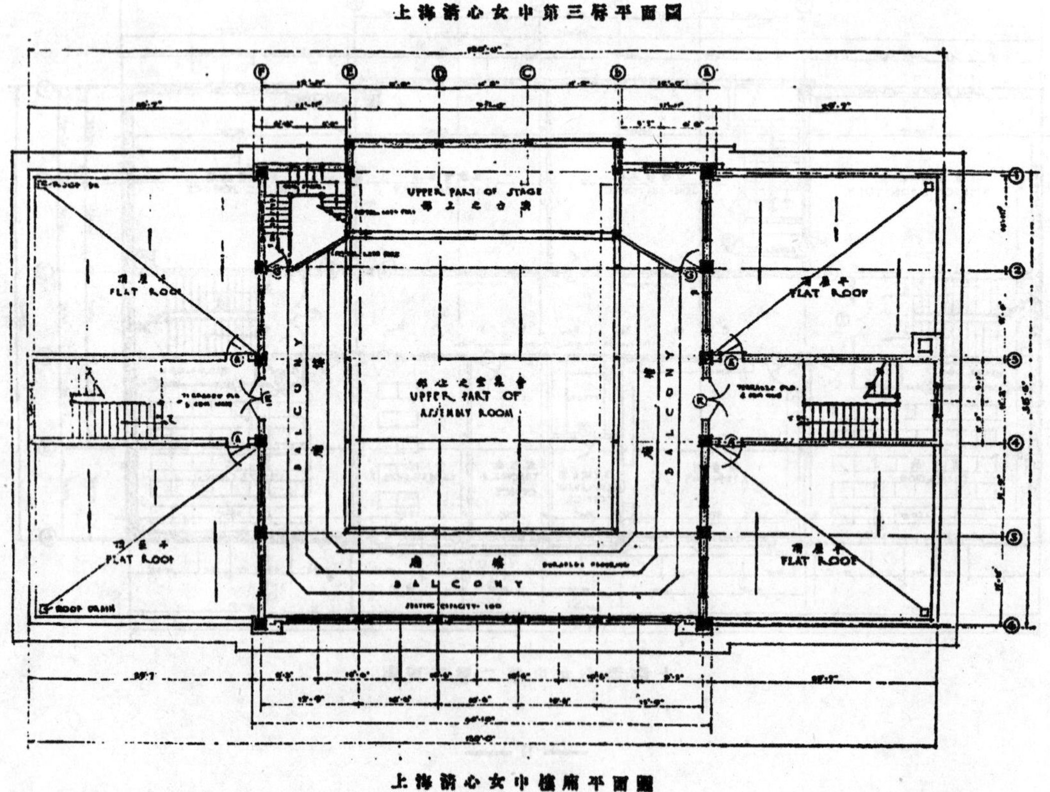

上海清心女中樓廂平面圖

恆利銀行大門　　華蓋建築事務所設計

建築之適用與壯觀，出入孔道實佔一極重要位置。蓋以萬目之的，觀瞻所繫，研究與關係大局也。觀夫恆利銀行之正門，莫不使各建築家欣然許之。門閭銅質，設計異常新穎；結構不繁，而呈入眼爲安；橫豎參差，設計各盡其妙。加以四周鑲以雲石，黑白相映，頂上貫以雕飾，凹凸均衡。雅緻宜人，堪稱建築上乘。

——麟炳誌——

譚故院長陵墓前之牌坊　　基泰工程司設計

前行政院長譚組菴先生陵墓之側，廣場欹圓。豎碑石牌，場邊對峙。碑石形白玉，禮闊逾廿噸。美麗壯嚴，謂爲江南所僅有。牌坊白石，較碑稍遜，俗名荷葉青。形體雄偉，嘅作純採中國古式，雕鏤盡築，豎立乃感無上莊嚴。足爲廣場生色不少。

——嶠 炳 錄——

徐州項羽山古刹走廊　　關頌聲建築師攝

中國古式建築，經歷代之摧殘，風雨之剝蝕，東其鱗爪，或可幸而致；欲窺全豹，則幾不可能。滁州瑯琊山，古剎雄偉，頗可供中國建築上參考。關頌聲建築師偶經其地，攝影數幀。特誌其一，供諸同好。

——嶠炳誌——

莫干山徑圖　　　　華蓋建築事務所設計

羊腸曲徑，路轉峯迴。夾道喬木參天，穿林小橋在望。此莫干山釜園也。隔絕塵囂，遠避市井。是獨園處，不啻世外桃源？寧燃清心，古洞神仙何異？偃遊勝境，欣羨煞人！

——編炳誌——

上海恆利銀行新廈落成記

上海公共租界之經濟中心區，南京路之北，北京路之南，於河南路天津路轉角處，近有高聳之銀行大廈矗立焉。識者曰，此恆利銀行新廈也，原以恆利銀行舊屋，不敷應用，乃擇該處基地，建築新樓。由華蓋建築事務所設計，仁昌營造廠承造。已於今歲八月間全部工程告竣。

新廈優越之點，在十足顯露德荷兩國最近建築之作風；而屋內外裝修，悉用天然大理石及古色銅料構成，美麗新穎，殆無倫比，而於外部彩色之配合，尤感調和適度，悅目賞心。所謂溶和中外美術於一爐，堪稱學實兼優之設計。屋高六層，下部另闢地窨。共佔面積六千四百四十八平方呎。

銀行大門，位於天津路河南路轉角，場面寬闊，交通便利，加以銅門之精美花紋，圍鑲以意大利雲石牆面，遂爲萬目所注，百覩不煩矣。其自用部份，約佔底兩層三分之二，餘則出租於大中銀行，而於河南路另闢出入孔道。白玉台階，映以黑白相間之雲石牆壁，尤稱美觀。入門後則見粉色雲石之櫃台，配以古銅玻璃柵欄，其壯麗尤稱絕倫也。

銀庫設於該屋之第一層，蓋爲避免滬上巨水爲患，水浸地窨殃及金庫之虞。保管庫採用新通公司承辦最新式之保管箱及庫門，設置於夾樓北隅，由底層仰首在望，顧客租用，極感便利。保管庫門大小有二，均極莊嚴燦爛。庫內計裝保險箱八百只，四面及頂，均裝銀色鋼板，質堅形美，兩得其便矣。

尤有進者，建築設計之巧，在立面能表現其平面之用途，此則建築師視爲難題而在該行設計上獨能解決者也。至於高大之窗，能令大自然之光線，充分享用。自用部份之燈光裝置，盡用間接回光法映射，如此設備，不特保護辦公人員之目力，更可省去無謂之燈罩裝璜，滬上各界採用是項設備者，當稱獨步。

新廈外牆上部，採用泰山黃色面磚，下部窗欄則塗黑綠，深淺反映，雅雅宜人。既感簡潔，復呈雄偉。設計之巧，以此爲尤。全部重壓之支配，由華啓顧問工程師計算；電氣工程，由中國聯合工程師安裝；衛生暖氣則由漢興公司承辦，此恆利銀行新廈之一斑也。

上海恆利銀行
建築師
華蓋建築事務所

主要入口之壯麗

透視之一斑

上海恆利銀行
建築師
華蓋建築事務所

上海恆利銀行
建築師
華蓋建築事務所

(上) 外部一隅飾

(下) 內部央櫃設備之一部

(上) 門洞之裝璜

(下) 內部辦公廳之一斑

上海恆利銀行
建築師
華蓋建築事務所

上海恆利銀行
建築師
華蓋建築事務所

辦公室之一角

外部之一瞥

上海恆利銀行
建築師
華蓋建築事務所

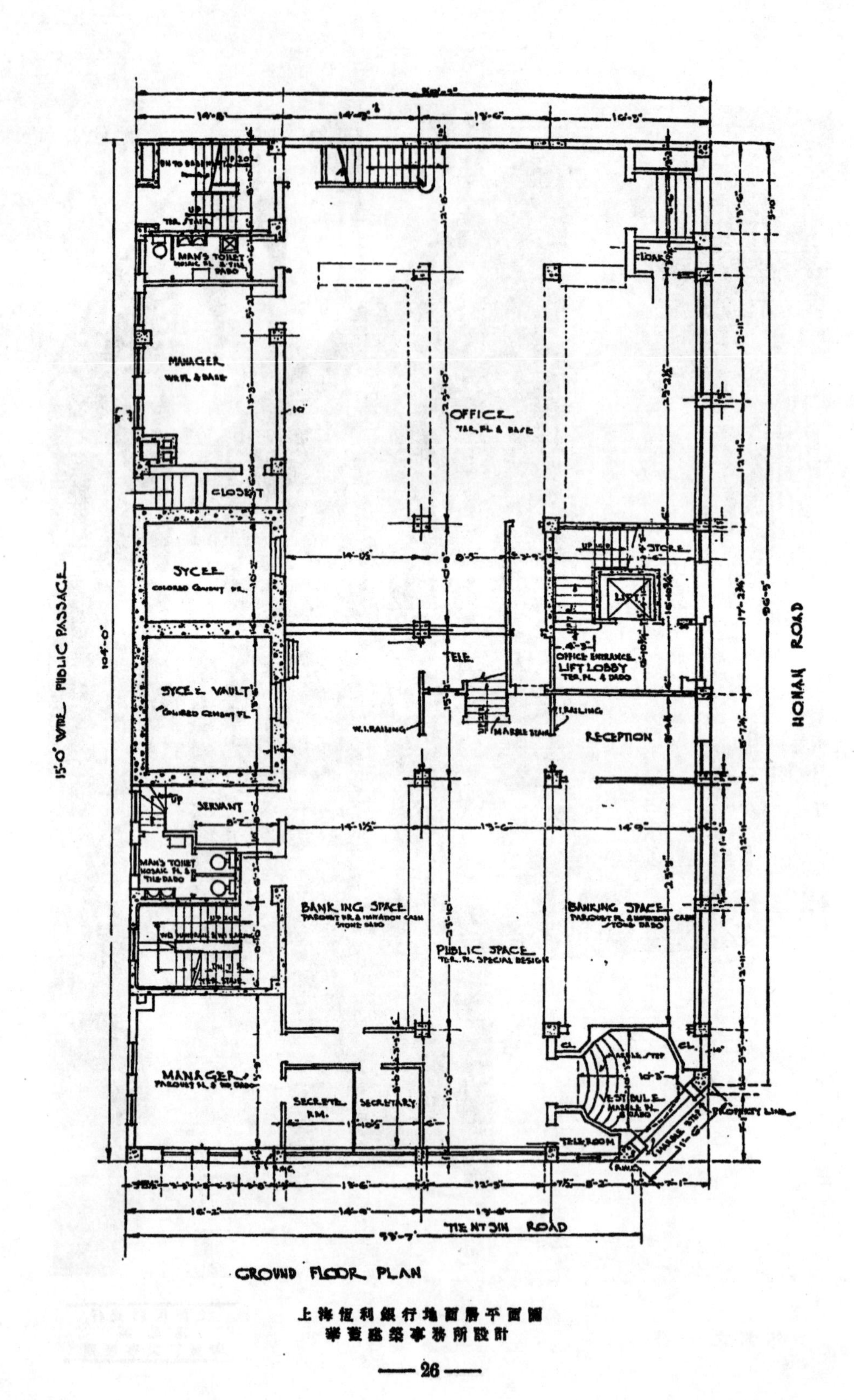

上海恆利銀行地面層平面圖
華蓋建築事務所設計

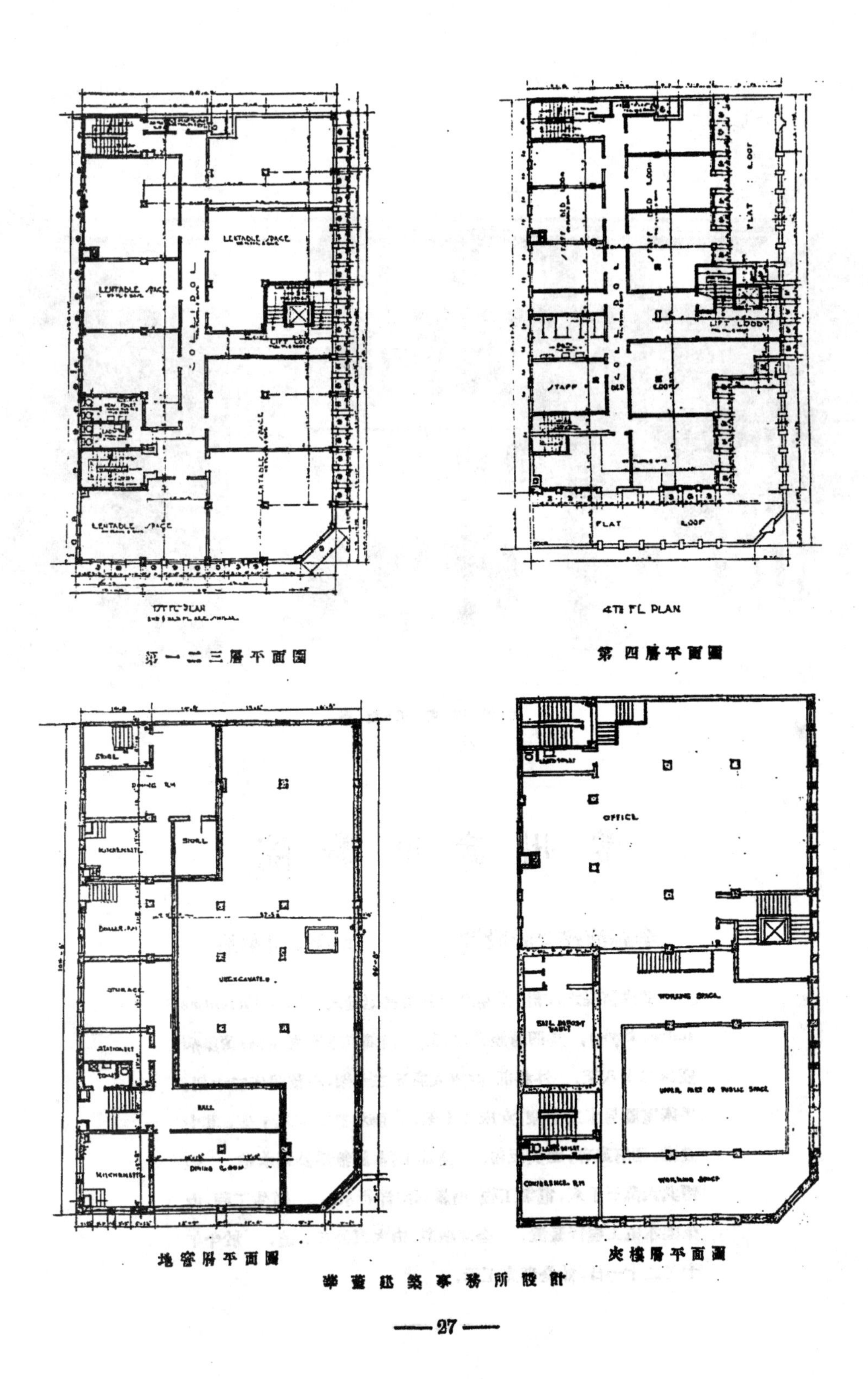

第一二三層平面圖

第四層平面圖

地窨層平面圖

夾樓層平面圖

華蓋建築事務所設計

武進醫院正面圖

常州武進醫院

李錦沛建築師設計　　　　無錫公司承造

武進醫院之設計，採用意大利南佛老廷式（South Florentine Italian Style），爲四層鋼骨建築．內部異常寬大，設有傳染病疫床二十八架．外科部，設成人病床二十架，小孩病床二十架．手術室設男床二十架，女床二十架．肺科設病床凡十架，其中設備，應有盡有，至美至善．全部工程，歸無錫公司承造．造價共六萬三千兩，電氣工程，由羅森德洋行承包．衛生工程，由榮德水電工程行裝置．全部鋼窗，由大東公司承造．於今年十月二十一日，始全部完工云．

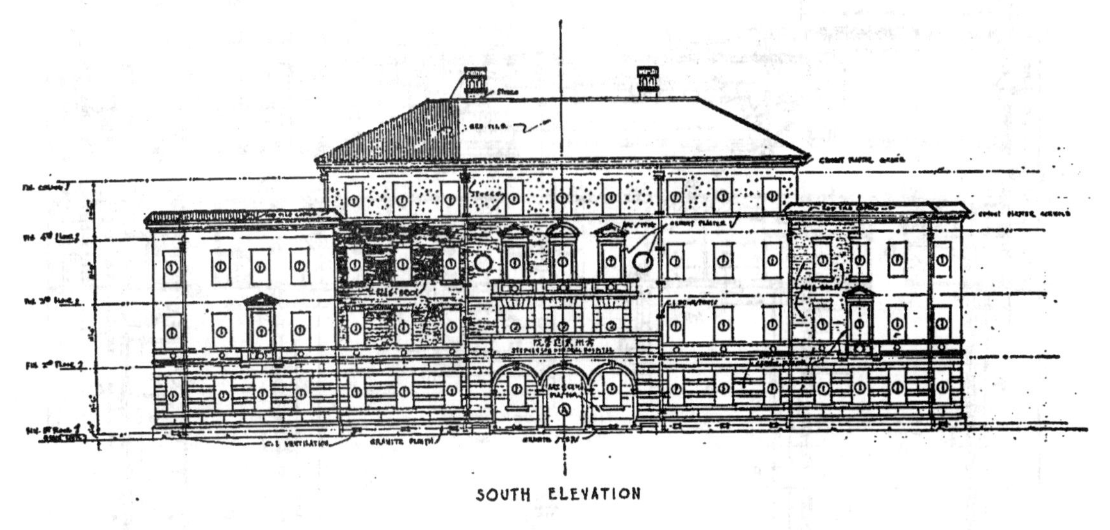

武進醫院正面圖

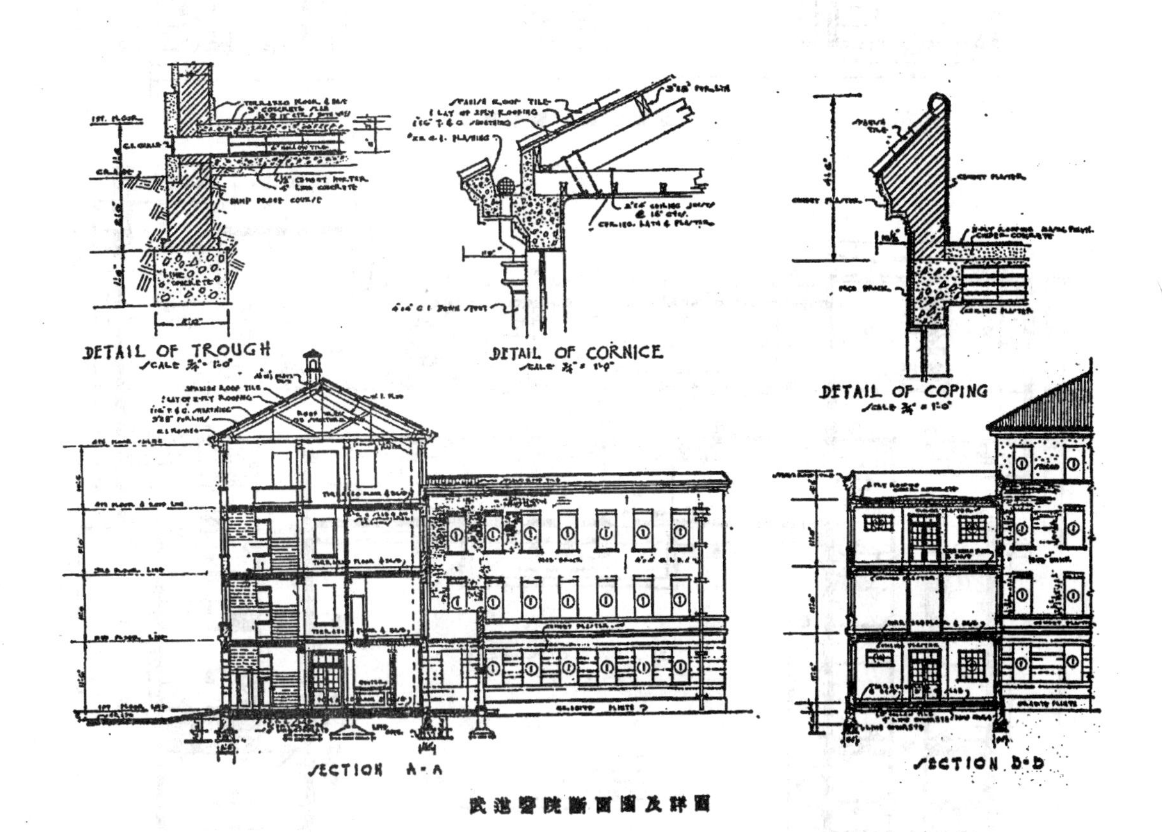

武進醫院斷面圖及詳圖

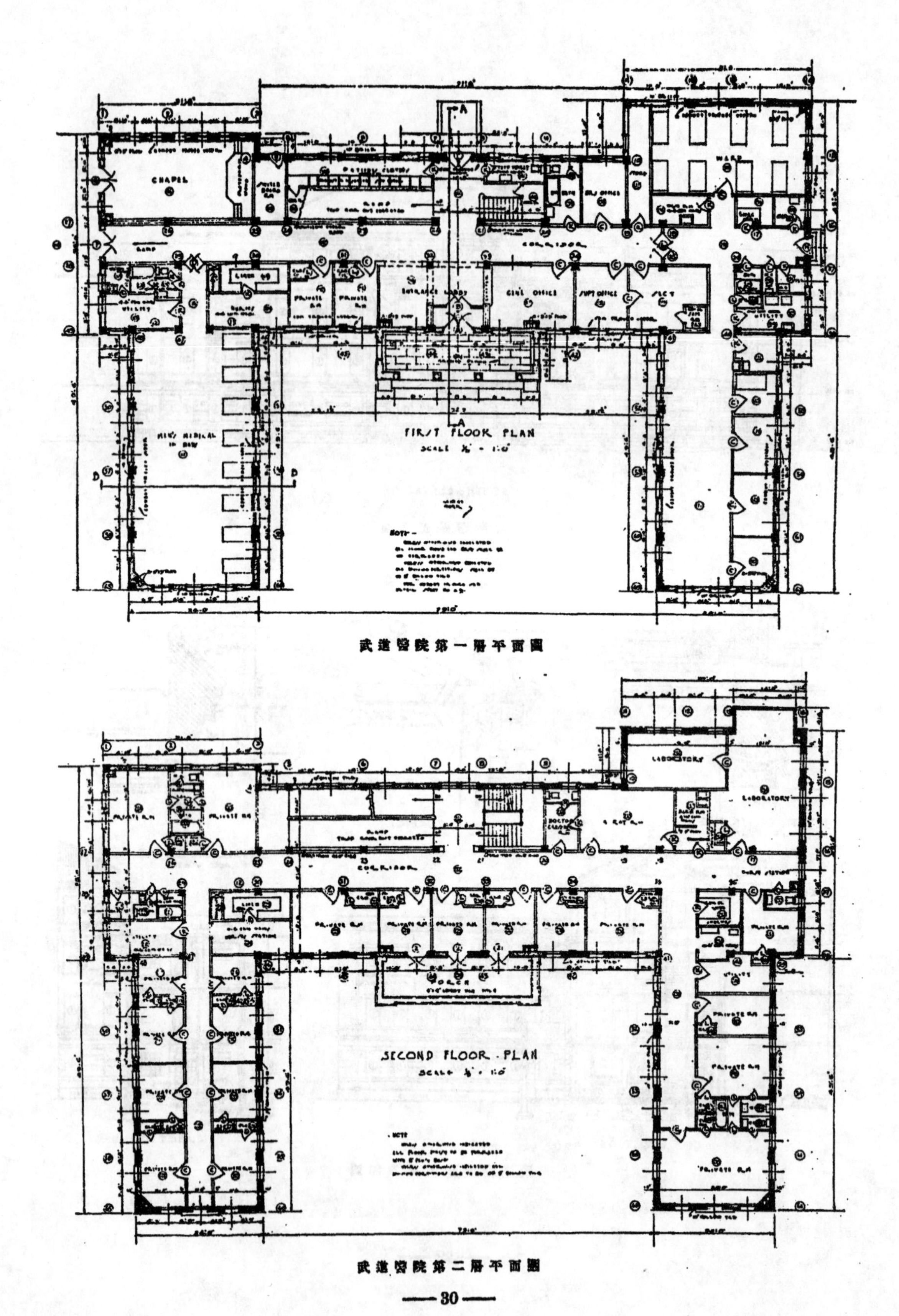

武進醫院第一層平面圖

武進醫院第二層平面圖

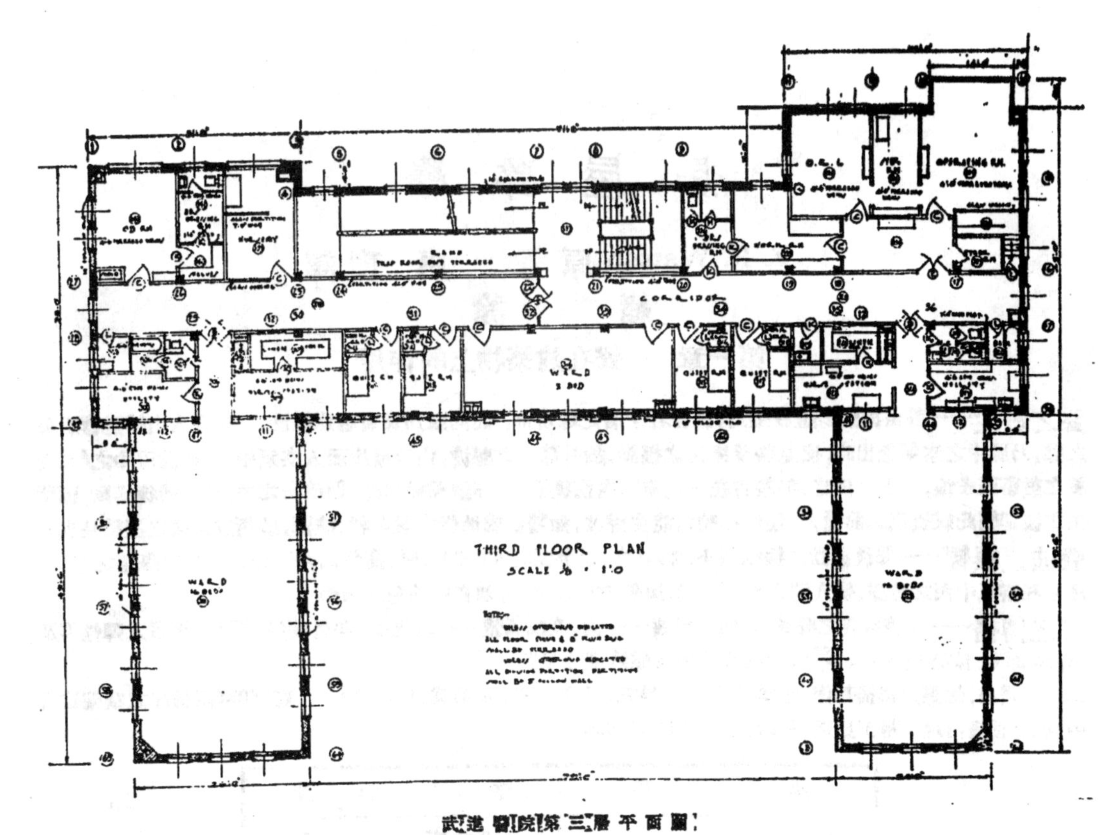

武進醫院第三層平面圖

FOURTH FLOOR & ROOF PLAN

FLAT ROOF

FLAT ROOF

武進醫院第四層平面圖

房屋聲學

F. R. Watson 原著　唐璞譯

緒論

第一章　聲在建築物上的作用

聲之發生——聲由振動物體發生時,包含若干層之疎密部,而向四周媒質迅速推進。 如吾人由補聽器所發之聲,乃肺中之空氣急出時,使聲帶受極速之振動,於是疎密之聲波,由口發出而入空氣中。 此猶田中之穀,受風之鼓盪而成浪,蓋風過田時,每穀皆在一定範圍內前後搖動,亦猶聲發出時,因疎密之力,分子前後搖動,而所生之波卽經此媒質迅速前進。 任何振體均能生聲波,如牆壁或地板之被㨂梯,機器,或街道運輸之振動是也。

聲波之振幅——聲波振動之振幅甚小,約計之,低聲爲0.00000005吋,高聲爲0.004吋,故房屋隔牆之微動,足以在空氣中使之發聲,使人聞之於耳。 房屋隔聲難題之一,卽在設法免除牆動。

聲之傳播——振體所發之聲波,經四周媒質——固,液或氣體——以速度v向外傳播,而v依媒質之彈性E及密度d而定,按公式:$v=\sqrt{E/d}$。幾種媒質的傳聲速度參見表一

由表中看來,知聲之傳播甚速,在空氣中,每秒約五分之一哩。鋼則爲每秒三哩。 在260呎高房屋之鋼架結構中,聲之傳播由地下層至屋頂,只須$\frac{260}{16,360}$或0.0159秒。

媒質	聲之速度		
空氣……	1,088 呎	每	秒
水……	4,728 "	"	"
松木……	10,900 "	"	"
磚……	11,980 "	"	"
鋼……	16,360 "	"	"

聲在各種媒質中之速度　　表一

材料作用——當聲波在一種媒質中,又遇彈性或密度不同之另一種媒質時,其進行卽被擾亂,一部分成反射聲波射回,一部分被第二種媒質吸收,一部分傳過。 各部分之數量依第一種及第二種媒質之彈性及密度而定。(見第一圖)

聲之反射——材料之有隙孔者,如毛氈,對於聲之抵抗甚微,卽反射力甚小吸收力甚大。 凡聲之不被反射,亦不被吸收者必被傳導。 如聲波在室內發生時,遇極堅硬之粉牆,其所受之反射,必占全部之99%;因空氣與固體之彈性及密度之變化甚劇也。 若遇一通風孔時,則媒質之間無變化,聲波可經不斷之空氣道,進行無阻。 此道卽由通風孔內金屬壁之反射而成也。 同理,聲振動發生於房屋結構中之堅硬材料者,則在該結構中沿材料面發生全反射,由連續之鋼及混凝土向該

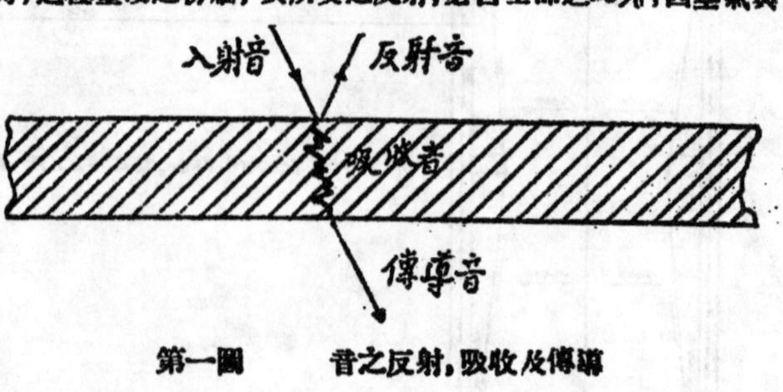

第一圖　音之反射,吸收及傳導

屋遠部進行而無礙。 如在其他結構部分發生側振動時，則此種振動在空氣中變爲聲波。*

聲之吸收——當聲經過空氣道而其斷面縮小時，則道之邊與分子之間卽生摩擦，而使波變爲熱。 聲入厚壁之小裂縫時，在透過以前，幾全被吸收。 如地氈，毛氈及其他有孔子材料，均有同樣吸收聲能之力。

聲之吸收及傳導，依吸收材料之厚度而變。 但不成正比。 例如，設1吋毛氈可停10%之射入聲，2吋可停19%，而3吋祇停27%等……卽是，傳導聲之聲強，依指數定律而減小：$i=i_0a^{-x}$，i_0 及 i 爲射入時之聲強及傳導時之聲強，a 爲常數，x 爲材料之厚度。

聲之吸收爲解決隔聲問題之要素。 可免聲波之反射及傳播，因聲能並未損失，乃被吸收，由摩擦而變爲熱能也。

聲之傳道——聲波在空氣中穿過媒質，其傳導法有三。 第一，聲波可由有隙孔媒質之空間穿過。 第二，在新媒質中可由已變聲波傳播之。 在此進程中，傳聲波之振動空氣分子，與牆之分子接觸。 大部分之能，俱被反射，因牆之分子能被空氣分子推動者，僅極少。 聲強已經減低之聲波透過實牆時，使他面空氣微動，而成一弱波。 第三，聲又可由隔牆之振動傳導之。 此牆卽如一獨立波源，而生疎密部於他面成僞傳導。 如牆爲堅實體，其振動必小，乃有極小聲傳過。 如爲柔薄體，則大部之能可傳過。 在房屋構造中，隔牆每甚複雜，如板條及板牆筋上加粉刷。 其介於板牆筋之粉刷面，與鼓無異，故傳聲。 在鋼板網上加硬粉刷，呈不同之面，故對於射入聲有改變作用。

聲之傳導，固不簡單，須依傳聲結構體之性質而定。 並只可由已知常數之幾種材料的簡單情形計算之。

---

*〔譯者按聲與光之全反射頗相似，茲以光之原理解釋之，卽可瞭然。 光線由密度較大之媒質，（如水）射入密度較小之媒質，（如空氣）之內時，所生之屈折常與垂直線遠離，若將水面下之射入角漸漸增大，則與水面垂直線遠離之角度愈大，直至水面下之射入角增大至 IOP′ 則其反射卽在水面下， （見圖二）

由此同理卽知房屋結構中鋼架發生聲振動時，瞬息卽達該屋遠部，卽全反射之故也。 如火車將至，但尙未聞其聲，如伏於軌上聽之，則瞭然，又如當該鋼質振動時若上置以橫鋼板，則聲立傳於空氣中而達於耳，是卽此節中「所謂在其他部分發生側振動時則此種振動在空氣中變爲聲波。」〕

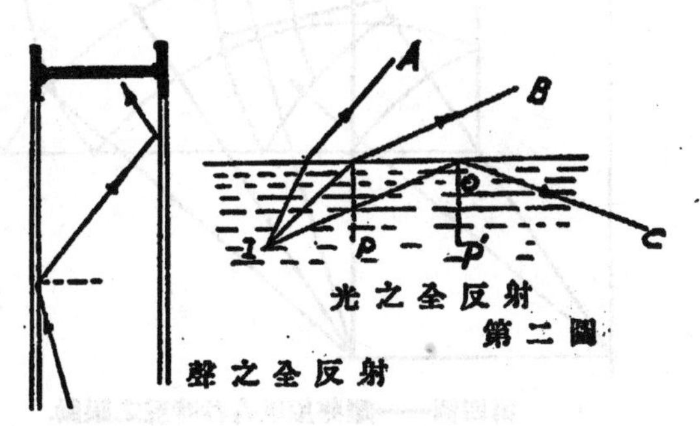

光之全反射
第二圖

聲之全反射

第二章　聲波在室內之動作

當講者呼聽者時，其所發之聲向外進行成球波，直至遇壁而止。　於是依壁之性質而有相當之反射，傳導及吸收。　如第三圖卽表示在60呎×40呎之室內，聲由講者S發出後$\frac{1}{10}$秒時之脹動也。　在普通溫度，此種脹動之行程甚速約每秒1120呎，因繼續反射之故，聲波立卽充滿全室。　此時每遇反射卽有一部分之射入聲被吸收，則脹動之能必消失，直至漸漸消盡。

第四圖爲同樣之脹動但較第三圖中遲$\frac{1}{10}$秒。　並可見其中反射之增加及聲波之干涉，於此可想見十分之一秒後，聲波已反射多次，不只由壁反射，卽天花板及地板亦然。　是室內任何容積單位，亦充滿聲波而向各方前進。　此卽言所有聽者，甚至居於偏僻者，均能得到同樣平均之聲強。

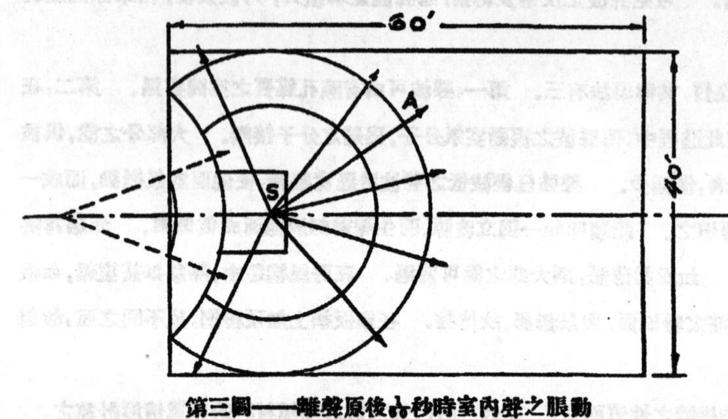

第三圖——離聲原後$\frac{1}{10}$秒時室內聲之脹動

第四圖——離聲原後$\frac{2}{10}$秒時聲之脹動.

聲之反射，雖有增加聲強之利，然亦有回聲之弊。　例如，室壁硬且光平，則每一接觸，聲能消失甚少，且在聲漸息之前，反射多次。　此種回聲，乃會堂中之普通劣點也。

如講者在此種會堂內講話時則聽者必不能明辨清晰。　一聲之發，如不能卽時消失，而繼續維持者，其前後之言必相混，而生擾亂。　欲免此弊，可用毛氈，地氈，掛氈以及諸如此類之材料，因可用以吸聲而減少回聲之次數。

當在會堂內奏樂而有回聲時，音調遞次相疊，而生鋼琴式之效力，惟回聲之礙於奏樂較講演爲輕；因樂音之拖長及混雜，有時尙爲需要，但言語相混則不宜也。　然則欲得二者之適中，惟取回聲之平均次數，卽使之對於演講無過長之回聲，對爲奏樂無過短之回聲，總以適合二者爲度。（待續）

洛陽白馬寺記略

戴志昂

白馬寺在洛陽城東二十餘里，爲中國最古之佛寺。先是漢明帝時，蔡愔奉命使西域，後遂偕同西僧摩騰竺法蘭，身背佛骨，馬馱經典而歸，明帝因命建寺處之，名曰白馬。中國之有佛教寺院，實自此始。

嘗閱伽藍記，謂白馬寺漢明帝所立也，佛入中國之始，寺在西陽門外三里御道南，帝夢金人長丈六項，背日月光明，胡神號曰佛，遣使向西域求之，乃得經像焉。時白馬負經而來，因以爲名，云云。

又河南府志載：『白馬寺在府城東，漢明帝時，摩騰竺法蘭始自西域，以白馬馱經來，初止鴻臚寺，遂取寺名，創置白馬寺，卽僧寺之始』云云。

更有一說謂白馬之名，出於印度，白馬悲鳴，擁護佛法之故事。此則得諸傳說，史書中並無記載，故前說似較可信也。

寺外圍牆，大都坍圮，距寺左右約數十步，摩騰竺法蘭坟墓在焉。現今僅存黃土蓬草，斷碑殘碣，其他遺跡，渺不可得，不過徒供遊人之憑弔已耳。

寺內樹木甚少，僅有古柏數株，但均禿幹枯枝，了無生趣。此後如不設法培養，善爲栽種，數年以後，恐此數株古柏，亦將化爲烏有矣。

白馬寺內植物，據洛陽伽藍記所載：謂浮圖前柰林，蒲萄異於餘處，枝葉繁衍，子實甚大，柰林實重七斤，蒲萄實偉於棗，味並殊美，冠於中京。帝至熟時，常詣取之，或復賜宮人，宮人得之轉餉親戚，以爲奇味。得之不敢輒食，乃歷數家，其名貴至此。可知當日寺內之林木甚夥，非若今日之荒涼滿目，一無所有也。

寺內殿宇數幢，極爲壯觀，畫棟雕梁，無異宮殿，徵之建築物之比例，及彩畫之遺跡，似非清代建築。攷河

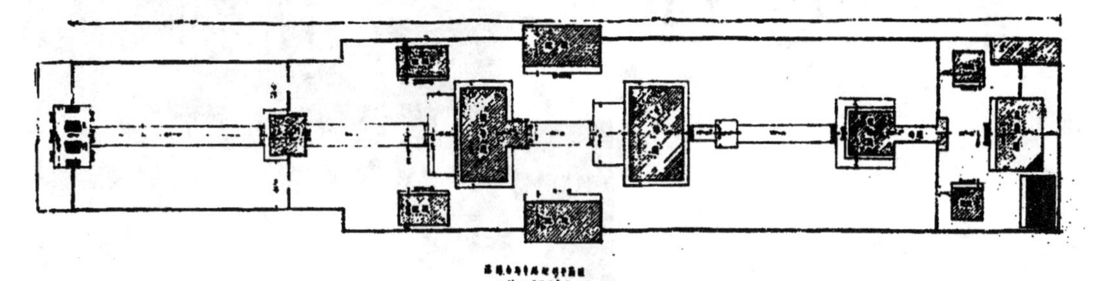

洛陽白馬寺總平面圖

白馬寺觀音殿

南府志云:『寺爲永平十年創建,宋淳化元至順間俱曾勅修,明洪武二十三年重修』按洪武至今歷時數百年,其間想已數經修葺,今則各殿破壞,門窗均無,亟應從速設法修建,否則恐難保持永久也。

大門內據云原有鐘鼓二樓,現已無存,想係坍圮後未曾重建也。

二門內有大殿一,似爲觀音殿。殿爲五楹,單檐,四面洩水。旁有配殿各三楹,堵高四呎,堵前有平臺,較低於堵,長十九呎九吋,寬五十八呎。檐柱徑一呎六吋,金柱經一呎七吋,明間寬十四呎八吋,上有五彩斗拱三副。次間寬十四呎,有五彩斗拱三副。末間寬十一呎四吋,有五彩斗拱二副。後有觀音拜殿,長十八呎,寬六呎十一吋。壁上有碑云,爲清時所建。殿均毀壞,門窗亦無。至於殿內之佛像三座,幸猶存在,尚未全毀耳。

觀音拜殿後爲大雄殿,殿爲五楹,單檐,傍有配殿各五楹,左已坍毀,僅存碎磚片瓦。堵高四呎,堵前有平臺,寬四十四呎六吋,長二十一呎十一吋,檐柱一呎六吋,金柱徑一呎七吋。明間寬十五呎,有五彩斗拱三副。次間寬十三呎八吋,有五彩斗拱三副。末間寬十一呎,有五彩斗拱二副。殿中有佛像三座,兩邊有佛像二十二座,均係莊嚴生動,面目如生,後之塑像,遠不及此,殊可寶也。

大雄殿後,有屋三楹,由側門入,沿石級上,經過弧橋,即到毗

白馬寺殿內佛像

白馬寺大雄寶殿

洛陽白馬寺總斷面圖

盧閣。 橋寬十二呎七吋，長二十一呎，下有拱道，寬八呎五吋，人可往來。 毗盧閣建於高二十呎四吋之土台上，殿為五檐楹，重檐，四面洩水式。 前有水池，兩傍有配殿三楹，檐柱徑一呎六吋，金柱徑一呎七吋。 明間寬十三呎八吋，上下各有五彩斗拱三副。 次間寬十二呎八吋，上下各有五彩斗拱三副。 末間寬七呎五吋，上下各有五彩斗拱二副。查此殿斗拱，頗為別緻，螞蚱頭均雕成龍頭形狀，外拽爪拱均雕成雲形。 此與北平清宮內者不同，大概斗拱本作此形，後因減省工料改作今形，殿內門窗尚全，殊不若大雄殿等之破壞無存也。

余到白馬寺時，來去均甚匆促，未能詳為觀覽，以致測量工作，僅有兩小時，所得呎吋記載，難免訛誤，至今引為大憾。 甚盼將來得間重遊，俾作精細正確之研究，則素願可償矣。

白馬寺中之建築物。今存之數幢，均為極有價值者，其中多處，咸異於清代之宮殿式，於中國建築學上，頗多研究之資料。 尚望有志者，共同考察發現之。 殿內塑像，生動莊嚴尤為精彩，在中國其他寺院中，亦不多見，此亦極有價值之造形美術也。

復興白馬寺之提議，迄已年餘，信佛諸公，亦已竭力贊同。 想此破瓦頹垣，多年失修之古廟，不久，或可渙然一新，金鎖朱柱，成為可作永久紀念之廟宇。 現所望於將來負責設計者，不在牆破補牆，樑斷換樑；而在注意於復古而不失其真，採新而不礙於全體之調合，則其有益之新於中國建築，非淺鮮矣。

白馬寺毘盧閣遠景

白馬寺毘盧閣前禮佛殿

東北大學建築系孟憲英繪市立音樂堂

市立音樂堂習題

某大市爲提倡音樂起見，覓地一萬五千方尺。擬造一音樂堂，專奏歐洲古典名曲，須容千人。有無樓廳(Balcony)隨意。凡售票及其他一切必需各部，均應有盡有。最宜注意於優聲學(Acoustics)

比例呎：——

草圖：

平面立面斷面各三十二分之一

詳圖：

平面　十六分之一

立面　八分之一

斷面　十六分之一

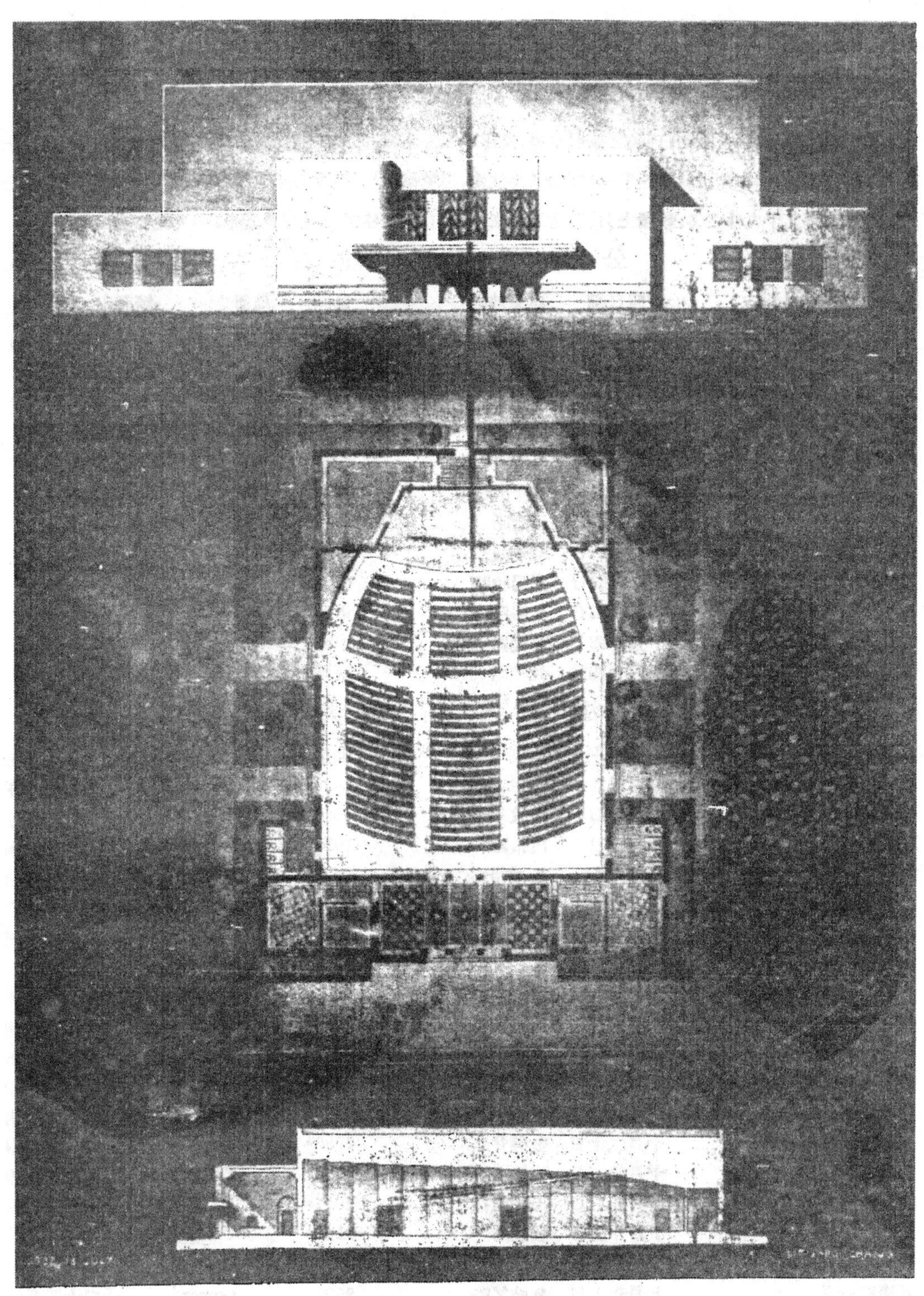

東北大學建築系張連步繪市立音樂堂

民國廿二年十月份上海市建築房屋請照會記實

本刊編者，鑒於以上數期，刊載之請照事項，盡限於租界區域，而於中國部份尚付缺如；故於本期起，特請上海市工務局當軸，將中國區域請照事，亦按期擇要披露，以免偏枯。 按本月份建築事業，益形活躍。 工務局發營業執照二百九十九件之多，較諸上月，可增五分之一，足見上海建築事業之興盛也。

公共租界請照表

建築種類	請照日期	建築地點	區域	地冊	請照人
中式住宅及市房二十八幢	十月十七	東鴨綠路周家嘴路角	東區	E.214	Yang Chian Yuan
學校一所	十月十七	Ho.ung Rd.	東區	7531	Frank Fong
中式住宅十九幢	十月十七	愛文義路	西區	3016/7	T. Y. Liu.
中式住宅二十六幢	十月十七	檳榔路	西區	W.3920	Wah Shing.
中式住宅市房及圍牆等	十月十七	昆明路	東區	1650	Y. S. Chow.
中式住宅及市房六十四幢	十月十七	東有恆路	東區	1457/8	Nee Yung Lee
外國商店二所	十月廿四日	福煦路	西區	W.1762	Hall & Hall
中式住宅八幢	十月廿四日	西摩路	西區	3873	Loh Tse Kong
外國住宅四幢	十月廿四日	康腦脫路	西區	3704	G. S. Chang
機器工廠一所	十月廿四日	昆明路	東區	E.5902	C. C. Chang.
中式商店及市房	十月廿四日	華德路	東區	E.2092	Woo Hang Yeh
汽油棧一所	十月廿四日	昆明路	東區	5901	The Socony Vacumn Co.

法租界請照表

建築種類	請照日期	建築地點	地冊	請照人	估價
三層店房七間圍牆一所	十月四日	福開森路	13937/8	Kien An	三萬兩
四層歐式住房六幢	十月六日	淡拉水脫路	9817	楊森記	三萬兩
三層房屋一幢	十月七日	霞飛路	10540	Dah Yao Eng. Co.	一萬兩
三層店房五幢	十月九日	亞爾培路	9677	黃五如	一萬兩
三層二行房屋	十月九日	辣斐德路	9100	Chang Ede & Partners	六千兩
三層雙開間店房四幢	十月十二日	福開森路	75 B	Speuce, Robinson & Partners	二萬兩
三層歐式住宅六幢	十月十六日	西愛威斯路	9550	Danzan Reo	一萬兩
二層走廊	十月十六日	海格路	13953A	Missiordeo	一萬八千兩
二層樓房	十月十八日	拉都路	9051A	新同記	五萬三千兩
三層中式住房一所	十月十八日	辣斐德路	11097	Z. S. Sih	一萬兩
二層歐式住宅四幢	十月二十日		14237A	Daries Broope	四萬九千兩
簡單中式住房一所	十月二十日	金神父路	4088A	Zing Ching Kee	三千兩
三層五行	十月廿一日	淡拉水脫路	9833	Yong Dah Co.	一萬兩
二層店房九間	十月廿三日	天主堂街	3014B	Fou Sing Kee	五千五百兩
三層二行	十月廿五日	環龍路	4123A	Chang Zung Dai	
改造	十月廿七日	呂班路	8848C	C. F. Z.	二萬五千兩
救濟院一所	十月廿七日	金神父路	2524	Leonard	二十四萬兩

工務局請照表

種類	領照日期	地點	區域	面積	估價
二層樓住宅及二三層樓市房	十月	寶山路	閘北區	三千平方公尺	十四萬元
三層樓市房及二層樓住宅	十月	蓑馬路	滬南區	一千二百平方公尺	六萬元
三層樓市房及二層樓住宅	十月	竹行碼頭	滬南區	一千平方公尺	六萬元
三層樓市房及二層樓住宅	十月	學院路	滬南區	一千平方公尺	五萬元
二層及三層樓住宅	十月	王家碼頭	滬南區	一千二百平方公尺	六萬元
七層樓公寓	十月	地豐路	法華區	七百平方公尺	二十二萬元
三層樓教室及平禮堂	十月	億定盤路	法華區	一千七百平方公尺	十三萬元

各區請領執照件數統計表

區域	閘北	滬南	洋涇	吳淞	引翔	江灣	塘橋	蒲淞	法華	殷行	眞如	楊思	高橋	碼頭	總計
已準件數	57	75	20	37	32	19	1	4	41	1	2	1	6	3	299
未準件數	2	6		3	1		2		4				2		20
總計	59	81	20	40	33	19	3	4	45	1	2	1	8	3	319

各區新屋用途分數一覽表

區域	閘北	滬南	洋涇	吳淞	引翔	江灣	塘橋	蒲淞	法華	殷行	眞如	楊思	高橋	總計
住宅	38	54	16	17	25	16	1	3	30	1	2	1	4	208
市房	12	15	2	17	2	1		1	1				1	52
工廠	4	1			1	1			2					9
辦公室			1		1									2
學校	1	1		1					1					4
教堂				1										1
其他	2	4	1	1	3	1			7				1	20
總計	57	75	20	37	32	19	1	4	41	1	2	1	6	296

各區營造面積估價統計表

區域		閘北	滬南	洋涇	吳淞	引翔	江灣	塘橋	蒲淞	法華	殷行	眞如	楊思	高橋	總計
平房	面積	5730	6440	1510	1440	2750	640	20	550	3300	780	30	120	410	23720
	估價	82460	23050	28900	22000	42940	9400	2450	8060	56670	1250	450	1800	6600	371030
樓房	面積	6420	14000	480	1670	770	580	70		5190	1040	160		190	30570
	估價	387780	668520	20400	72220	35300	24140	400		518220	4160	8000		6750	1745890
廠房	面積	1880	100			150	80			580					2290
	估價	28800	2000			5000	2840			45200					78840
其他	面積	30	780			370				470					1650
	估價	700	15330	3000	800	9500	3600			18760				600	52290
總計	面積	18560	21320	1990	3110	4040	1300	90	550	9540	1820	190	120	600	58230
	估價	494740	793900	47300	95020	92740	39480	2850	8060	638850	5410	8550	1800	13950	2247550

（註）　面積以平方公尺計算，估價以國幣計算。

建築訴訟案件

江蘇上海第一特區地方法院民事判決 民國廿一年民字第一七六九號

判決

原　　告 華蓋建築事務所 設上海甯波路四〇號

法定代理人 趙　深 年三十六歲住上海甯波路四〇號

陳　植 年三十四歲住上海甯波路四〇號

訴訟代理人 巢紀梅律師

榮楨祥律師

被　　告 善薩公司 設上海大陸商場三五七九號

樊發源 年四十二歲住上海白克路逸民里一五號

訴訟代理人 陳　文律師

被　　告 姚希琛 年三十二歲住上海北京路二八〇號

李燿亮 年三十歲住上海浙江路四六二號

右共同訴訟代理人 葉昌詔律師

被　　告 吳振聲 年三十歲住上海北四川路送達處笪耀先律師轉

訴訟代理人 笪耀先律師

被　　告 王漢禮 年四十七歲住上海孟德蘭路仁里一〇三號

訴訟代理人 彭　榮律師

被　　告 高養志 年四十九歲住南京中正街交通旅館

錢承緒 年六十六歲住上海薛華立路一〇三弄三〇號

韓雲波 年四十九歲住蘇州砂皮巷毒品查緝所

訴訟代理人 汪幹臣 年三十三歲住蘇州砂皮巷

被　　告 馬鴻根 年未詳住上海吳淞路口逢伯里三一號

右列當事人因欠款涉訟一案本院判決如左

主文

被告樊發源姚希琛李燿亮吳振聲王漢禮高養志錢承緒韓雲波馬鴻根應連帶償還原告銀幣二千七百六十三元七角三分並自民國二十二年七月二十五日起至執行終了日止週年五厘之利息

原告其餘之訴駁回

訟費由被告等連帶負擔

事實

原告及其訴訟代理人聲明求爲判决令被告等連帶償還原告銀二千七百六十三元七角三分並自起訴之日起至清償之日止週年五厘之利息其陳述略稱被告等發起開設菩薩公司委託原告設計擬定圖樣裝置大陸商場第三五七九號房屋內外立約訂明以裝修建築費總額百分之十爲原告之手續費分四期撥付此項裝置計裝修及改造包價銀一萬二千五百兩水門汀及電燈包價銀四千七百五十兩零七錢共一萬七千二百五十兩零七錢應付原告手續費銀一千七百二十五兩零七毫按七一五合銀幣二千四百零八元四角九分又木器包價銀三千五百五十二元四角應付原告百分之十手續費銀三百五十五元二角四分統共手續費銀二千七百六十三元七角三分迄今工程告竣屢索未償應令給付又被告等欠款不付應自起訴之日起至執行終了日止給付週年五厘之法定遲延利息爲此起訴云云提出合同等件爲證

被告姚希琛李耀亮訴訟代理人述稱被告等係菩薩公司發起人實惟被告樊發源並非菩薩公司籌備主任與原告訂立設計打樣合同亦係該被告所立並無菩薩公司圖章雖新聞紙所登被告樊發源係菩薩公司籌備主任但亦係該被告所登被告樊發源個人所訂立之合同被告不能負責云云

被告吳振聲訴訟代理人述稱被告並非菩薩公司發起人雖報紙曾登被告爲發起人因同姓名者甚多所以未去更正即退一步言謂被告是發起人並未委託被告樊發源代表與原告訂立合同該合同亦未蓋有菩薩公司圖章是被告樊發源個人之行爲不能負責又公司呈准招股後所負之債務發起人方能負連帶償還之責今菩薩公司招股並未呈准不能援用公司法第二十五條如認爲合夥發起人等並未全體執行業務被告樊發源係個人之行爲不能由全體發起人負責云云

被告王漢禮訴訟代理人述稱被告並非菩薩公司股東因菩薩公司招股章程有二種一本是十四個發起人一本是七個發起人這七人招股章程發起人中並無被告名字而十四個發起人章程與報上廣告相同此本章程在先印刷迨被告見報上列被告爲發起人去函責問故第二次七人招股章程即將被告取消且報上登收股是大陸銀行而大陸銀行告欠租的案子只有七人並無被告在內足見被告並非發起人况被告樊發源與原告訂立合同並未蓋有菩薩公司圖章一個發起人亦不能代表全體爲法律行爲云云

被告韓雲波訴訟代理人述稱被告並非菩薩公司發起人雖發起人名簿有被告簽名但被告不能寫字顯非被告親簽縱被告係發起人亦不能即認爲係股東且被告樊發源與原告訂立合同係其個人行爲亦不能代表全體云云

被告樊發源訴訟代理人述稱菩薩公司發起人照簽名簿上是十二人均係親手簽名公推被告爲籌備主任有會議記錄可查至被告與原告訂立裝修設計打樣合同並對於木器亦委託原告設計打樣按百分之十給付報酬均有此事惟不知數目若干云云

被告錢承緒受合法傳喚於最後言詞辯論期日未據到庭其在前次言詞辯論期日述稱被告樊發源曾向被告言西菜社利益甚大擬組織一菩薩公司營西菜業張宗昌陳調元均已認股伊已寫好一招股單將被告之名列入要求被告蓋章當時並未同意云云

被告高養志兩次受合法傳喚於言詞辯論期日未據到庭其具狀陳述略稱菩薩飯店即菩薩公司全係被告樊發源個

人經營與人無涉被告見其借名登報招搖已去函聲明無效取有收條名片爲證被告現爲公務員尤不能兼營商業故大陸銀行訴追欠租涉及被告嗣卽撤回至原告與被告從未見面菩薩飯店所欠建築手續費何能被向告索要云云被告馬鴻根迭受合法傳喚於言詞辯論期日未據到庭

理由

本件被告樊發源姚希琛李耀亮吳振聲高養志王漢禮錢承緒韓雲波馬鴻根均爲菩薩公司發起人不惟被告樊發源訴訟代理人陳明無異且有該被告等親筆簽名之招股簡章可證至被告樊發源委託原告對於裝置菩薩公司及製造木器設計打樣照裝置及木器價值給付百分之十公費共計銀幣二千七百六十三元七角三分亦有合同及木器單可資證明事實均無疑義雖委託原告對於裝置菩薩公司設計打樣係由被告樊發源以公司代表名義與原告訂立但該被告係由其他發起人公推爲菩薩公司籌備主任已經登載新聞報有報紙可查再參以租賃大陸商場房屋亦係由被告樊發源經手辦理則被告樊發源籌備公司一切事務係受其他發起人概括委任可以斷定又查民國二十一年十月一日新聞報登菩薩公司招股廣告內載股份五萬元除發起人已認股額歡迎另股等語是發起人等均爲菩薩公司之股東亦無疑義按合夥財產不足清償合夥之債務時各合夥人對於不足之額連帶負其責任此在民法第六百八十一條有明文規定本件被告樊發源等旣爲菩薩公司之股東而該公司並未依法註册且未成立則其對外所負之債務爲合夥債務依上開規定被告等對於原告所訴上項手續費自應負連帶償還之責雖被告吳振聲王漢禮高養志錢承緒韓雲波均不承認爲菩薩公司發起人並否認有簽字之事被告王漢禮高養志並稱見報上列伊爲發起人曾去函責問等情然查被告吳振聲已於大陸商場訴樊發源等欠租案內（見二十一年民字第一七六九號卷）經其訴訟代理人葉昌詒承認其爲發起人又被告王漢禮於委任狀內簽名被告高養志於致本院函內簽名被告錢承緒於呈本院單內簽名核其筆跡完全與招股簡章後面該被告等簽名相符且被告王漢禮高養志亦無退出發起人之證明至大陸商場因菩薩公司欠租起訴未列王漢禮爲被告對於高養志起訴後而又撤回按債權人本可對於連帶債務人選擇起訴不能因此卽可推定其並非發起人又被告韓雲波旣經被告樊發源訴訟代理人述明被告係發起人且登報及印刷招股簡章發起人名下均列被告之名其爲發起人亦無可疑上項抗辯殊不可採應卽判令被告樊發源姚希琛李耀亮吳振聲王漢禮高養志錢承緒韓雲波馬鴻根償還上項欠款及法定利息惟利息應自最後送達起訴副狀之日（卽本年七月二十五日）起至清償日止原告請求自起訴日起殊屬不合又被告菩薩公司尙未成立自無當事人能力原告列該公司爲被告亦屬錯誤爰依民事訴訟法第八十二條第三百七十七條第二項判決如主文

如不服本判決得於判決書送達之翌日起二十日內上訴於江蘇高等法院第二分院

中華民國二十二年九月二十七日

江蘇上海第一特區地方法院民庭

推　事　駱崇泰印

本件證明與原本無異

書記官

上海公共租界房屋建築章程

（上海公共租界工部局訂）

楊 肇 煇 譯

11.——倘事實可行,須造級步之處應以斜坡替代之. 一切走廊,過道及出入路若須傾斜,其斜度應經本局稽查員核准之.

凹處及牆角

12.——走廊或過道之牆上,距地板五呎以內,不得造有凹進處或凸出處. 一切牆角,距地坡五呎以內,均應作爲圓形.

牆門間

13.——此類房屋中除大門牆門間外,如設有其他牆門間,不得有三級層以上,或有三層以上,或當每級層或每層分爲二或多於二部分時有三部分以上可以通連於一單獨之牆門間.

一概門路或過道由一牆門間通出而接連於一天井或公路者,其總寬度應至少大於本章程所規定以通連於此牆門間之各太平門之總寬度之三分之一.

衣帽室

14.——此類房屋中之走廊均不得用作衣帽室. 設置衣帽室之處,應使其地位不致被用之者對於任何太平門或通行路生有阻礙.

售票處

15.——一概售票處之地位均應對於任何太平門或通行路不致發生阻礙.

扶梯

16.——此類房屋中之一概扶梯,爲任何級層或其一部分中能容人數不過三百人之用者,其最狹處至少應有寬度四呎;爲任何級層或其一部分中能容人數多於三百人之用者,其最狹處至少應有寬度五呎.

一概扶梯,梯級及梯台均應用避火材料建造之(參閱新建西式房屋建築章程第二章第一及第二節). 每一梯級之寬度不得小於十二吋;其高度除上鋪之物外不得多過六吋;每一梯階(即全扶梯之一段在梯台與梯台間或梯台與地板間者)之梯級不得多於十五級或少於四級.

扶梯之各梯階均應支持之及安置之,以有本局稽查員之滿意爲度.

扶梯如無一至少方形之梯台以作轉折者,不得有二段以上之十五梯級之梯階,在此梯階間之梯台之深度至少應等於扶梯之寬度.

一概梯台之建造應以得有本局稽查員之滿意爲度.

一概梯級及梯台之兩邊應裝有一連接而無阻礙之扶手,以設於牆內之堅實金屬物之托架支撑之,但此扶手不得伸出三吋以上.

當梯階轉折時，梯柱牆應作有槽，使扶手轉折不致伸出於梯台之上。

扶梯之牆中，在距離地板五呎之內，不應造有凹進洞或伸出物。牆角在距離地板五呎之內應作圓形。煤氣或電燈裝具置於梯級或梯台以上之高度不得小於六呎九吋。

太平門及內部門戶

17.——此類房屋中之一概門戶，爲公衆用作太平門者，均應兩扇雙合並應向天井或公路開放。內部門戶於開放時應不生有阻礙及於出路，過道，扶梯或梯台。正在梯階之上或在其底不得開門，但一至少三呎寬及不小於門之寬度之正方梯台應設於梯級及門戶之間。一切有插銷之太平門應用自動緊釘固緊之，其式樣及位置須經本局核准；但此門又作公衆出入之用者，得用橫杆或其他核准緊固物安裝於核准之位置上。凡係作出進用之門戶應使可向內外兩面開放；當向內開時並應使之可以靠牆緊住。

除上述者外，不得有門閂或其他阻礙物裝設於任何門戶上。

太平門及公告等

18.——此類房屋中之一切太平門及其他門戶之爲公衆用作出路者均應以油漆之六吋字明晰指示之，須有本局稽查員之合意爲度。此項公告，如係可能，應油漆於太平門之上，距離地板以上之高度至少爲六呎九吋。一切門戶，若在聽衆視線之內而不能引至出路者，應用六吋大之字作"非太平門"之字樣一行，明晰油漆於距地板以上至少六呎九吋之高度，亦以得本局稽查員之合意爲度。此項"太平門"及"非太平門"之公告應於夜間有發光設備，俾可照明。此類房屋如作中國聽衆之用，上述公告應用中英兩種文字。

圍閉處所

19.——任何此類房屋中，其地除聚集公衆觀看表演外非爲別用者，不許有圍閉處所，但本局認爲係屬必要或戲院中設作聽衆遊廊或牆門間者除外。

出入路

20.——出入路應設於各排座位之交叉處，惟在每排同一線上座位距出入路不得過十二呎。此交叉之出入路之長度若不過二十呎，則其寬度不得小於三呎六吋。出入路上不許裝有門，門閂，柵欄或其他緊固物，懸掛座位或其他阻礙出入路之物，無論爲永久或暫時用者。

座位

21.——無椅背或椅手之座位，給與每人所坐之面積爲深度不得小於二呎及寬度不得小於一呎六吋；有椅背或椅手之座位，則每人之面積爲深度不得小於二呎四吋及寬度不得小於一呎八吋。每排每座之前面與前排每座之後面之中間應留一深度至少一呎之空地，此深度須由垂直線間量之。

座椅

22.——此類房屋中之座位非係裝固於地板之上者，應以狹板將各座位釘合爲一排；但如此釘合之座位，每排上不得少於四座或多過十二座.

戲臺及幕前牆

23.——凡屬此類房屋之備有一戲台者應建一幕前牆，將戲台與大廳分隔（本特別章程中另訂者除外）.此幕牆應以實質磚工砌造；全部厚度不得小於十三吋；向上砌至屋頂以上之高度至少須三呎，此高度須由與屋頂坡度作正角之線上量出；向下砌至戲台以下直至堅實之地基爲止.

戲台應與房屋中之每一其他部分分隔，一但本特別章程中須建之牆，其厚度及其自屋頂以上之高度均等於西式房屋建築章程中之分間牆者，可以除外.

幕前牆上空洞

24.——除幕前空洞外，幕前牆上不得有二個以上之空洞；此空洞應造於戲台之對面. 每一空洞之面積不得超過二十一方呎.

用作交通之空洞在戲台與房屋任何部分之間者，其面積亦不得超過二十一方呎. 每一空洞應設有避火材料所做之門及門框，以經本局核准者爲限. 幕前牆上之空洞之最低部分不得高過在戲台地板以上三呎之平度.

幕前飾物

25.——幕前空洞所置之一切飾物均應以避火材料造成之.

戲臺用之太平門

26.——由戲台直通至一天井或公路之處應設有互相離開之太平門.

戲台上之燈光

27.——電燈爲戲台用之唯一燈光，但應有煤氣燈之重複設備，以便電燈不燃時之用.

幕前所置之幔幕

28.——幕前空洞應置有避火材料所製之幔幕，用之作爲可以下落之懸幔；至其製造之式樣及材料，與佈置之方法，一使水可以容易傾於面向戲台之佈景上，一均須經本局之核准.

戲台之屋頂

29.——戲台以上之空間應有足夠高度，俾一切佈景及避火材料所製之幔幕可以垂直上昇於幕前空洞之頂部以上，且須使之不致捲裹。

戲台以上之屋頂不須用避火或重量之材料；但應在屋頂之後部設有空洞，其底部面積須等於戲台面積之十分之一。

此項空洞應以玻璃遮蓋之，其厚度不得過十二分之一吋並須在下面做有小網眼之鉛絲網，以爲保護之具。此項空洞之遮蓋物應置有繩索，俾於割斷或燒斷繩索之時可將遮蓋物完全展開。 繩索中應嵌入一易鎔金屬物製之環鏈；繩索之位置亦應經本局核准。 戲台屋頂上又應設有適當之通風帽。

戲台避火處之地板

30.——此類房屋中避火處之地板應用前章程中第二章第二節所述之避火材料建造之；並須得本局稽查員之核准。

避火處及鐵排門應設有避火材料所造之充足逃避設備，以得本局之滿意爲度。

更　衣　室

31.——更衣室，如事實可能，應置於隔開之另一房屋中；或用分間牆使與此類房屋分隔，僅備一可以連接之交通方法，俾可經本局之核許。 一概更衣室及通此室之扶梯應用前章程中第二章第一節所述之避火材料建造之；並應連接於一獨立之太平門，直接通於天井或公路上。 通連於更衣室之太平門上應僅裝有自動開關之門閂。 每一更衣室應與外間空氣充足流通，以得本局稽查員之滿意爲度。 任何更衣室不得置於戲台之下。爲男女優伶及樂隊之用，應設有充足及分隔之廁所；並應設有爲男子用之小便處；此項設置均須經本局稽查員之核許。

衛　生　設　備

32.——在一切之此類房屋中，凡爲公衆用與爲職員用之每一部分均應設有充足及分隔之男女用廁所暨男用小便處，以經本局稽查員滿意爲度。

所有小便處均應造作每人一格又應安有足量器具，使水可以灌注於小便處各部；此項器具須連於有效用而不間斷之給水處。 廁所及小便處之佈置及建造均須經本局稽查員合意，並應舖以水泥或其他適當材料，其詳細情形須照前章程第三章中所載各條。

工作房貯物室等

33.——一概工作房，置佈景處及貯物室之與此類房屋相關者均應以不小於八吋半厚之磚牆，使之互相隔開；至其所置之位置亦應經本局核准。

此項牆上之一切空洞均應以避火材料所做之門關閉之。

中　國　建　築

THE CHINESE ARCHITECT

OFFICE:

ROOM NO. 427, CONTINENTAL EMPORIUM, NANKING ROAD, SHANGHAI.

中國建築第一卷第五期

出　版　中國建築師學會

地　址　上海南京路大陸商場四樓四二七號

印刷者　美華書館　上海愛而近路三號　電話四二七二六號

中華民國二十二年十一月出版

中國建築定價

零售	每冊大洋五角	
預定		六冊大洋三元
	全年	十二冊大洋五元
郵費	國外每冊加一角六分 國內預定者不加郵費	

30663

廣告索引

盡是鋼精(ALUMINIUM UNION LIMITED)製成

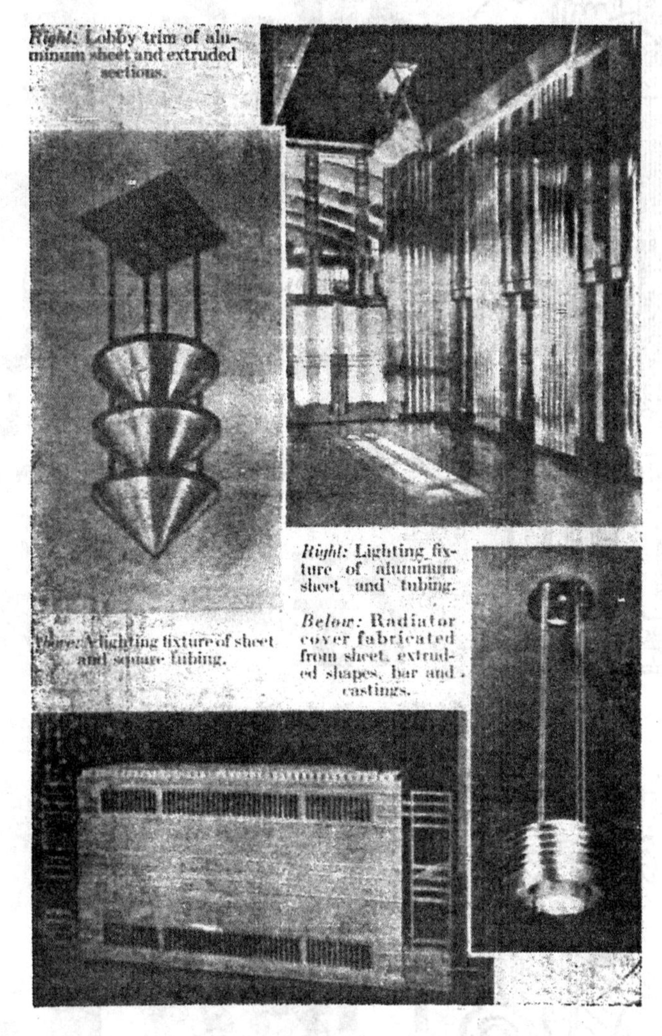

詳細情形祈接洽

ALUMINIUM UNION LIMITED.

鋁業有限公司

上海北京路二號 電話11758號

瑞昌
銅鉄五金
工廠
承辦建築一切銅鉄工程
常備大批新式異樣堅固門鎖
漢口路四二一號 電話九四四六〇
靜安寺路六六七號 電話三一九六七號
工廠 同孚路二四三號

THE TRULY MODERN APARTMENT MUST HAVE ATTRACTIVE FLOOR COVERING IN EVERY ROOM.

What more appropriate than

ELBROOK SUPER CARPETS

The Original Chinese "Super."

Our extensive, organization and our long experience in this field enable us to be of particular service to architects and decorators in planning this feature.

Whether you require carpets for a single Room or for a palatial hotel consult us before you decide.

Made to order carpets in exclusive designs is our specialty.

ELBROOK, INC.

31-47 Davenport Road
Tientsin

156 Peking Road
Shanghai

歐美各國之住宅大廈旅館及公共建築中無不鋪設地毯以壯觀瞻而尤以

天津製造之海京

地毯

咸公認爲標準因取材精純織造堅固無論任何色樣皆可按照建築師計劃承造以期對於室中裝飾配襯得宜而收盡善盡美之效果本廠開設天津有年自紡自織具有相當經驗各種出品花樣繁多價格視何種需要而異倘荷

惠顧無任翹企

海京毛織廠

廠址

天津英租界十一號路

電報掛號

三一八九

駐滬辦事處

上海北京路一五六號

現已開幕之恆利銀行大厦

仁昌營造廠

承造

銀行。公寓。堆棧。住宅。學校。以及各種大小工程。造價公道。工作迅捷。經驗豐富。堪使業主滿意。

地址 同孚路廿五號

電話 三五三八九號

30671

C.S.
振蘇磚瓦公司
上海靜安寺路六八八弄二號　電話三一八六〇號
本公司營業已十有餘載廠設崑山南鄉自建最新式德國窰兩座近因出貨供不應求特設第二分廠於吳淞港北岸更添購機械聘請留德技師監督各種機製紅磚空心磚青紅機製平瓦及德式筒瓦質料細緻烘製適度是以堅固遠出其他磚瓦之上且價格低廉交貨迅速久爲各大建築公司營造廠家所贊許推爲上乘爭相購用信譽昭著兹將曾購用敝公司出品各戶台街略舉一二以資備考其他一限於篇幅不克一一備載諸希鑒諒是幸如承賜顧請逕與上海總公司接洽可也
振蘇磚瓦公司附啟
百樂門跳舞場　愚園路
麥特赫司脫公寓　靜安寺路
金城銀行　江西路
大陸銀行　九江路
國華銀行　北京路
證券交易所　漢口路
大陸商場　南京路
德士古火油棧　定海橋
光華火油棧　高橋
申新紗廠　宜昌路
永安紗廠　吳淞
公益紗廠　曹家渡
公大紗廠　軍工路
裕豐紗廠　楊樹浦
華生電氣廠　周家嘴路
天廚味精廠　菜市路
大生紗廠　南通
富安紗廠　崇明
寶五洋棧　甘肅路
茂昌堆棧　十六浦
豫康堆棧　光復路
華華中學　愚園路
中央研究院　亞爾培路
動物研究院　愛文義路
榮金大戲院　康悌路
北火車站　界路
四明別墅　愚園路
靜安別墅　靜安寺路
金城別墅　靜安寺路
模範邨　福煦路
四明邨　巨籟達路
綠楊邨　康腦脫路
大陸新邨　施高脫路
古拔新邨　古拔路
和合坊　霞飛路
天樂坊　斜橋路
鴻運坊　愛多亞路
來安坊　新閘路
愚園坊　愚園路
聯安坊　愚園路
鄰聖坊　福煦路
福煦坊　福煦路
愛文坊　愛文義路
基安坊　同孚路
興業里　霞飛路
永安里　北四川路
興業里　天主堂街
同福里　靜安寺路
均益里　界路
德仁里　浙江路
福綏里　天津路
百祿里　大西路
正明里　赫德路
蘭威里　湯恩路
恆豐里　施高脫路
恆德里　赫德路
四達里　施高脫路
大通里　白克路
多福里　福煦路
恆茂里　八仙橋
CHEN SOO BRICK & TILE MFG. CO.
BUBBLING WELL ROAD, LANE 688 NO. F2
TELEPHONE 31860

30673

VITREA
Vitrea
WINDOW
GLASS
欲求室內光
線充足請用
壁光牌玻璃
價廉而質美
各玻璃號
均有發售

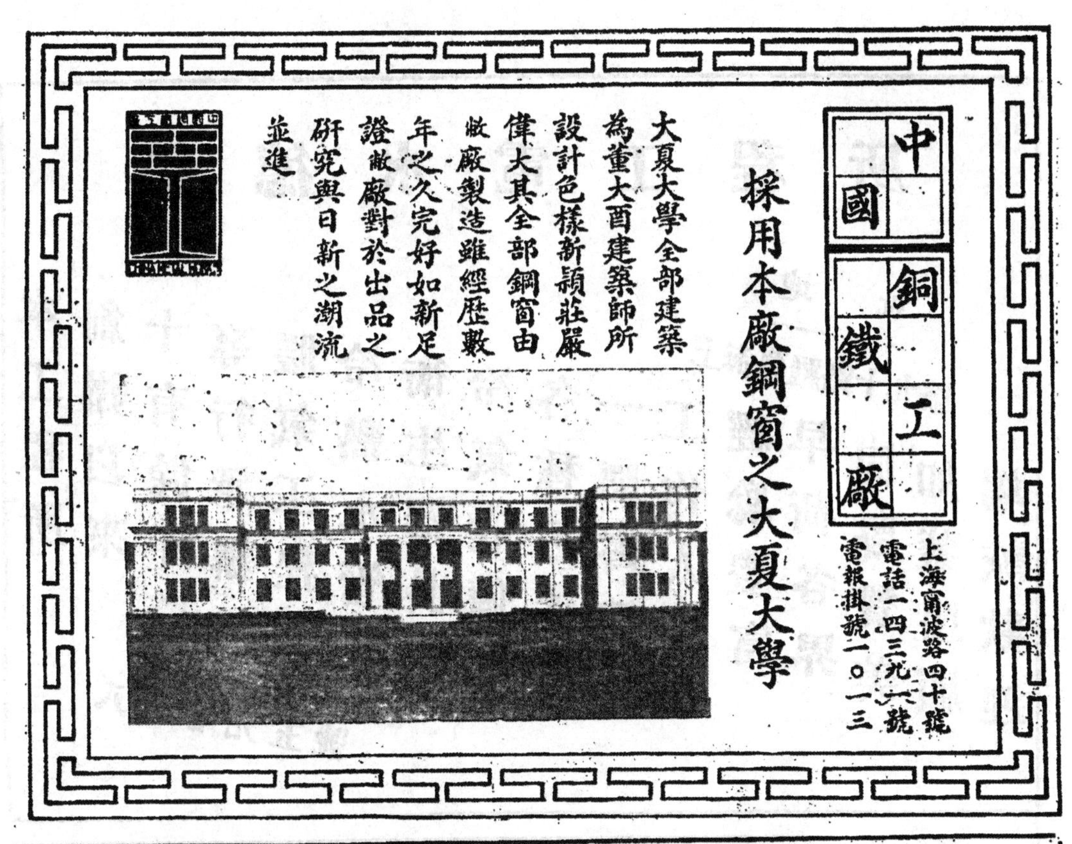

本行創造各種銅鐵絲網用度如下

鐵絲籬笆　車站鐵圍　車路欄門
碼頭鐵欄　室內隔籬　瀝水鐵網
機器圍　皮帶罩　獸籠　狗棚等等

ELLISTON & CO.
24 YUEN MING YUEN ROAD. SHANGHAI.
安福洋行
圓明園路念肆號　電話一五三一七

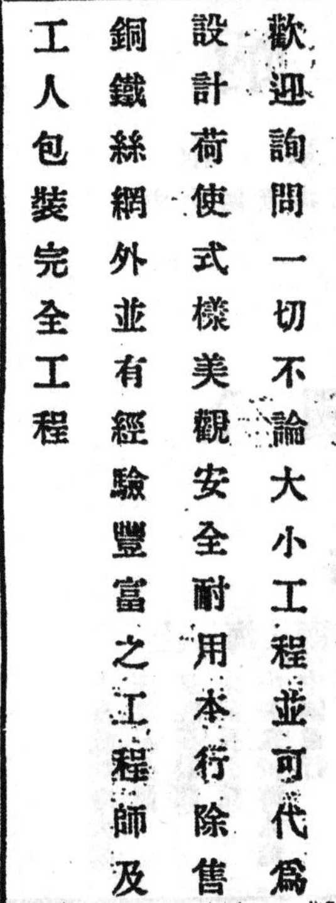

時代的建築必須配以時代的燈罩

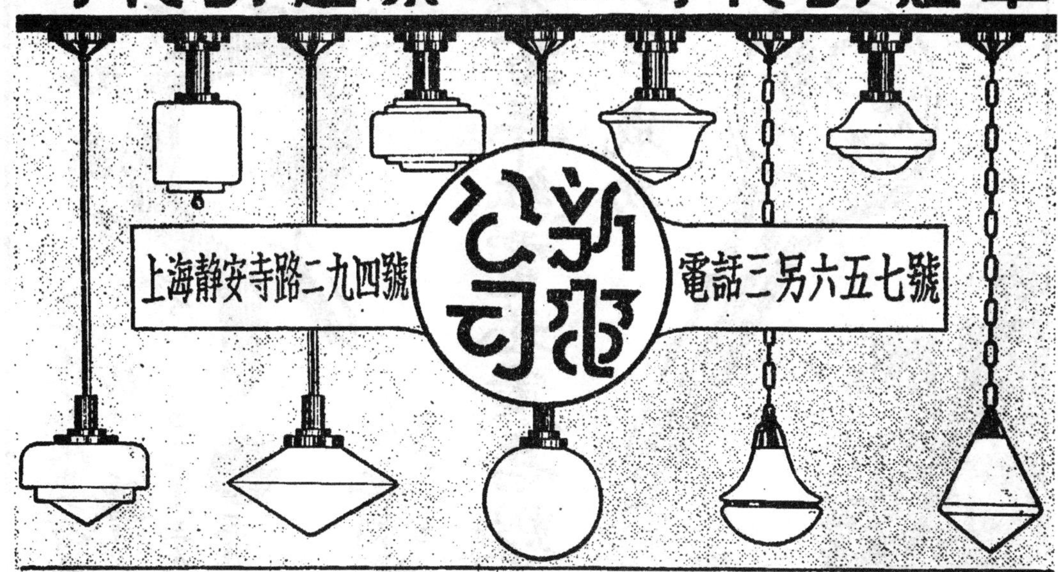

無論國貨自製歐美舶來均屬精美新穎實用堅固適合時代潮流

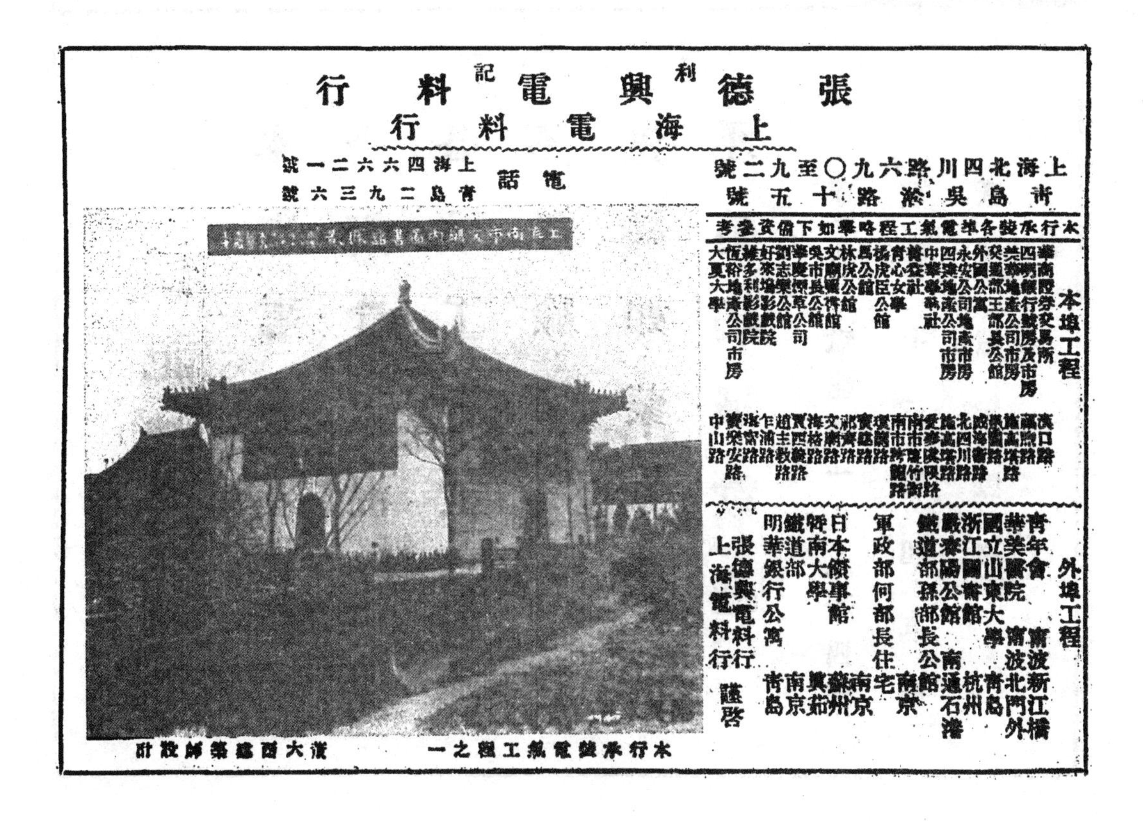

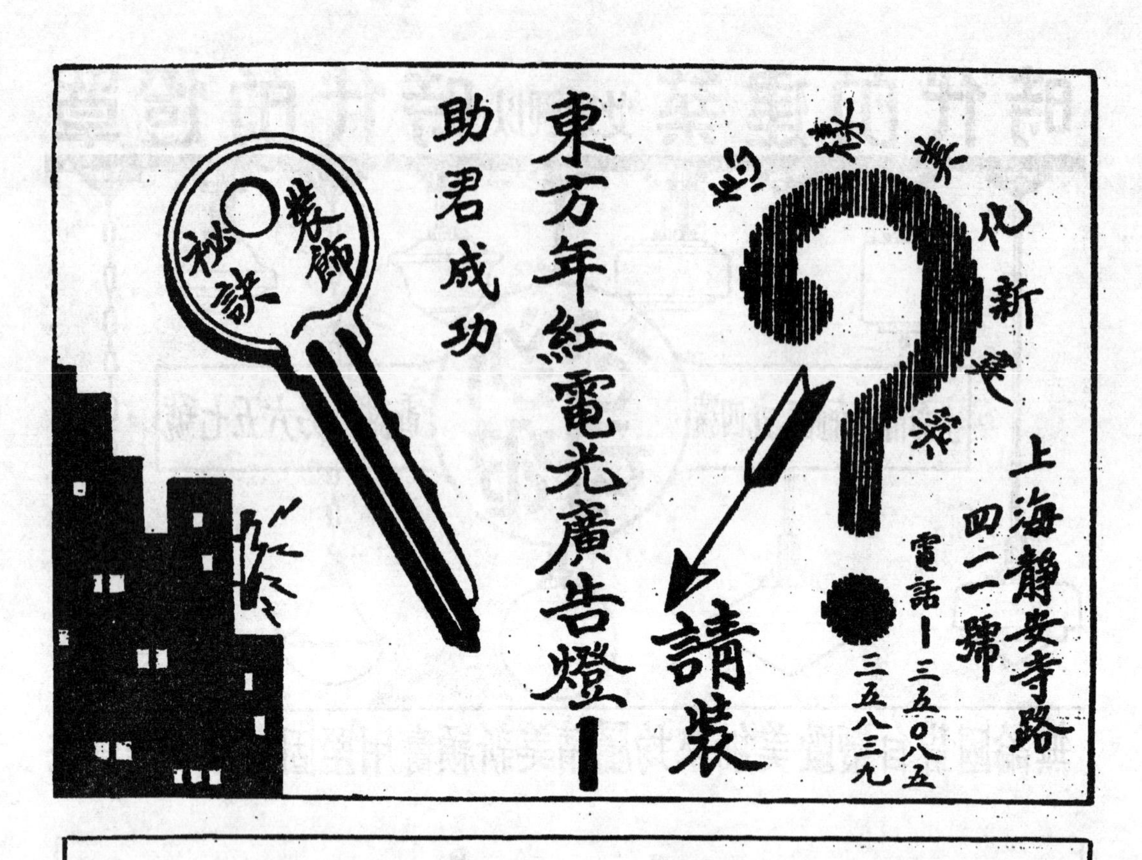
上海靜安寺路
四二一號
電話一三五〇八五
三五八三九
請裝
東方年紅電光廣告燈
助君成功
裝飾秘訣

本刊啟事

(一)　本刊發行以來，謬承海內建築家贊助，廣賜宏篇巨著，圖案攝影，感佩良深。茲擬於下期起增加建築新聞一欄，各建築家，營造家，實業家，如有關於建築上之新發明或新貢獻時，望便惠賜，以便披露本刊。

(二)　本刊於下期起增加答問欄，特請國內著名建築師，代爲解答一切建築設計上之難題。讀者諸君如有問題，請直函敝社編輯部，自當於下期答覆於敝刊答問欄中。

(三)　本刊草創伊始，進行諸多困難，如有發展敝刊之建議，敝社當盡量採納。尚望讀者不吝珠玉，廣賜直言，以謀敝刊進步，是所感幸。

DEMAG

DUISBURG

台麥格電吊車

用手起重機上

各種裝貨運貨設備

及鍋爐進煤設備

台

麥

格

最經濟最迅速電力吊重及運送機器

吊重能力自半噸至十噸可裝置手起重機作起重機關

獨家經理　謙信機器有限公司

上海江西路一三八號　電話一三五九七號

Sole Agents in China:

CHIEN HSIN ENGINEERING CO. G. M. B. H. LTD.

138 Kiangse Road, Shanghai　Telephone: 13597

中國建築

中 國 建 築 師 學 會 出 版

上 海 市 政 府 特 刊

THE CHINESE ARCHITECT

VOL. 1 No. 6 第一卷 第六期

中國建築雜誌社徵求著作簡章

本社徵求關於建築學說,藝術,及計劃之一切著作;暫訂簡章於后:

一、應徵之著作,一律須為國文。 文言語體不拘,但須注有新式標點。 由外國文轉譯之深奧專門名辭,得將原文寫出;但須置於括弧記號中,附於譯名之下。

二、應徵之著作,撰著譯著均可。 如係譯著,須將原文所載之書名,出版時日,及著者姓名寫明。

三、應徵之著作,分為短篇長篇兩種:字數在一千以上,五千以下者為短篇;字數在五千以上者,均為長篇。

四、應徵之著作,一經選用,除在本刊發表外,均另酌贈酬金。 不願受酬者,請於應徵時聲明,當贈本刊半年或全年。

五、應徵著作之中選者,其酬金以篇數計:短篇者,每篇由五元起至五十元;長篇者每篇由十元起至二百元。 在本刊發表後,當以專函通知酬金數目,版權即為本社所有,應徵者不得再在其他任何出版品上登載。

六、應徵著作之未中選者,概不保存及發還。 但預先聲明寄還者,須於應徵時附有足數之遞回郵資。

七、應徵著作之選用與否,及贈酬若干,均由本社審查價值,全權判定。 本社並有增删修改一切應徵著作之權。

八、應徵者須將著作用楷書繕寫清楚,不得污損模糊;並須鈐蓋本人圖章,以便領酬時核對。 信封上須將姓名及詳細住址寫明,由郵直接寄至本社編輯部,不得寄交私人轉投。

中 國 建 築

第一卷 第六期

民國二十二年十二月出版

目 次

著 述

插 圖

卷頭弁語

本刊發行以來，蒙愛護者熱心提倡；建築師積極協助，已感日就同將。敝社同人敢不朝乾夕惕，以期在中國建築界放一異彩！近來定閱諸君，多有以上海市政府新廈見詢者，敝社爲謀大衆明瞭全部計劃起見，特請於董大酉建築師，將新廈全部圖樣，供給敝社，以餉讀者 蒙董師不棄，慨然允諾，並願額外贊助。是以全部設計，無論其爲平立斷面，不計其爲大樣詳圖，應有盡有，擇優刊載無遺。董師之惠敝刊，實深且鉅。特誌卷頭，以申謝意。

本刊編製，以時間之迫切，亟力謀提早發行；因耐新年之候，聖誕之假，均值本期內，印刷不免躭擱。兼以製版所第一次所作鋅版稍嫌模糊不清，敝社爲讀者詳明起見，不惜資本，重行製作，時間更形延遲，良深抱歉。深希讀者諸君格外原諒，是所感幸。

現代建築，聲之關係綦重。房屋之結構，材料之選擇，均須視聲之支配而後定奪。措置失當，卽生聲浪不清之弊，其影響於建築之合用也甚大。故業建築者，對於房屋聲學莫不深加注意。本刊爰於上期（第五期）登載房屋聲學譯著一篇，無如原文甚長，一期未能盡數刊出，本期特再賡續，以後每期可繼續登載。此著頗合建築實用，足爲讀者諸君作一參考資料也。

歲月不居，蟾圓屢易。本刊出版以來，倏焉半載。此期與讀者相見，蓋爲第六期矣。本刊規定月出一册爲一期，本半年共出六期作爲一卷，則此期已稱末期。當此殘年時盡歲序更新之時，本刊固可告一段落。至於宏大之發展，須待來年；此後尙須愛護本刊諸君特別襄助，積腋成裘，以期發揚廣大於無限。玆本刊自始卽蒙讀者深致愛護，又承中國建築師學會懇懃贊助，本社同人除表無量謝忱外，謹於本卷付印之頃，掬其至誠，恭賀新禧，並祝進步。

編者謹識二十二年十二月二十五日

·中國建築上海市政府特輯·

中國建築

民國廿二年十二月　　第一卷第六期

上海市政府新屋建築經過

工務局沈局長報告市政府新屋，自奠基以迄落成，凡一年又三個月，際此舉行盛大典禮之日，對於建築經過，允宜有所報告。 茲謹撮舉厓略，分述如次：(一)本府於十七年九月卽有建築市政府籌備委員會之設立。 十八年七月，公布市中心區域計劃，同時並成立市中心區域建設委員會，二十年七月七日，舉行新屋奠基典禮，隨卽正式開工，進行頗稱順利，無何「一二八」事變猝起，市中心淪爲戰區，工程停頓，將及半載，迨戰事停止，不旋踵卽予復工，時在廿一年六月一日，距停戰才數星期耳。 蓋本府同人，自市長以下，咸抱有一種決心。 以爲丁此國難嚴重之際，我人但能肩起責任，事事脚踏實地做去，矢之以恆心，持之以毅力。 安知當前之挫折，非他日復興之左劵，市中心區建設計劃，旣爲本府多年之決策，其爲大上海計劃之初步；又久爲社會所公認，倘經此頓挫卽一蹶不振，非特無以對政府付托之重，與市民期望之殷，抑且貽國家民族無窮之羞，故環境縱十分困難，進行仍不敢稍懈。 復工以來，除致力於新屋工程外，而於各領地區域之道路，溝渠，橋梁，公園，等……亦莫不積着進行，今者第一次領地區內道路，大部份已告完成，溝渠亦排築過半，國和路及府右南路橋梁，均已築成，公園，運動場，已粗具規模，水電及電話設備，亦已開始裝設。 其第二次招領地及職員領地區路基土方亦已告竣，各幹道之完工者，則有三民路，淞滬路，翔殷路，其美路，黃興路，軍工路，等……縱橫穿錯，交通已臻便利，前途發展，正方興未艾也。 (二)此次新屋工程，所有設計及監工等事，悉由本國建築師與工程師所主持，絕未假手於外人，不但房屋外觀，完全採用吾國固有之建築式樣，即建築材料，亦無不儘量採用國貨，（如啓新洋灰公司之水泥，廣州裕華陶業公司之玻璃瓦等，……）此應鄭重聲明者也。 (三)房屋本身標價為五十四萬八千元，衛生設備六萬七千餘元，電話五萬一千餘元，電梯二萬三千餘元，電線電機一萬八千元，電鐘四千九百餘元連同其他零星各項，總計造價共約七十五萬元，方之本埠一般公共建築，造價動輒數百萬元，固不逮遠甚，第外界不察，以為此項建築，未免過於富麗堂皇，非所宜於今日；不知本府於計劃之初，亦嘗再三考慮，結果，認為際此民生凋敝之秋，原不應踵事增華。 惟本市為我國最大商埠，市政府又為本市最高行政機關，徵特觀瞻所繫，抑亦體制宜崇；況建築市府新屋，為開發市中心區之肇始，亦即實行大上海計劃之開端，使無相當規模，何以樹風聲而堅社會之信仰，此與尋常建築官舍性質迥殊，而未可疑為豪奢之舉也。

(四)大凡一事之成，必賴多數人心思才力與充分時日，怡備員市府，已逾六載，今日得觀此新屋之落成，首先不得不感念歷任市長之指導。 蓋自黃前市長，張伯璇，張岳軍，二前市長，以至現任吳市長，無不秉一貫之主張，赴同一之目的，努力追求大上海計劃之實現，此巍巍之大廈，由前市長張岳軍先生奠其基礎，而由今吳市長完成其建築，詎不大可紀念。 其次當感謝市府各處局及市中心區建設委員會諸同仁之協助，而建築師董大酉君不辭勞苦，主持設計及監造，卒能成此大功，尤為我人欽感不置。 復次則擔任設計鋼骨水泥之徐鑫堂君，與監工汪和笙君，其功亦不可沒，又承造此項新屋之朱森記營造廠，自廠主以至衆工人，暨供給各項設備之廠家，如華通電器公司，西門子安美等洋行，及其職工，對於此屋完成，莫不有鉅大之幫助，亦當感謝，而本局各同人之贊襄斯舉，尤多足稱。 此外社會各界，無論間接直接，凡有予我人以援助者，胥願趁此機會，併致感謝之忱，市政府新屋既告落成，本府各局，行將於本年年底遷入辦公，即此謂市中心計劃已告完成，未免失之過早。 本府職責所在，本當既定方針，逐步求其實現，但茲事體大，端賴羣策羣力，深冀各界人士，瞭然於市中心計劃意義之重大，人人引為己責，隨時協助，是則我人於茲屋落成之際，尤不勝其馨香禱祝者也。

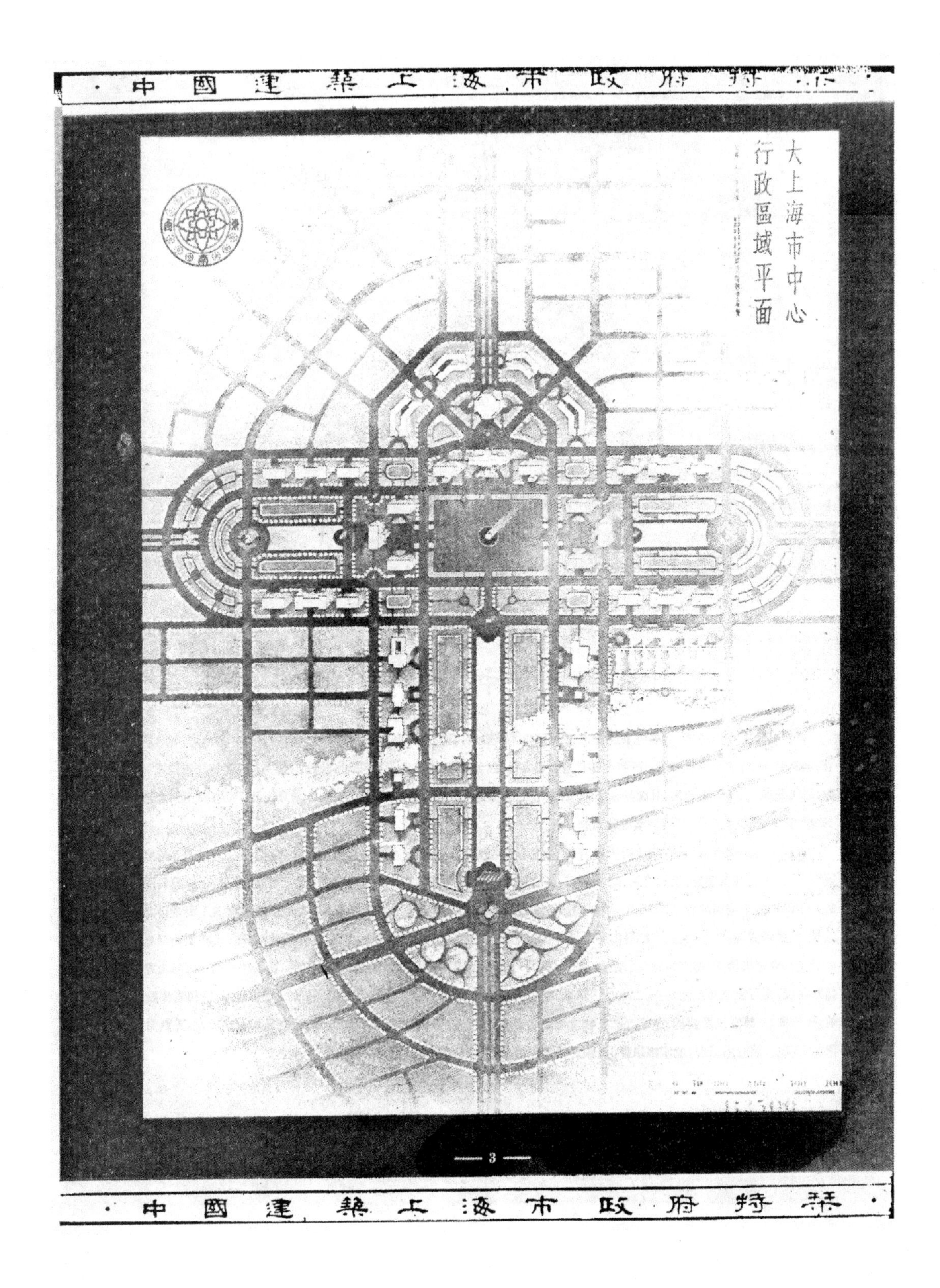
中國建築上海市政府特刊
大上海市中心行政區域平面
中國建築上海市政府特刊

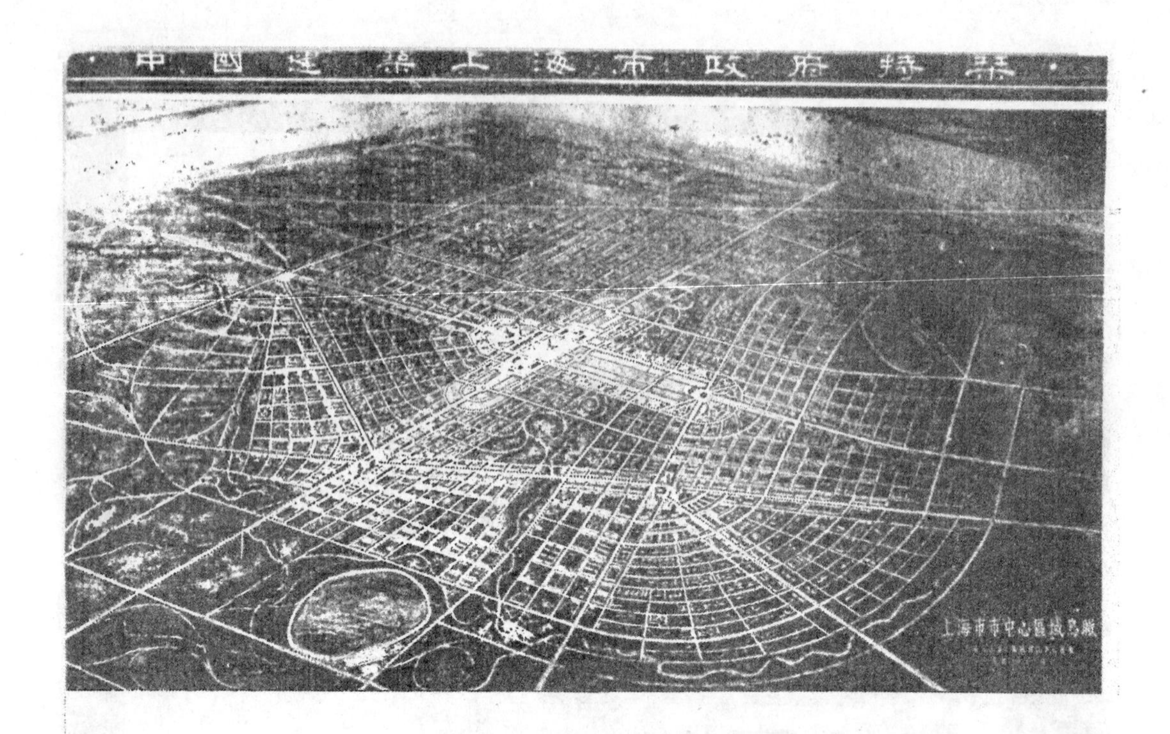

上海市中心區域

世界都市之中心區域，泰多随各該都市之自然發展而形成，其位置以利于四週發展為前提．上海市之地位，就本國言，稱為最大之商埠，以世界言，商務上亦佔有相當之位置，惟其間因有租界存在，市政向不統一，且事前既無預定計劃，以後發展，自無一定趨向，是故欲求上海發展，有從新擇定地位之必要，地位既定，然後劃分市區，使各種用途之建築物，以類相聚。各得其所，作發展市政之初步。

欲謀上海市之發展，自當以收回租界為根本辦法，但收回之後，現在之租界，是否可以為將來上海之中心區，殊屬疑問。 蓋本市地處要衝，區域遼闊，擘劃經營，自宜統籌全局，按年來本市海舶之噸位日增，原有黃浦江沿租界及其附近一帶碼頭之地位與設備，已不敷用，將來商務發達，非另建大規模之港灣，不足以應需要；故欲繼續增進上海港口之地位，則吳淞開港，勢在必行。 綜計市中心區域擇定之理由有四：該處地勢適中，四周有寶山城胡家莊大場真茹閘北租界及浦東等環拱，隱然有控制全市之勢，名實相符，一也。 淞滬相隔僅十餘公里，將來市面，由市中心起，向南北方逐漸擬展，定可使兩地合而為一，二也。 該區地勢平坦，村落希少，可收平地建設之功，無改造舊市之煩．費用省而收效宏，三也。 該區濱接黃浦，並連近已有相當發展之租界，水陸交通，均極便利，四也。 市政府當局有鑒於此，爰劃定翔殷路以北，閘殷路以南，淞滬路以東，及假定路線以西，約七千餘畝之地，為市中心區域。

上海市行政區計劃簡略說明

歐美各大城市多集公共機關於一處，名爲「行政區域」，非特辦事上便利，而聚各大建築物於一處，可使全市精華集中，增益觀瞻，上海市行政區計劃，卽本此旨，行政區取十字形，位置在南北東西二大道之交點，占地約五百畝，市政府房屋居中，八局房屋左右分列，中山大禮堂圖書館博物院等及其他公共建築，散佈此十字形內，有河池橋拱等點綴其間，成爲全市模範區域，市政府之南，闢一廣場，占地約百二十畝，可容數萬人，爲閱兵或市民大會之用，南北軸線（大同路及世界路）與東西軸線（三民路及五權路）之交叉處建高塔一座，代表上海市中心點，登塔環顧，全市在目，從四路大道遙望可見，高塔矗立雲際，廣場之內爲長方池，引用現有河水，池之南端，建立五重牌樓，代表行政區域南門，池之兩旁，爲博物院圖書館及其他關於文化之公共建築地位，市政府之東西兩端，有較小之長方池，池之極端，建立門樓，代表行政區域東西門，池之兩旁，爲地方及中央政府建築地位。

市政府及各局房屋，從南面望，全部在目，射影池中，增加景色，從北望之，亦成正面，從東西望之，亦成整個團結物，平面佈置，除市政府外，可陸續添造，極合分期建築辦法，市政府之北，爲中山紀念堂，與市政遙對，爲公衆聚會場所，四週留空地，旣免交通擁擠，又可望見紀念堂全部，中山紀念堂之前建立總理銅像，在各局房屋未完成之前，建造臨時辦公處四座，位置在中山紀念堂之北，式樣簡略，將來市政府全部完成時，可改作他用。

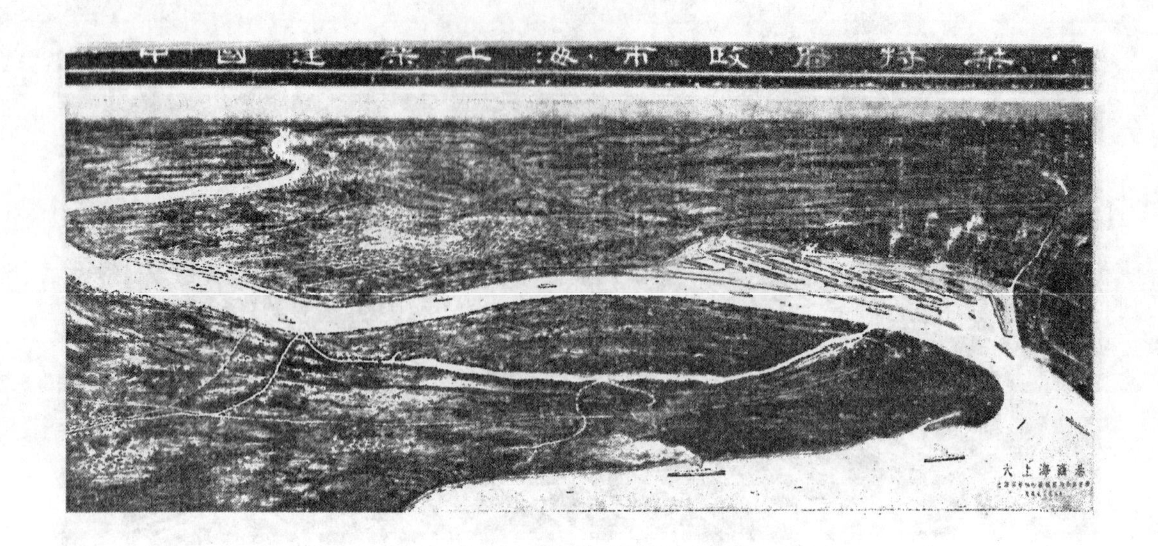

建築深水碼頭

近年船舶噸位逐年加大，吃水深度已達十公尺以上，現時上海所有碼頭之地位與設備，均不足應付此項巨輪之停泊。　長此以往，上海航務設不迅謀改良，另闢新港與碼頭，勢必日趨衰落，可以斷言。　除吳淞方面，江水既深，岸線亦長，業已定為新商港地位外，尚有虬江口一帶，水勢較深，堪以建築碼頭。在吳淞商港計劃未實現以前擬在該處先行建築新式碼頭，以應急需。

改變現有之鐵道線

欲謀市中心之發達，勢非改變現有上海之鐵道線不可，玆假定由眞如附近築一支線，北經大場，胡家莊之東，折東沿蘊藻浜南岸，至吳淞一帶，與商港及虬江碼頭相啣接，更由眞如築一支線，經彭浦而抵江灣，爲未來之上海總站，則旅客及輕便貨物，可直接輸入市中心。北站之地位，仍可保存。滬杭甬之路線，亦如舊；惟自南站起，將路線延長，築橋渡浦，沿浦岸向北，直達高橋沙；則浦東方面之運輸，亦可因此更爲便利。

上海市政府新屋之概略

市政府新屋之設計，根據市中心區域建設委員會議決之籌備，又建市政府先決問題案如左。

一　立體式樣應採用中國式。

二　平面佈置應各局分立。

立體式樣應採用中國式之理由。

一　市政府爲全市行政機關，中外觀瞻所繫，其建築格式，應代表中國文化，苟採用他國建築，何以崇國家之體制，而興僑旅之觀感。

二　建築式樣爲一國文化精神之所寄，故各國建築，皆有表示其國民性之特點，近來中國建築，從有歐美之趨勢。應力加矯正，以盡提倡本國文化之責任，市政府建築，採用中國格式，足示市民以矜式。

三　世界偉大之公共建築物，奚啻萬千，建築用費，以億兆計者，不知凡幾，卽在本市亦不乏偉大之建築物，今以有限之經費，建築全市觀瞻所繫之市政府，苟不別樹一幟，殊難與本市建築物並立。

平面式樣應各局分立之理由。

一　中國建築，例都平矮，普通不過一二層，平面鋪張，亦有限大。若過於高度，頓失中國建築格式，市政府及各局所需面積甚大，若併爲一處，未免過於高大。

二　新闢行政區域，係一遍空野，亟應多建房屋，以資點綴。與在繁華市中建造政府房屋情形不同，故各機關不宜合併，與其極高大之建築孤立空地，不若多數較小建築，聯絡一處，合成一莊嚴偉大之府第。

三　際此經費支絀之時，市政府全部建築，非一朝一夕可實現，不得不逐步建築，各局分立極合分期建築辦法，每次添增建築，不致牽動已成部分，根據上列原則，從事計劃，玆將市政府新屋計劃略述如左。

市政府房屋，居各局之首，爲全部主要建築物，自應較其他各局高大，然以辦事人數比較，則適相反，補救方法，將市政府公用之大禮堂圖書室大食堂等。併入市政府房屋內，使成爲全部最高大之建築物。

高度　中國建築，例皆平矮，過高卽失其特點，且行政區地價尙廉，無上升高聳之必要，然亦不能過低而失其尊嚴，玆定爲四層，自外觀之第一層爲平台。平台之上建二層，宮殿式之房屋最上層，係利用屋頂，第一層及第三層爲辦公地位，第二層爲大禮堂圖書室及會議室，第四層係利用屋頂空處，作爲儲藏居住之用，全屋分中部及兩翼，中部較高大，因大禮堂平頂較高，將全部提高，且市長高級職員辦公室均在中部，亦所以示中部之重要也。

長度　中國建築，因屋頂關係，平面不能過大，遇必要時，祇能將數屋連接一處，今市政府新屋地盤甚大，爲遵守中國建築定例，將全部分爲三段，屋面亦分三部，房屋總長度定爲九十三公尺。

寬度　中國建築，例爲長方形，其寬度約長度之半，市政府新屋長達九十三公尺，應由相當之寬度，惟欲得充分光線，則寬度又不宜過二十公尺，照此比例，房屋過似狹長，欲救此弊，惟有將全屋分爲三段，中部寬度，定爲二十五公尺，兩翼寬度，定爲二十公尺。

外表　梁柱式爲建築中之最古式，埃及希臘均以梁柱式爲主體，而中國建築亦然，中國梁柱式之特點，在運用各種顏色裝飾梁柱等部，市政府外表卽採用此式。第一層爲平台，圍以闌干，其上爲梁柱結構。二屋頂蓋以綠色琉璃瓦，全部屋蓋九十餘公尺，未免太長，故將中部增高，使屋頂亦分三節，有巨梯自地面直達大禮堂。其下爲正門，車馬直達門前，前梯之兩旁，有巨獅坐守。

內部佈置　因經費限制，內部佈置注重實用，不事鋪張，入口設在一層，有前後及東西四門，有十字形之穿堂，聯接扶梯電梯各兩處，直達第四層。各層均備有廁所二處，第一層包括食堂廚房侍候室衣帽室保險庫及與外界有接觸之辦公室，第二層爲大禮堂圖書室及會議室等，與辦公完全隔離。由地面有巨梯自外面直達大禮堂，旣屬便利，又壯瞻觀。第三層中部爲市長及高級職員辦公室，兩翼爲各科辦公室。四層係利用屋頂空隙，光線不甚充足，作爲公役儲藏檔案及電話機室之用，全屋分配如左。

地　層　鍋爐間煤間伙夫間。

第一層　大門傳達處，警衛處，收發處，衣帽室，侍候室，會計處，保險庫，庶務處，第一科辦公室，大食堂，廚房，電表室，公共電話室等。

第二層　大禮堂圖書室大小會議室等。

第三層　市長室秘書參事技正等室，會計室及第二三四五科辦公室等。

第四層　檔案室，儲藏室，電話機室，臥室，僕役室等。

主要內部裝飾概照中國式樣，梁柱概漆顏色彩花，其餘諸室概從簡略。

電氣設備　市政府爲行政機關，電氣設備至爲複雜，茲分舉如後。

一　電燈　全部電線均藏鋅鍍之無縫鋼管中，所有管子均置牆內，總計電燈四五五只，電燈插座百另一只，電燈開關三二一只。

二　電扇　電扇分牆風扇與吊風扇兩種，總計牆風扇一八只，吊風扇三一只，風扇開關一一九隻，廚房及備菜室裝有抽氣風扇各一。

三　電鈴　電鈴位置須依寫字台而定，目前僅備出線頭，俟placement牆而行裝在踏脚板內。

四　電鐘　主要室中及穿堂裝置電鐘共有三十六只，由母鐘主動。

五　電話　全部電話設備完全由市政府自行設備，僅向上電滬話局借用，對外中斷線十條，內部設三百號，自動交換機一座，備有電話出線頭八十根，所有設備均係德國最新式出品。

六　電梯　爲上下便利起見，備有電梯三只，電梯內部計四尺六寸，長三尺七寸寬，載重九百二十五磅（可容六七人），速度每分鐘行百五十尺。

熱汽管之設備　裝置熱汽管，費用頗巨，惟冬日禦寒，不能不有設備，現時市政府及各局用煤爐及電爐兩種，每年耗費甚鉅，爲求久節省計，似應裝置熱汽管，且其清潔與便利，尤非與煤爐所可同日而語，爲免耗費起見，採用單管下降式，設鍋爐於地層，熱汽管面積爲九千方尺，屋內熱度在戶外氣候三十度時，可熱至七十度。

衛生設備　衛生設備，包括大小便所，洗濯盆及冷熱水，所有器具，均爲最新式者，屋頂內武儲水箱，其容積爲一千五百加崙，地室內廂熱水箱，其容積爲四百加崙，全屋抽水馬桶，凡三十四隻，小便池二十五隻，洗面盆三十一隻，洗濯盆三十五隻，浴盆一隻，冷熱水龍頭九十一只。

救火設備　每層扶梯附近務救火龍頭一只，共計八只，牆上設備有七十五尺長三寸直徑之蛇管。

中國建築上海市政府特輯
上海市政府
中國建築上海市政府特輯

中國建築上海市政府特輯
中國建築上海市政府特輯

中國建築上海市政府特輯
中國建築上海市政府特輯

·中國建築上海市政府特刊·
·中國建築上海市政府特刊·

帝制顚覆以前，皇宮例爲禁地，平民下賤，未嘗敢越雷池一步。邇來雖大開宮禁，而江南同胞，尚多有未能先睹爲快。茲我上海市政府新屋落成，輝煌壯麗，不減於皇宮，特誌本刊，以饗讀者。

——鶴炳誌——

樓不在崇，調和則名；室不在華，合用則靈。上海市府，遐邇知名。中國色彩厚，式樣仿皇宮；材料皆上選，雕琢費苦功。可以娛賓客，待使臣。無虎狗之不稱，無鵝鷹之不形。百樂門飯店，南京總理陵，識者云：何陋之有？

——顧炳誌——

山節藻棁，夫子以為奢；非鄙其材，蓋卑其踰貴之不稱也。上海市政府，為中外人士觀瞻所繫，故不厭其刻桷雕楹。非敢踵事增華，欲堅社會之信仰也。

——吳鐵城——

國事維惜民力艱

堂華尚麗亦何堪

雕樑畫棟想節約

要與洋人作標榜

——鶴炳崇——

建築之美觀在乎形，殿堂之適用在乎質。華棟，朱柱，其形尚奐；材料合度，其質優奐。能當此者，惟有上海市政府新屋殿堂耳。

——鐵城誌——

翻來覆去，盡是華樑；
慢嚥細嚼，清解膏粱；
滋味濃厚，歷久不忘；
朱柱相映，更顯風光。
——解炳詒——

·中國建築上海市政府特輯·

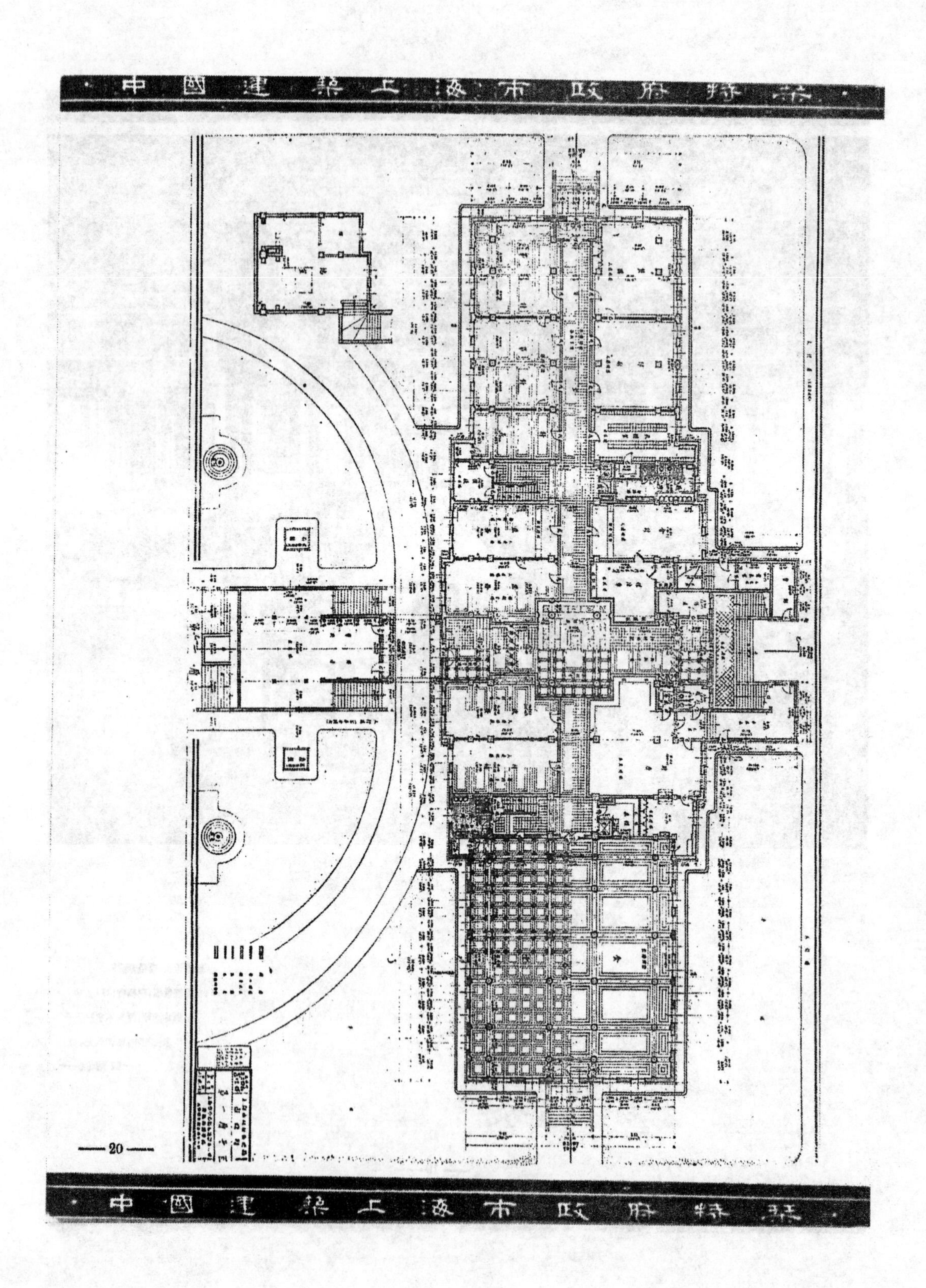

·中國建築上海市政府特輯·

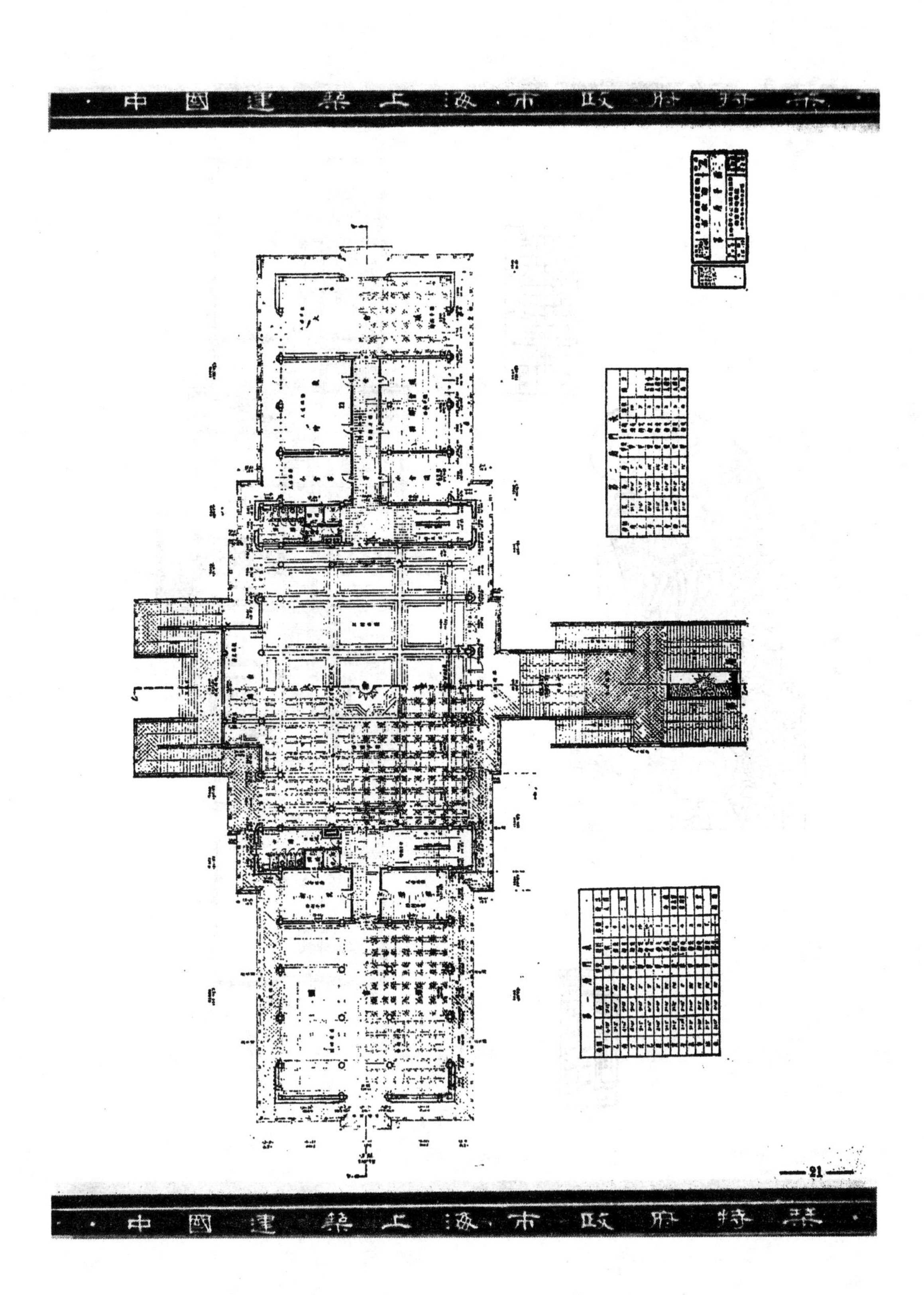

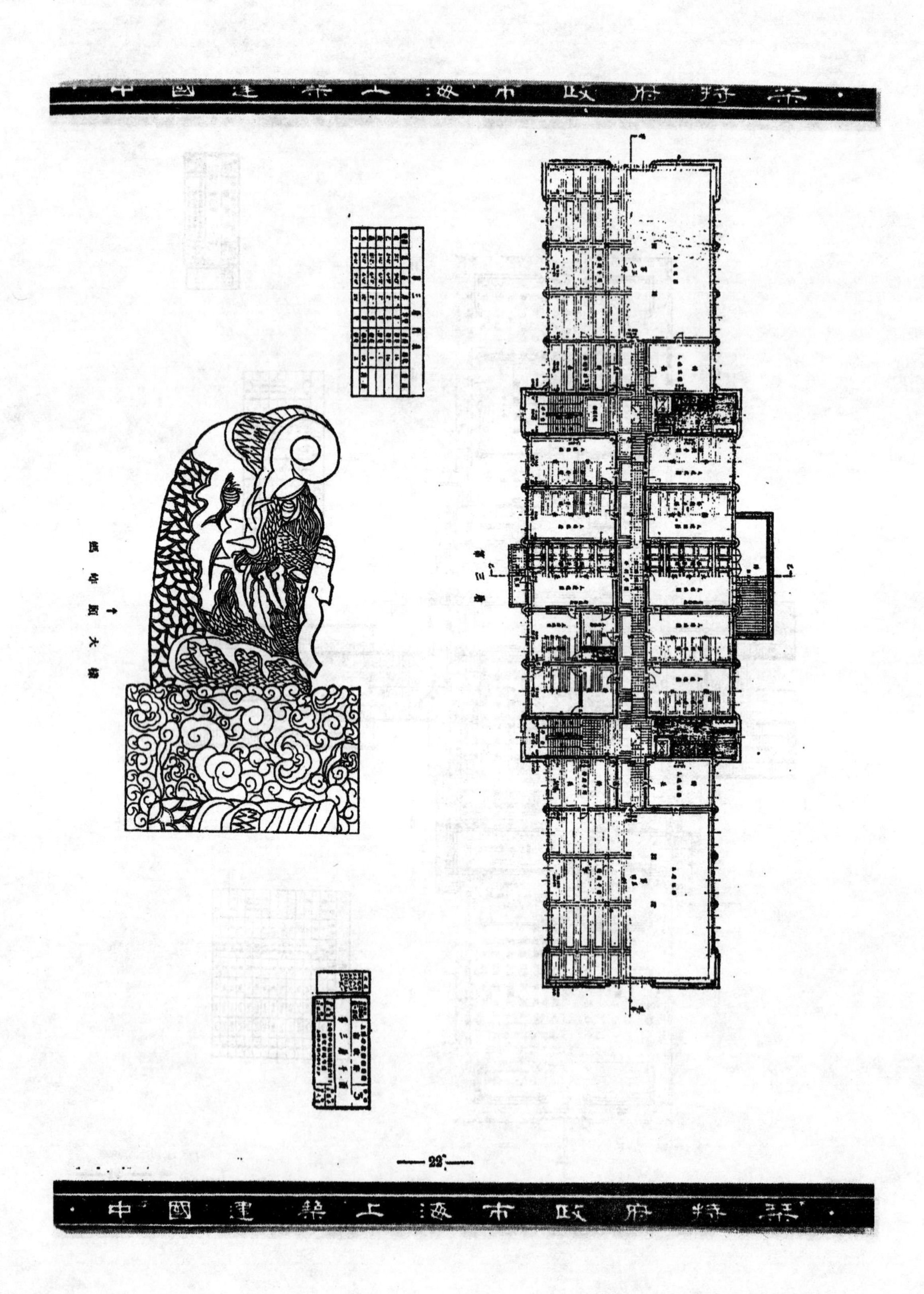

鴟吻頭大樣

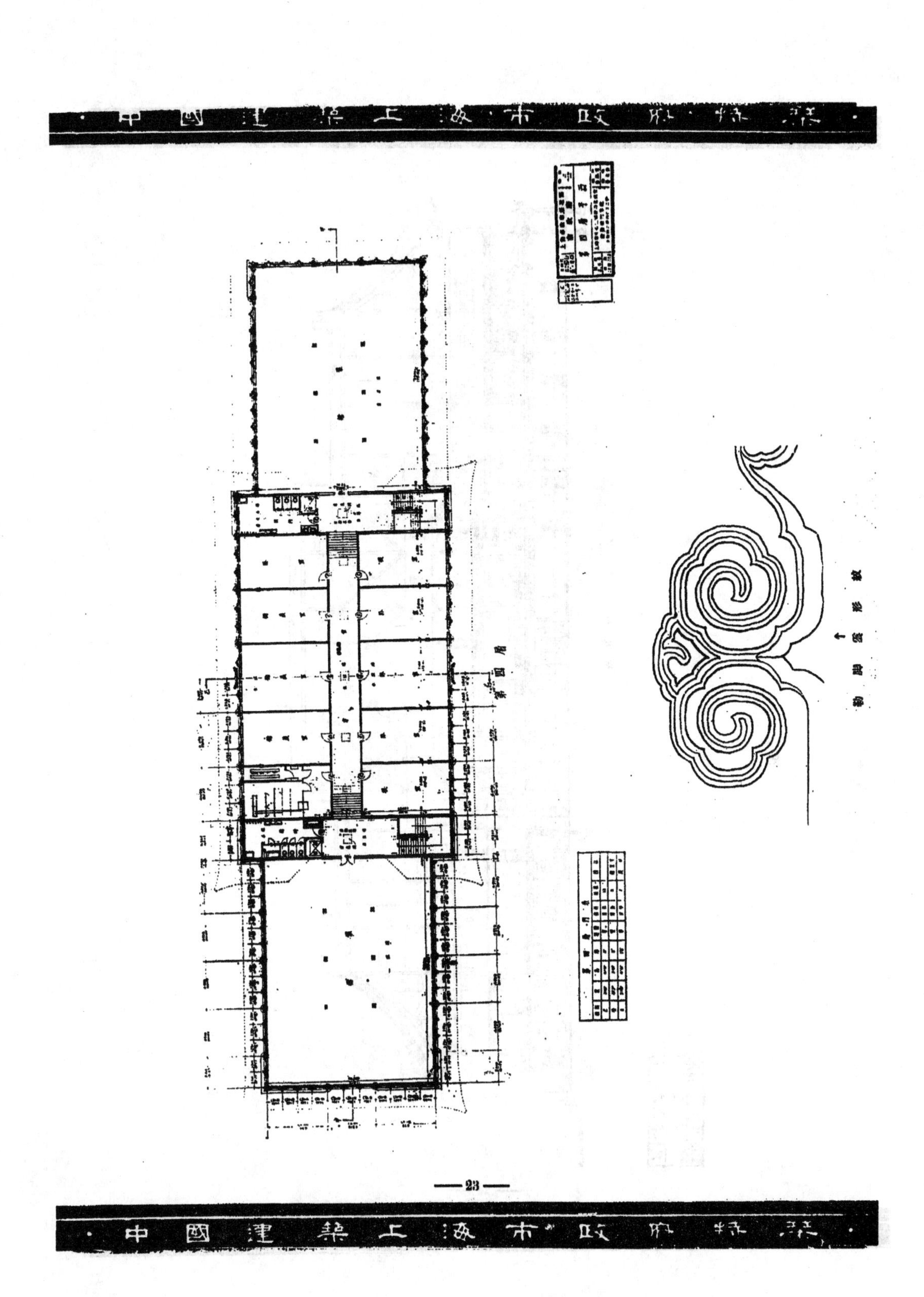

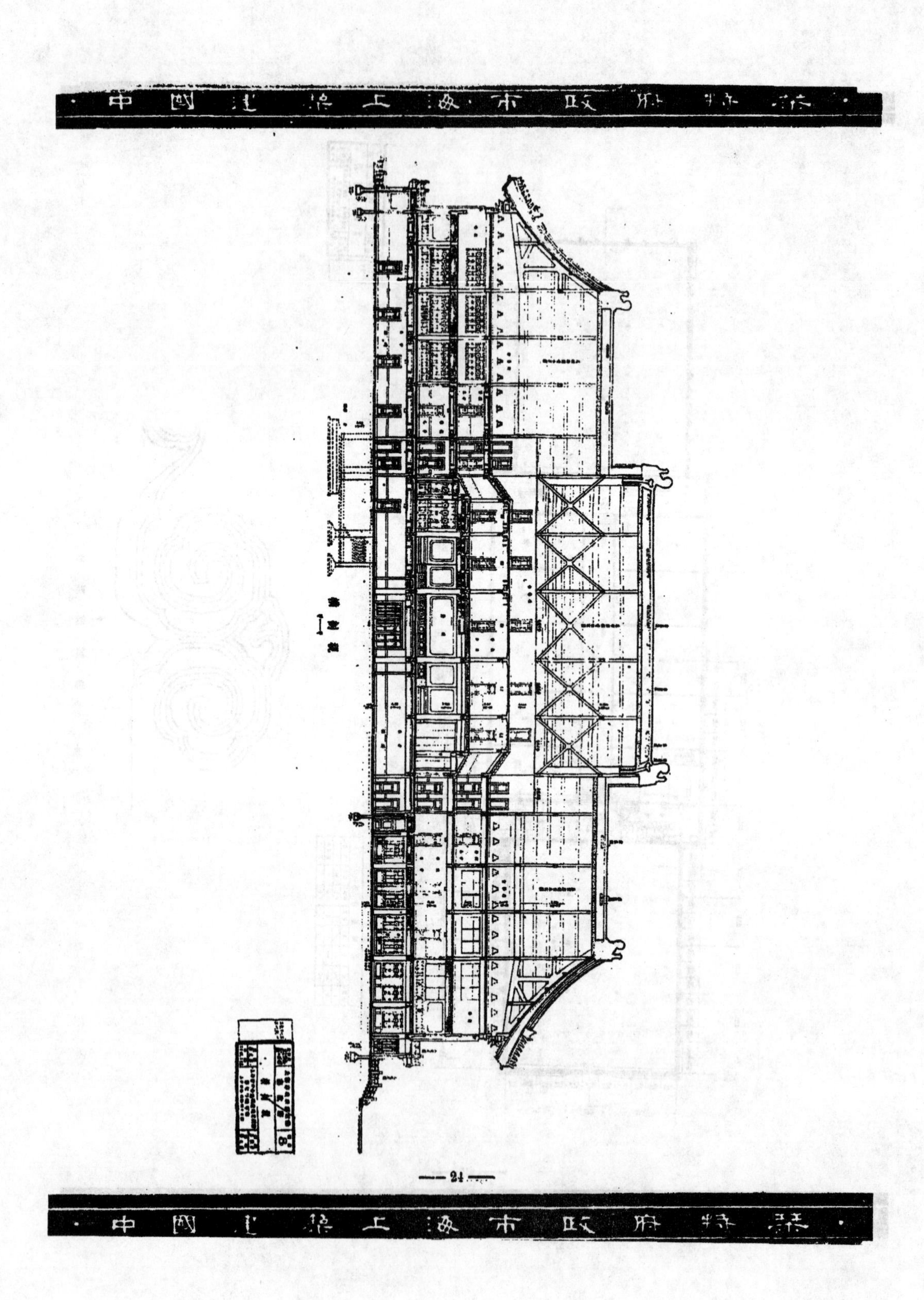

·中國建築 上海市政府特輯·

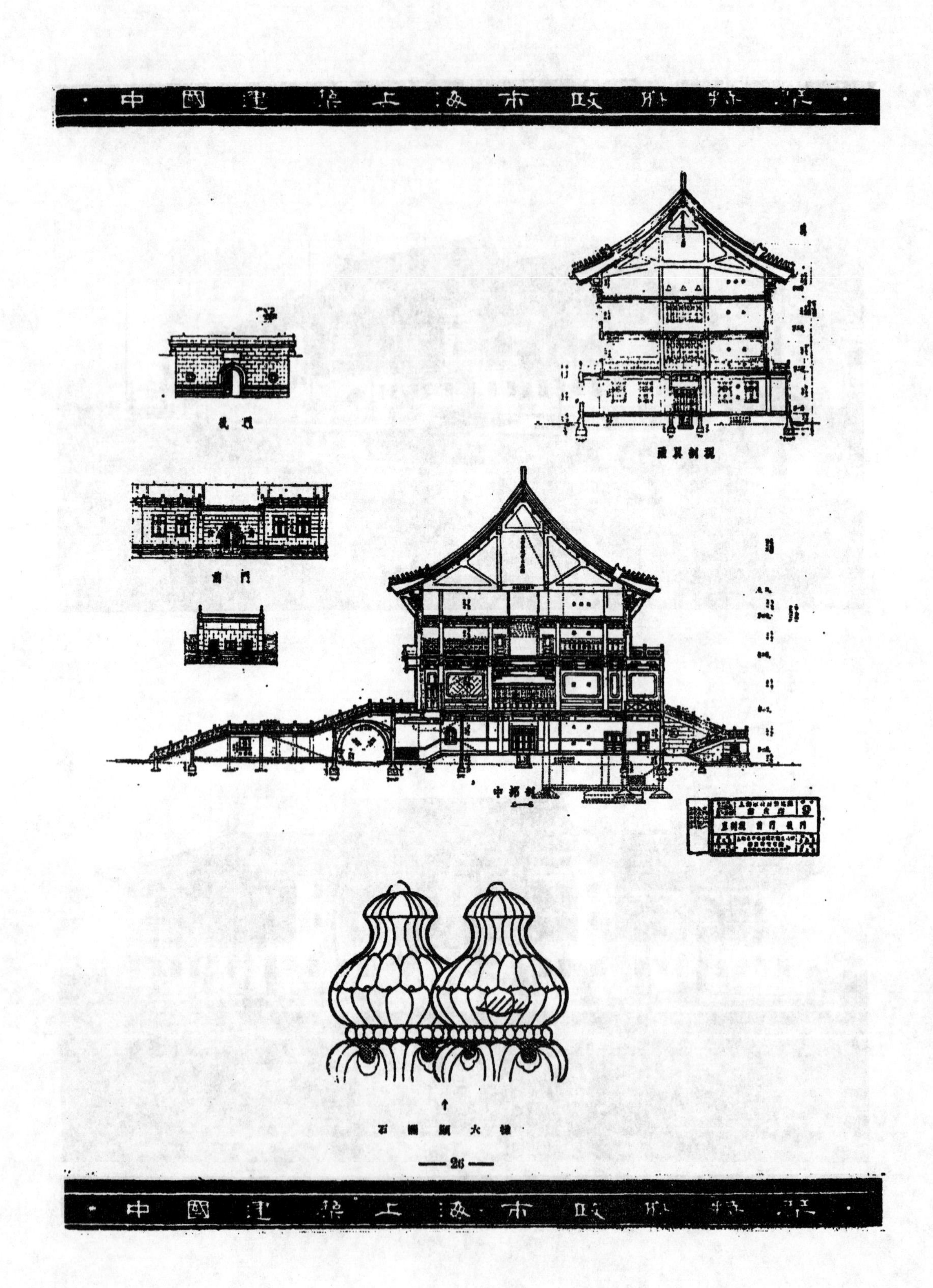

中部剖視

石欄頂大樣

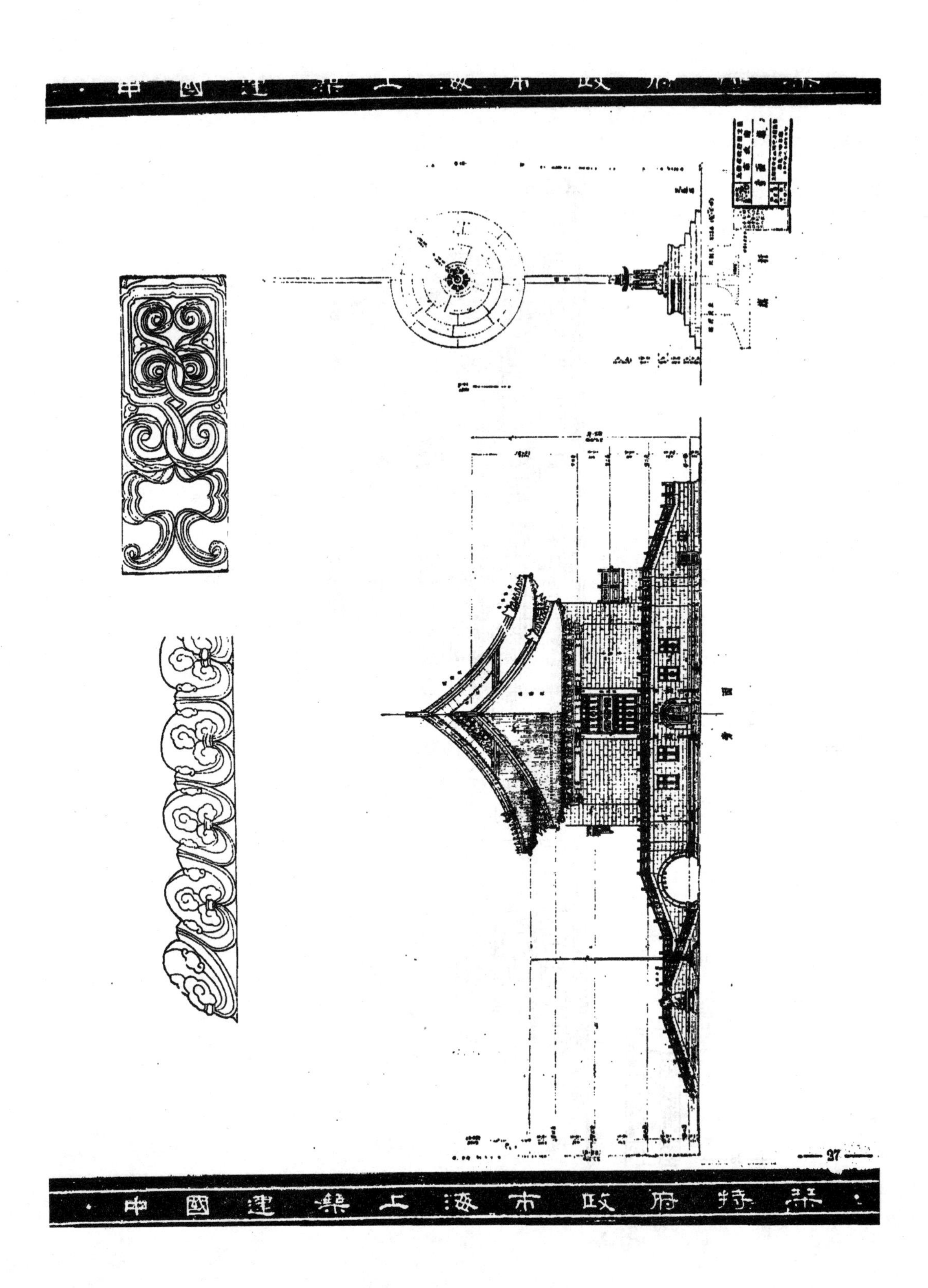

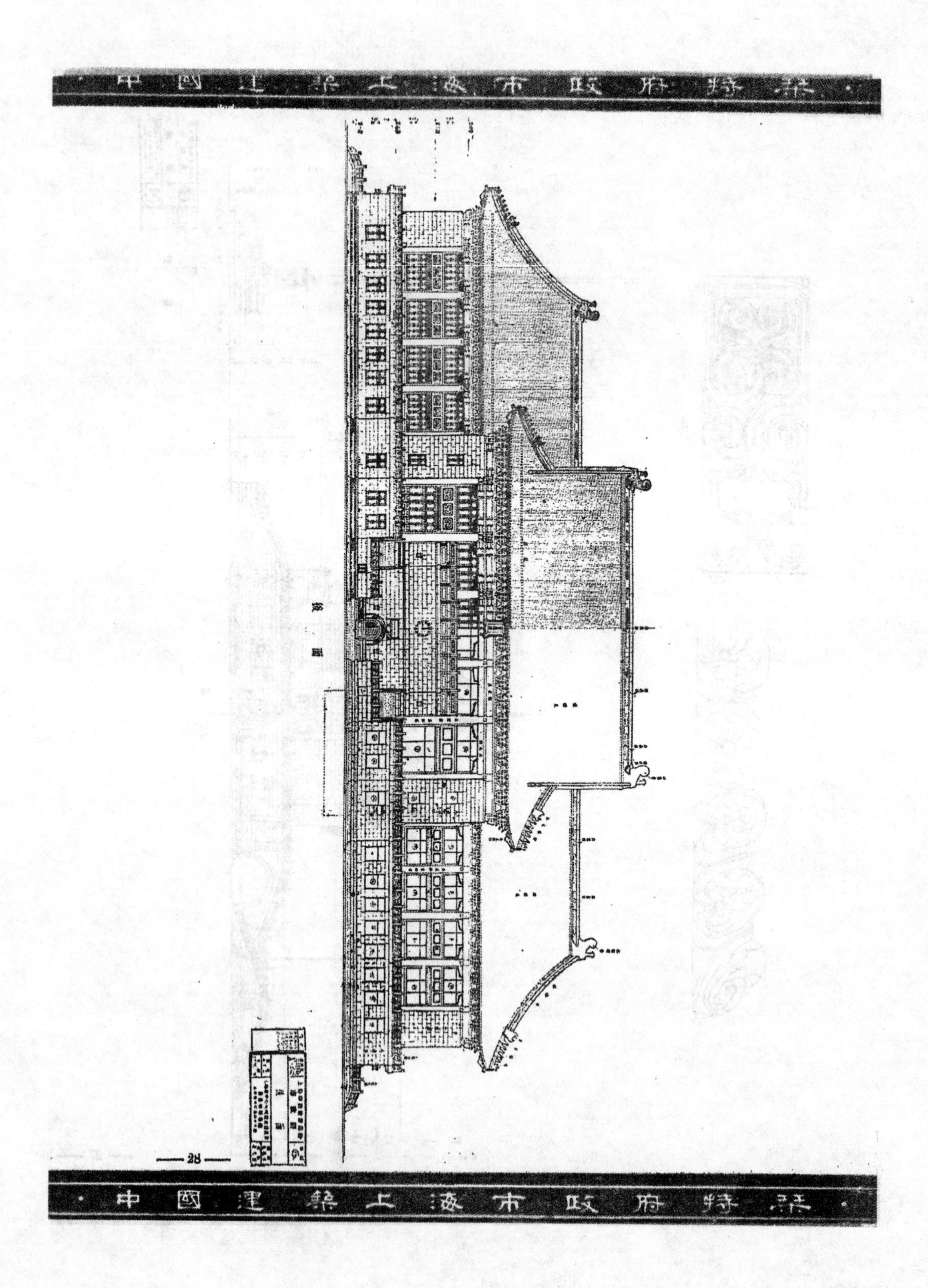

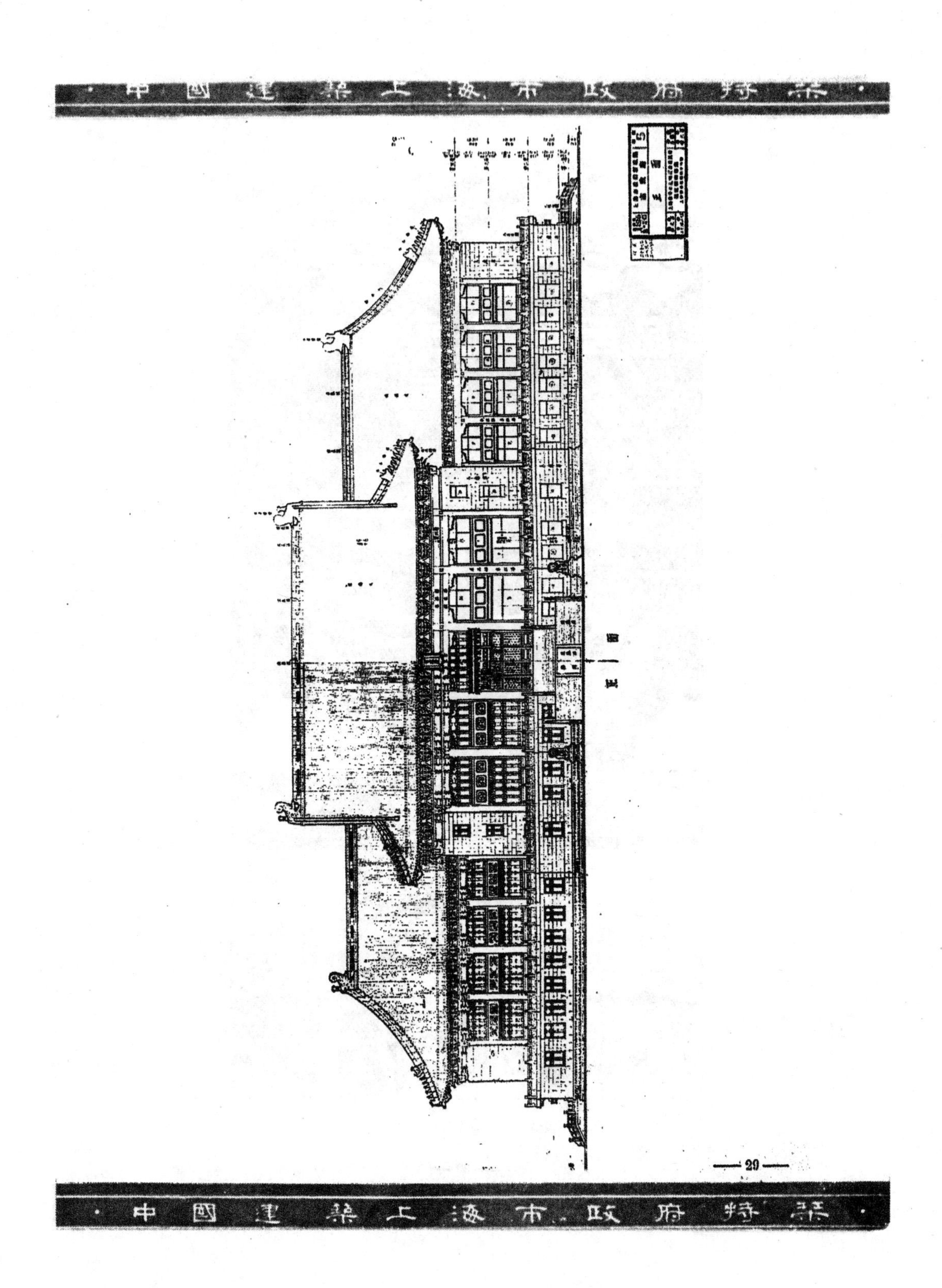

·中國建築上海市政府特輯·

—圖書館—

——過　道——

——會議室(一)——

——會議室（二）——

·中國建築 上海市政府·特輯·

上海市政府電氣設備

市政府及各局電燈電力設備概要

市政府新屋內電燈電力線，全部用暗管裝置此項暗管，均爲內外鍍鋅之無縫鋼管，管內電線，一律用六百萬歐姆之頭號黑橡皮線，所有一切分綫箱，燈頭箱，開關箱，插座箱，接綫盒分線等。　各種箱盒，及接頭開關插座等件之質料裝置，亦均屬上選。

市政府新屋內電燈電力線路之系統——市政府新屋後面石階下之小室，爲總開關室，亦卽裝置電表之處。　室內裝有電燈，配電板及電力配電板各一副。

電力分線，計分三路：第一第二兩路，自電力配電板起，分達東西兩電梯之電動機室爲止。　第三路分線，自電力配電板起，至電話充電室之開關爲止。

電燈中繼線之分佈——第一層之東西兩側，各有分綫箱一具，第二層之東西兩側及禮堂內，各有分線箱一具，又第三層及第四層之東西兩側，均各有分線箱一具，故合計分線箱九具。　除第三層及第四層之東部分線箱，合用中繼線一路，又第三層及第四層之西部分線箱，亦合用中繼線一路外，其餘每一分線箱，各用中繼線一路，故合計七路。　此項中繼線，均直達電燈配電板。　是爲電燈配電板與各分線箱間之連絡系統。

更自每分線箱分出電燈分線若干路，其每路所接之電燈出線頭，至多以十個爲限。

至各局臨時房屋內之電燈設備，則各局各成一系統，電線均爲鉛皮包線。　一切設備之質料，裝置亦均甚優良。

市政府及各局電話設備概要

市政府新屋及各局臨時房屋內部電話設備，完全由市政府自行置備，僅向交通部上海電話局租用中繼線，以供對外之用。　其全部設備，計有自動兼手接式三百門交換機全副，話機二百具，及其他最新式之特種設備，及一切附屬設備。　總價計銀伍萬餘元。　玆將設備情形，略述如下：—

市政府新屋內部之電話設備——全部電話纜及電話線均用暗管裝置，此項暗管均爲內外鍍鋅之無縫鋼管，隱藏於牆壁及樓頂之內。

交換機設在第四層西北角之一室內，爲市政府及各局全部電話總匯之處。　所有外來中繼電纜及自交換機通至各局之電纜，均匯集於此。　至市政府內部之電話，則分東西兩系統，卽自交換機起，在第四層之樓頂內安

市政府新屋電話系統計劃圖

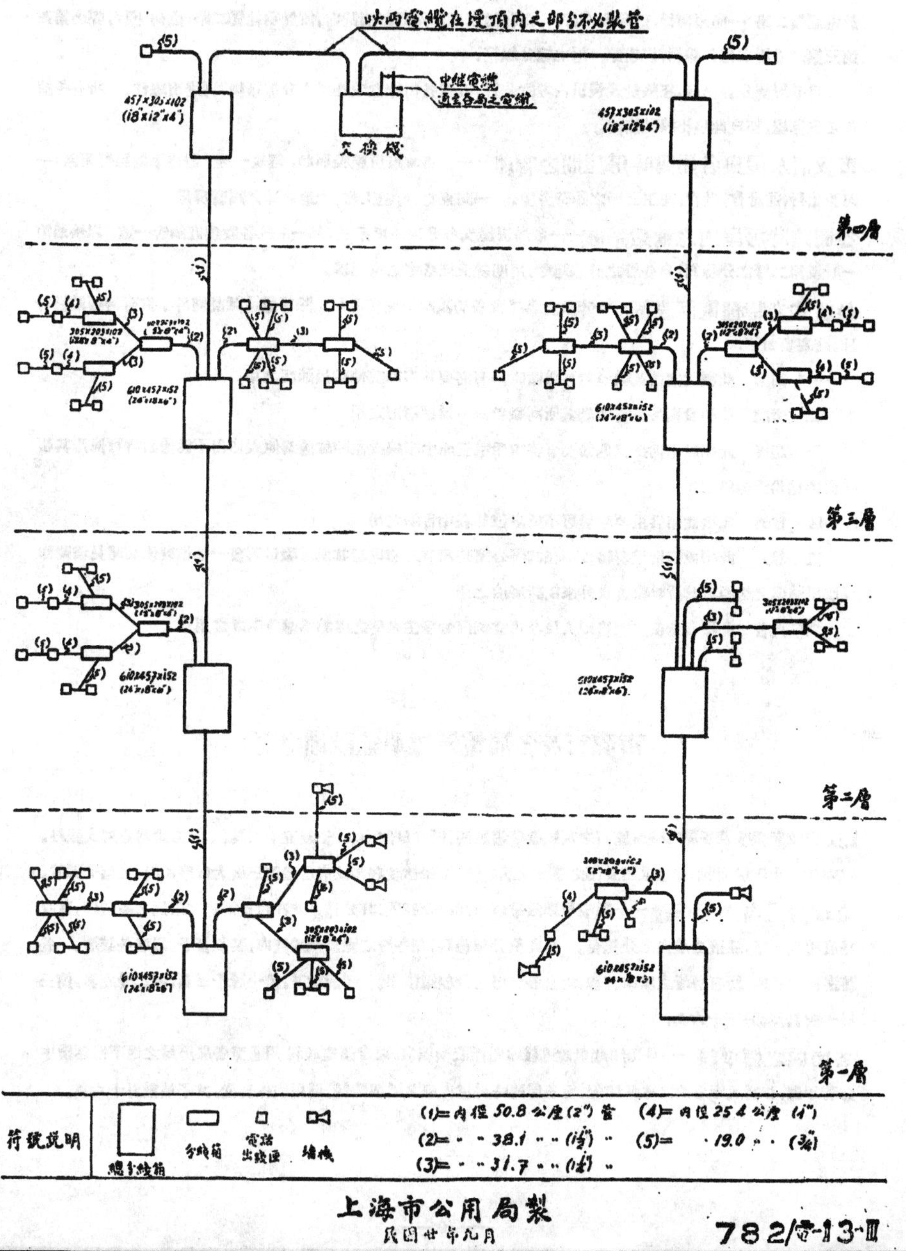

上海市公用局製

民国卅年九月

782/电-13-Ⅲ

放電話機二路:一向東南行,一向西南行。更在屋之東西兩部之牆壁內,設置垂總管二路,直向下行,經過第四第三第二各層之總分線箱,以達第一層之線分線箱。

自各層總分線箱起,在牆壁及幔頂內埋設分管,直達各出線盒或經過小分線箱後,再達出線盒。所有各屋內之電話機,即自此項出線盒接出。

市政府新屋與各局臨時房屋間之聯絡——自市政府房屋後面起,埋設一層,對地下電話機兩路:一向西北行,達社會,教育,衛生三局之臨時房屋。一向東北行,達工務,土地兩局之臨時房屋。

各局臨時房屋內之電話系統——各局房屋又各分東西兩系統,每一系統各設垂直鋼管一道,以接通第一層及第二層之分線箱,自各層之分線箱起,用明線直達各室之電話機.

最新式之特種電話設備——市政府新屋及各局臨時房屋內電話,除普通通話設備外,尚有特種設備數種,茲舉要如下:

一　問話　此項設備供某職員對外通話時遇有必要與內部其他職員通話之用

二　旁聽　此項設備供長官抽聽其所寓職員對外通話情形之用

三　超接　此項設備供長官遇緊要事務須用電話而中繼線或他種線適爲他人佔用不能通話時可使用其超接機件佔用天線路之用

四　會議　此項設備供重要職員可不離坐位即在中會議之用

五　尋人　此項設備供重要職員不在其辦公室時適有外來電話其所屬職員可發一種信號使其聞見信號即可取用隨處之話機與其所屬職員或外來電話接洽之用

六　火警　此項設備供火警管理人員亦可立刻確知發生火警之地點爲應急處置之用

市政市及各局電氣標準鐘設備概要

市政府新屋及各局臨時房屋內之電氣標準鐘設備,計有母鐘一具,子鐘五十二具。其方式爲並列式線路。電壓爲二十四伏而脫,即以電話設備之蓄電池爲電源。母鐘設在市政府房屋第三層大會客室內,統轄子部鐘。

市政府屋內之標準鐘——所有標準鐘電綫均用暗管裝置,其分佈系統在西首電梯之附近之牆壁內,敷設垂直總管一路,連接各層內之分線箱。自此項分線箱起,在各層之幔頂及牆壁內,裝設管子,以達各該層。各該室內之子鐘,所有各層之標準鐘線,均自各該層之分線箱接出。子鐘數計,第一層十三具,第二層九具,第三層十四具,共計三十六具。

各局內之標準鐘——自母鐘起敷設電綫達電話交換機室,再自該室起利用通至各局房屋之地下電話纜中之若干對,作爲通至各局之標準鐘線,至各局臨時房屋內部之標準鐘綫,則用明線裝置,其子鐘數計十六具。

民國廿二年十一月份上海市建築房屋請照會記實

十一月份建築請照件數，較去年同月及今年十月份路少，惟建築估價總數及面積則較增加，以此足見建築物之體積加大而材料選優，乃建築進步之預兆也。

公共租界請照表

建築種類	請照日期	請照人	建築地點	區域	地册
中式市房三幢中式住宅六幢及門樓間	十一月	H.H.Chen	白克路	西區	310
汽油機一所	十一月	亞細亞火油公司	桂陽路	東區	W.6506
中式住宅二十幢及門樓間	十一月	Y.K.Chang	周家嘴路	東區	1332
西式市房六幢 中式住宅八幢	十一月	亞細亞火油公司	福煦路	西區	2325
工場三十三所 中式住宅八幢	十一月	Davies, Brooke & Gran	遼陽路	東區	3612
圍牆一道及大門一所	十一月	Chao Sze Chuen	馬霍路	西區	1454
水塔一座	十一月	The Liew-Ne Co.	成都路	西區	743
中式住宅一座	十一月	Wu Tei Chow	匯山路	東區	W.3871
中式住宅四座	十一月	Tehming Hsu	成都路	西區	W.1771
中式市房二幢	十一月	Chang Ping Sung	普陀路	西區	E.5585
天棚一架	十一月	M. L. Yeh	周家嘴路	東區	E.1530

法租界請照表

建築種類	請照日期	請照人	建築地點	地册	估價
住宅一座雙幢住房一幢三層單幢市房三十九幢市房三幢汽車間二所及園丁住房一幢	十一月二日	Crédit Asiatique	拉都路	9570A/0B	
三層市房二十四幢二層市房十七幢中式市房二幢	十一月三日	湯秀記	皮少耐路	207	十萬元
三層歐式住房二幢及汽車間一所	十一月四日	Dang Yue Shing		9881	二萬元
三層中式住房九幢二層中式住房四幢二層當店房屋一幢	十一月四日	Pé Se Gui	聖母院路 巨籟達路	3614	二萬八千元
十四間公寓房屋一座汽車間十四所及圍牆一道	十一月七日	Davies, Brooke & Gran	愛麥虞限路	7108H	九萬五千元
中式住房二十三幢及圍牆二道	十一月十三日	Mission de Kiang-Dan	海格路	2510	三萬元
二層中式住房二十八幢	十一月十五日	Crédit Foncier d'Extreme-Orient	麥郝路	2542/4/5	四萬元
汽車間十一所及守衛室一間	十一月十七日	National Commercial Bank	福煦路	8150/0A	五千元
假三層中式住房三十二幢汽車間七所	十一月二十日	Chang Yuen Construction	蒲石路	10593—8	十四萬元
二層市房五幢	十一月廿七日	Brothers Construction Co.	麥郝路	12073D	六千元

工務局請照表

建築種類	領照日期	請照人	地點	區域	面積	估價
三層樓市房六幢 住宅十幢	十一月	辛泰銀行	大境路	滬南區	九百平方公尺	七萬元
四層樓棧房及辦公室等	十一月	上海合衆碼頭倉庫公司	外馬路	滬南區	二千一百平方公尺	二十一萬元
三層樓市房十三幢 二幢樓市房二十七幢 三層樓住宅八十八幢	十一月	祥茂洋行	北浙江路	閘北區	四千六百餘平方公尺	二十二萬元
鋼骨水泥平廠房一所	十一月	綸昌漂染印花公司	浦東香煙路	洋涇區	二萬三千餘平方公尺	一百六十萬元

各區請領執照件數統計表

准或否＼區域	閘北	滬南	洋涇	吳淞	引翔	江灣	蒲淞	法華	漕涇	殷行	陸行	高橋	碼頭	總計
已准件數	197	284	55	20	81	20	10	46	1	2	2	3	2	723
未准件數	20	27	1	2	1	1	0	1	0	0	0	0	0	53
總計	217	311	56	22	82	21	10	47	1	2	2	3	2	776

各區新屋用途分類一覽表

房屋用途＼區域	閘北	滬南	洋涇	吳淞	引翔	江灣	蒲淞	法華	漕涇	殷行	陸行	高橋	總計
住宅	56	48	16	11	27	14	8	31	1	2	2	3	214
市房	16	13	1	4	1		1	3					39
工廠	1	2	2					2					7
棧房	2	1											3
辦公室	2	1											3
學校		1											1
醫院		1											1
其他	5	5		1	1	1	1	10					24
總計	82	67	19	16	29	15	10	46	1	2	2	3	292

各區營造面積估價統計表

房屋種類＼區域		閘北	滬南	洋涇	吳淞	引翔	江灣	蒲淞	法華	漕涇	殷行	陸行	高橋	總計
平房	面積(平方公尺)	7,980	8,010	1,250	960	2,520	660	1,080	1,570	200	570		340	25,040
	估價(元)	118,050	125,040	19,260	12,610	38,390	8,480	12,150	26,840	3,060	10,700		4,100	378,680
棧房	面積(平方公尺)	13,820	8,820	200	100	310	540	240	4,530			160		28,220
	估價(元)	601,090	404,990	6,000	8,400	17,600	10,700	9,450	250,150			5,100		1,318,540
廠房	面積(平方公尺)	2,100	3,560	23,540					480					29,680
	估價(元)	27,560	257,830	1,170,200					18,000					1,453,590
其他	面積(平方公尺)	420	260				160		340					1,180
	估價(元)	8,180	6,100		600	1,200	3,200	660	20,810					40,750
總計	面積(平方公尺)	23,770	20,650	24,990	1,060	2,830	1,360	1,270	6,920	200	570	160	340	84,120
	估價(元)	754,880	773,960	1,195,460	16,610	57,250	32,380	22,760	315,600	3,060	10,700	5,100	4,100	3,191,560

答 問 欄

張秀華君問

(1)余不敏初學建築製圖時,每感從何處着手之苦,不知如何能免此種困難,如何研究,方能成繪圖員,倘蒙示知則感激無涯矣。

(2)何謂 UNITY, MASS, CONTRAST, HARMONY, 請一一詳細解釋及舉例之。

(3)大樣對於小樣可任意更動否。

(4)古典式建築共有幾種,作風與時間有何關係。

(5)請介紹建築設計及 DETAIL 名著。

童 寯建築師答

(1)欲成繪圖員,當然以入大學建築科爲正軌。 否則擇一建築事務所入爲學徒,大約兩年之後,可製淺近圖樣,并可支薪水,稱爲繪圖員矣。

(2) UNITY 卽統一之意,建築物大小并列,或散緩複雜,卽不統一。 故馬路上諸房屋,欲其成爲一家,則無 UNITY 之可言矣。

MASS 卽房屋外體參差錯落之致。 其中必須有一最主要部分,猶之羣山之有高峯也。

CONTRAST 卽反稱,如一高門下置小門,而愈顯高門之高;或大房間房置小房間。

HARMONY 卽諧和之意。 如西式房屋,忽加少許中國式雕飾則不諧和。 房屋之顏色,如冷色配冷色暖色配暖色則成 HARMONY。

(3)小樣爲估價之標準。 大樣務須於既定質量範圍內發展。 不可任意改變。

(4)西洋古典式作風派別甚繁,大致分希臘,羅馬,意大利及法蘭西文藝復興等派。 希臘派爲最古(西元前五世紀)最末期之古典派當推十九世紀初葉之新希臘派。

(5)建築設計一書似以 THE STUDY OF ARCHITECTURAL DESIGN By John Harbeson 爲可用。 建築詳圖則 Philip G. Knoblock 所著之 GOOD PRACTICE IN CONSTRUCTION 爲詳明。

徐龢蓀君問

敬啟者鄙人現讀土木結構系意欲利用課餘自修建築未知尙須補讀何種必須課程?又該各課程之課本書名如何?何處出版?(無論中文英文課本均可)請詳爲答覆。 再外國有何物步建築雜誌請介紹數種並其定價及出版書局亦請注明爲盼。

童 寯建築師答

習學建築之必須預備各科,除數學力學外, 有幾何畫,透視畫,投影畫,然後可習 AMERICAN VIGNOL。

美國有一種淺近雜誌名 A Pencial Poinks, 每年美金洋約三元。 可向上海南京路中美圖書公司託其代訂。

房屋聲學（續）

唐璞譯

會堂中聲之適當情形——在會堂中，若有一均聲能傳合宜之聲強於各部，而無回聲或使原聲不正，且即時消滅而不與繼發之聲起干涉時，即得聲之適當情形。惟此種理想情形，在會堂中殊不易得。蓋聲由牆面反射，能使室內各部發生擾亂及不等之聲強，如非特殊情形，勢難得一合宜之聲強及適當之回聲時間，使能同時保持理想情形。所幸對於平均聽者，尚無妨礙。故普通尺寸及形狀之會堂，於聲學上殊可滿意也。

在理論及實驗上，將室內回聲，加以研究為達到聲學上滿意之要件。故在研究之先，首須討論幾種有關係之現象：聲強，共振，干涉，回聲。凡此皆與聲學相關，設計會堂時，不可不一一注意及之。此外通風，正聲線，及聲板，對於聲學上之效應，亦屬重要。茲特分別略述之於后：

會堂中之聲強——第二及第三圖所示振動，乃聲之特殊情形；因較在會堂中所常遇者，歷時為短。例如簡單樂音，含有成組之聲之振動，作不規則而連續之互相追逐。演講亦如樂音，但較樂音尤不規則，為時亦更短。

第四圖表示一簡單樂音在會堂中之情形，其波係由水波照成。法取薄金屬片，作成一會堂之輪廓，放於淺水箱之玻璃底上，如在水面將空氣吹動，則生有向外推進之圓形水波，且由金屬壁上反射之。此時耀之以光，水波之影即經玻璃底而射於幕上，同時並可照相。此水波之作用，與聲波極同，藉之可得一研究會堂中建築形狀對於聲學上效應之方法，俾在最後平面未完成前，得以修改構造上之妨礙部分，此種水波可攝以活動電影，以詳示其進行及反射。

第四圖　聲波在會堂內之動作

聲強之圖示——茲就在會堂中停留之樂音情形觀察之，如前所述，聲波擴展於室之各部極速，並將容積之各分子充滿。此時一部分聲能在反射時，被吸收，由牆傳道，並由通風孔及窗口逃逸而損失。移時聲能幾為，速率漸等，遂達一平衡狀態，而聲強，或每立方呎之能，至於最大。見第五圖左方曲線。聲強初起甚速，繼則漸緩，以達於平衡，若在此時停止發聲，則聲強立即低減甚速，繼則漸緩以至於消滅。見第五圖右方曲線。

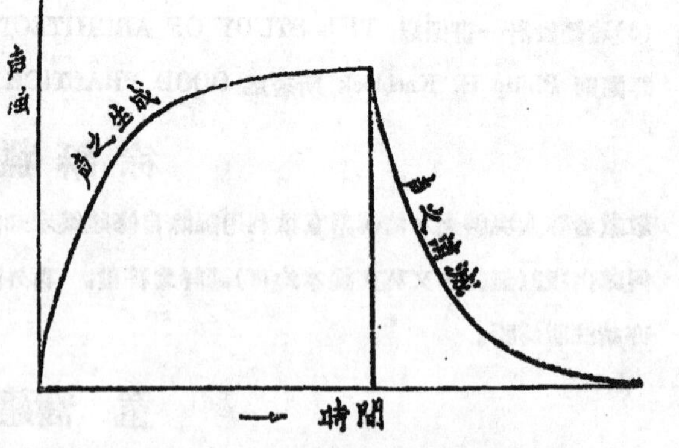

第五圖　聲在室內生成及消滅之圖示

第六圖乃由樂器發生聲強之一組紀錄，其中雖有叠聲之處然無妨於樂也。

第七圖乃演講之聲，假定其人每秒鐘吐三字，連續字間有$\frac{1}{3}$秒之停止，其叠聲之處，足使聽者發生混亂。演講人知此，可慢講，每吐一字，在次字前必稍停。如

此則每一聲至相當聲強，即從容消滅，不與次發之聲起干涉．此種演講殊甚勉強，不常見也．若用吸聲材料，各聲均可清晰分開．

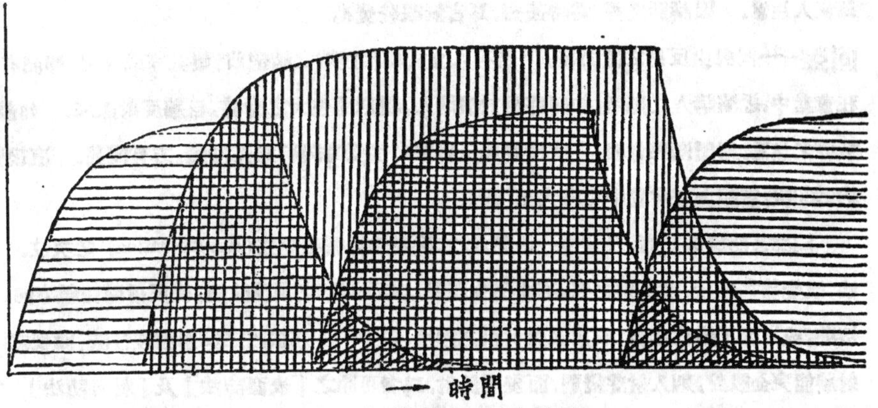

第六圖　一組樂音之聲強圖示

如第八圖每聲皆能分開，聽之自可清晰，而無干涉．此時聲強雖由材料之吸收，而損失，苟不過甚，不爲主要缺點，蓋耳官對於聲強變化之感覺甚靈敏耳．此非言聲低之演講爲佳．聲音宏亮者自使聽者滿意也．

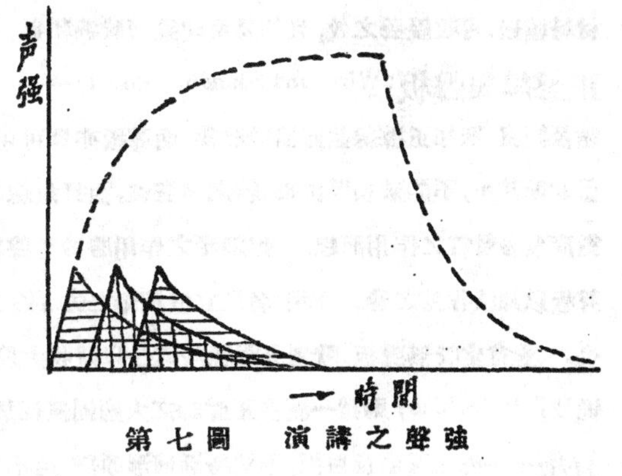

第七圖　演講之聲強

前曾數舉實例，欲得一適當聲強，聲原與會堂容積須有合作之關係．因用低聲演講，其聲能不能充滿一大會堂，以使聽者清晰．反之，一音樂隊在小室內奏樂，其聲強即過大．是以中平聲調之演講者，宜在容積較小之室中；而宏壯之樂音，須在大廳中方有佳效也．

共振——假想聲波遇一不甚堅硬，或帶有彈性之牆．若聲波恰當其時使牆發生同調之振動，乃將原聲加強．(此理與連續敲鐘之現象同)如音樂隊奏於室中，某調加強，而他調未加強時，則原聲即不正．此作用與演講同，如其人發聲繁複，聲到牆面，而僅某部分之聲加強時，則聲之性質即改變．此種共振作用亦可由室內所包之空氣發生．各室有一定之對應聲調(Pitch)容積較小者其對應調較高．大會堂對應低音鼓之最低調．而小室或凹室則對應(Response)恆生於高調之聲．可鳴各種不同之音階至得到共振時知之．室內木板牆及鑲板(Paneling)之有共振作用，因彈力爲聲所激發也．教堂中奏風琴時，其坐位及地板均發生同樣之振動，因吸能之故，足以減其聲，而使之不能存留．

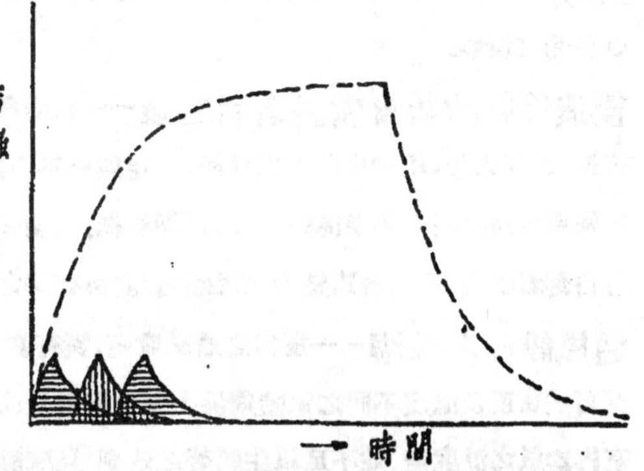

第八圖　圖示演講之聲乃已用吸聲材料之矯正

干涉——聲在室內進行時，由牆反射之聲波與進行之聲波相遇，將在某一位置相合而集中，但在他處則感聲之欠缺．此種位置係依聲之波長而定，如聽音樂者耳邊每覺某調特強，而他調甚弱．此種現像在演講時，不易使人注意. 因講話之聲,爲時甚短,耳官無暇發覺也.

回聲——回聲由反射之壁而發. 若有人立於相當距離之峭壁前,擊其掌或呼之,卽聞有回聲自峭壁返. 故在會堂中,近演講人之聽者,初聞聲發於演講人,繼則聞強大之應聲,自牆反射而來. 如牆面成曲線形,而人立於聲之焦點,則聞回聲愈明. 直接聲與反射聲之接受時間約爲1/15秒鐘,方有回聲. 直接聲與反射聲之路程差約爲60呎,實際上在會堂中可增大至75呎.

回聲甚能擾亂聽者,乃其惟一缺點,故其重要性居循環回聲(Reverberation)之次位. 矯正之法有二:第一法,改變牆之形狀,使反射之聲,不再發生回聲,其法將牆之角度改變,使反射聲往新方向,而吸收之,或加強直接聲,或以雕工變化牆面,或用吸聲材料之鑲板,(Panels)將強烈之反射聲波打破,而使之消失. 第二法,使反射牆能完全吸聲,則入射聲變弱,而幾不反射,二者可謂之「表面防法」及「材料防法」 ("Surgical" and "Medicinal") 但二法皆有缺點:在會堂中改變牆之形狀,頗使建築設計爲難; 而第二法除開窗外, 無完全吸聲之物; 况開窗亦不常用. 於是每一法之矯正,須另作有特別之研究. 普通用者,係將二法合而爲一. 例如以吸聲材料鑲嵌,可收優聲之效,且每易與建築形狀調和也.

正聲線與聲板(Wires and Sounding Board)——一般人皆以爲正聲線及聲板,足以改良聲之情形. 但由實驗及觀察,則知正聲線並無補於聲學,而聲板亦只可用於特別情形. 正聲線張設於一室時,不易影響於聲. 蓋其面甚小,不能破壞聲波也.線之與聲波,猶打魚線之與水波,其效應亦相同. 應用正聲線之理想,或因鋼琴對應歌者音符之作用而起. 但鋼琴之作用勝於正聲線,因鋼琴有許多音調之弦,可對應任何音符之歌,且有一聲板以加強各弦之音. 而歌者又立於鋼琴之旁,故較之會堂中之正聲線,至多只能對應一二音調者,大不相同也. 蓋會堂既無聲板,歌者又距線甚遠是以難收大效耳. 著者曾參觀若干設置正聲線之大廳殊覺尚有效果. 惟沙賓氏(Sabine)則謂一滿佈正聲線之大廳固無補於聲的情形也.

聲板——聲板又名反射板,用於特別情形頗佳,但不足以矯正循環回聲之會堂, 惟此聲板須特別設計, 俾能適合應用之情形.

模造優聲的新會堂於舊者之後——在優聲會堂已經建築之後,建築師當模造新者,勿以爲會堂之如此模造,卽爲成功,須知構造上之材料,一年與一年不同. 卽如若干年前,用木材結構而加粉刷於板條上者. 現代構造則用堅硬之鋼及混凝土,附以鋼板網. 如此其表面上對於聲之作用,便大不同. 况新式大廳之形狀,有自舊者改易,以適合建築師之思想者,其與聲學之關係,更非淺鮮矣.

通風設備之效應——室內之通風設備,實有關於聲學. 因空氣爲傳聲之媒質,風又能改變聲之方向. 聲又可於密度及溫度不同之氣體周界上發生反射及曲折. 然在事實上氣流對於會堂中聲學之效應頗小,熱流與室內空氣之溫度差,並不足以生顯著之效應;且流動甚緩,卽其改變聲之作用以至他處,其間距離亦太短也. 惟在特別情形之下,吸氣通風均不利於聲. 一熱火爐或熱氣流置於室之中心,能擾亂聲之作用. 凡不規則之氣流,足以使冷熱空氣生交層者,必擾聲之有律進行而生紊亂. 欲免此弊,須力求室內空氣之均勻及穩定. 熱火爐,水汀,及熱氣流均須靠牆而離開室之中心. 如能使氣流與聲同方向,更有裨益,因風能逐聲同行也.

(待續)

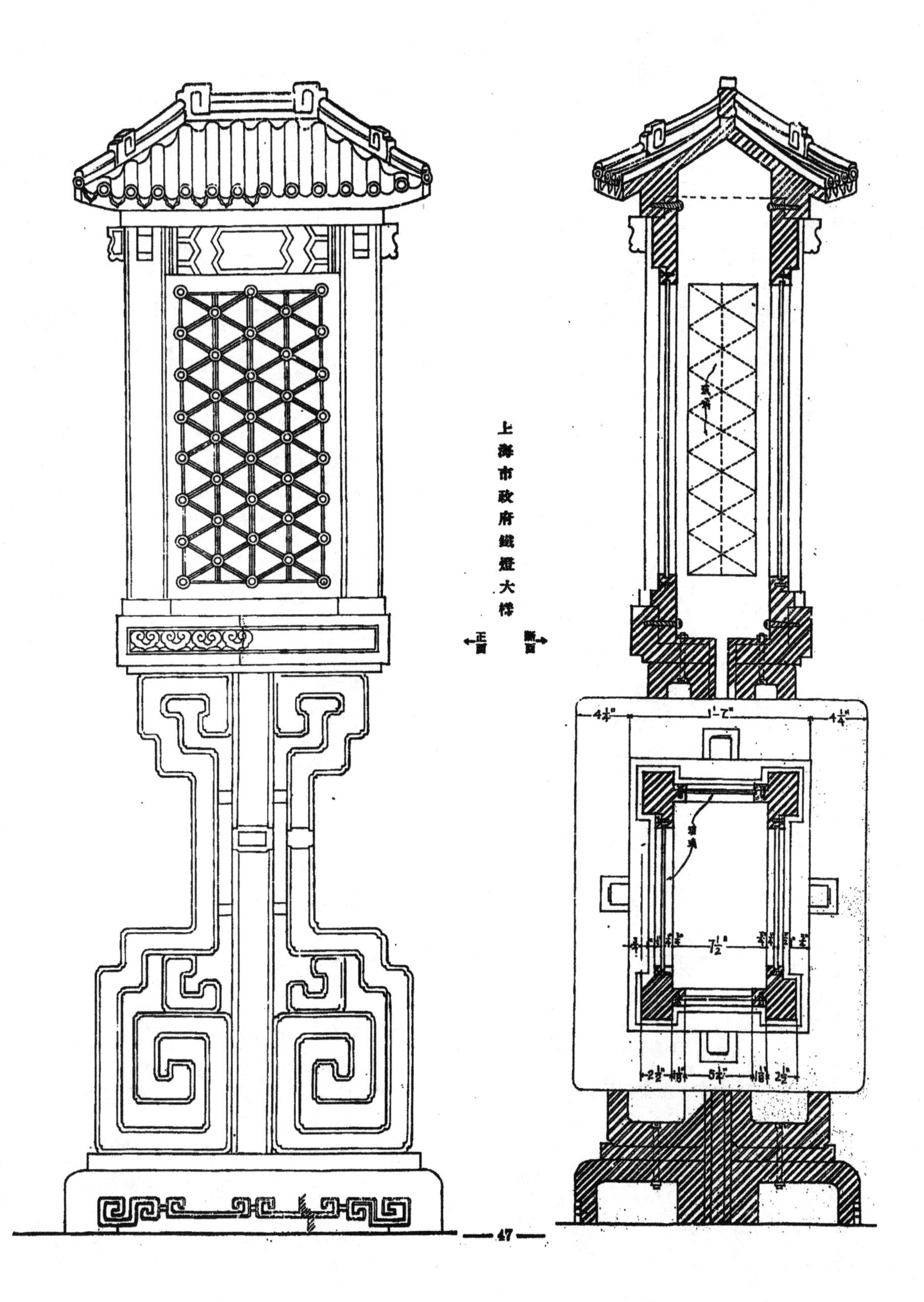
上海市政府鐵燈大樣
正面
斷面
4¼"
1'-7"
4¼"
7½"

上海公共租界房屋建築章程

（上海公共租界工部局訂）

楊 肇 煇 譯

此類房間中之一切地板及天花板均應用避火材料建造之。(參閱前章程第二章第二節)

一切此類房間中均應空氣流通,以得本局稽查員滿意爲度。

重複燈光

34.——此類房屋中應有煤氣與電氣之重複燈光並應分隔,使各有顯明效用;又應各裝燈表於戲台,大廳,走廊及過道各處。由戲台發光處,二個或多於二個燈頭應裝於底層及每一級層之上號走廊及扶梯各處,其位置須經本局核准;由發光處至房屋中之各大要處,二個或多於二個燈頭應接於戲台及各太平門。

更衣室處應由戲台與大廳雙接,俾任何一處不能發光時均不致使房屋黑暗也。

在此類房屋中,每一部分之主要燈光應爲電燈;並應裝有適當之煤氣燈,其位置須經本局核准,接至戲台避火處,更衣室,大廳,走廊,過道,太平門及此類房屋中之每一其他部分。

煤氣燈

35.——一概煤氣燈之托架均應固定;在觀衆可及之處以內之煤氣燈頭應用玻璃罩保護之,其四週再應用固結之鉛絲圍繞之。一切煤氣燈頭,如在不能避火材料三呎以內,應裝有非燃燒材料所造之遮罩。戲台前列所點之燈亦應以鉛絲圍繞保護之。

此類房屋之外部應裝一開關,其位置須經本局核准,俾於必要時可以斷絕煤氣之供給。

影戲院地板內所裝之燈

36.——此類房屋,倘作放映影戲或相類之用,應於座位之盡頭處,在地板內裝有燈光,俾於觀衆齊集之時間內,將大廳中一切梯階均能照耀清晰,並須經本局滿意爲度。

影戲院大廳內所裝之燈

37.——大廳內之每一部分均應照有足數之紅色或其他核准之燈,俾當幹線燈光熄滅之時,使觀衆能沿各排座位看明出路。

燈光之管理

38.——在此類房屋之近總門處,應於便利地點裝置器具,管理大廳,過道,扶梯及太平門之燈光,以得本局之滿意爲度。

流通空氣

39.——此類房屋中之各部分均應有適當及充足之空氣流通,並以有本局稽查員之滿意爲度。

一切爲流通空氣而闢之空洞均應明晰示於圖樣之中,後再送至本局呈請核准。

通達於大廳之出氣洞，當本局稽查員認爲必要時，應附設有鼓風之電扇。

鑲有玻璃之天窗

40.——此類房屋中之天窗，爲免損壞之故，應於下端裝有細孔之鉛鐵絲網，以保護之。

火爐

41.——在此類房屋中之大廳及戲台上之任何部分不得造有火爐。 在此類房屋中之任何其他部分之火爐應用堅固而緊緊之鐵絲爐圍護衛，爐圍之孔不得大於一吋半，以本局稽查員之滿意爲度。

暖氣

42.——一切此類房屋中均應使之生熱，其方法須經本局核准。 此種發熱方法及發熱器所設之位置均應詳明示於圖中，呈送本局，請予核准。

發熱室

在此類房屋中，一切發熱室應用磚或混凝土之牆及天花板（參閱新建房屋章程中第二章之第一及第二節）與此類房屋相隔，至入此室之門須由此類房屋之外面通入。

戲台之暫時加大

43.——倘因演戲而戲台暫時有向大廳加大之必要時，此加大之部分及其建造之方法均應由本局稽查員核准。

電話

44.——每一戲院及一切其他用作公衆宴集之房屋，當本局認爲必要之處，均應裝有電話警鐘，通至中央救火會。 此警鐘之位置及其裝於屋中之數目應由救火會之長官決定。 警鐘之裝置與維持費用均由租借之用戶負担。

龍頭

45.——概此類房屋中均應設有救火水管，抽水器及龍頭，連於自來水公司之水管上，其所設之數目及位置須由本局核准。

救火皮帶及抽水機

每一龍頭上應裝有充足之救火皮帶，其設備須爲本局救火會所訂之式樣。 手搖抽水機及其他較小之救火器具，如本局需要，亦應安設。

影戲機房

46.——倘實際可能，影機房應設於大廳之外面。 影機房之牆，天花板及地板應全用房屋章程中第二章第一及第二節所述之避火材料建造之，其厚度不得小於四吋。

影機房由地板至天花板之高度不得小於八呎；牆與牆間之距離不得小於六呎寬與六呎深，如為一燈之機；不得小於六呎寬與八呎深，如為二燈之機。

出入此影機房之門不得向大廳開闢，或由大廳可以窺見；並應裝有向外開而能自關之避火門兩扇，一門與另一門之間應有一適當深度之穿堂使之互相隔開，俾開機人能於開另一門之前將一門關閉。

在影機房前面牆上所闢之空洞不得過二，如為一燈之機之用。

此空洞應裝有可以自動關閉之閘門，其所用之材料及其裝造之方法須與經本局核准者相同。

影機房應設有由外放入之空氣進口及由內放外之空氣出口，足能將房中空氣變換至少每小時須有十次。

除開機人所用之鐵製座位一具外，影機房中不得裝設或安放任何形狀之桌或凳，無論係作暫時或永久之用。

凡為將必要管子及線索通入影機房中而闢之空洞均應妥當封閉，以得本局稽查員滿意為度。

影機房之門，空洞及接合處之建造應使房中之煙不致散入此類房屋中之任何一部分內。

影機房之內祇應用電燈，不得裝設他種燈光。

＊關於戲院等之特別章程完

＊自第二十三頁起至此頁止為關於戲院等之特別章程。 下一頁起為關於旅館，普通寓所及出租房屋之特別章程。 因此兩章程之性質不同，故不由此頁接連刊載，特自下頁另為起抬。

上海公共租界房屋建築章程

關於旅館，普通寓所暨出租房屋之特別章程

本章程適用於一切旅館，普通寓所暨出租房屋，凡屬此後行將建造而開放供作公衆之用者。

在本章程中遇有“此類房屋”字樣，其意卽指係屬上述性質之任何房屋。

旅館之定義

旅館之意義指每一房屋或其中一部分能供應居住者或顧客之食住；並須有一普通食堂或咖啡室或二者俱備；又有多於十五間之住房，或在底層之上有能容多於十五人之住處者。

普通寓所之定義

普通寓所之意義指任何房屋或其中一部分能租與人居住，或其中任何一部分能讓人寄宿者。

出租房屋之定義

出租房屋之意義指任何房屋或其中一部分能租讓與三家或多於三家，或每層多於二家，以爲居住之用；而將廳堂，扶梯及其他之處作爲公用者。

地板

倘此類房屋或其中一部分在其他非爲辦公或居住用之房屋之上，應用避火材料之地板，將其他房屋離開。（參閱房屋章程第二章第二節）。

樓梯

此類房屋中之一切樓梯，無論設於屋外或屋內，除爲職務上之用者外，均應用避火材料建造之。（參閱房屋章程第二章第一節）。至於須造之數目及其計劃應完全遵照本局所認爲適當者辦理。

電梯間

此類房屋中之一切電梯，除電梯四週圍有樓梯者外，均應用水泥砌之磚牆圍繞之，厚度不得小於八吋半，或用其他可經本局稽查員核准之避火材料亦可。倘爲避火材料所造之房屋，圍牆之厚度不得小於四吋，此牆並應全體直上，伸出於屋頂之上至少三呎，此長度須與屋頂之斜坡成正角量計。一切通於環圍電梯牆上之空洞概應以避火門戶保護之，（參閱房屋章程第二章第二節）以得本局滿意爲度。

中 國 建 築

THE CHINESE ARCHITECT

OFFICE:

ROOM NO. 427, CONTINENTAL EMPORIUM, NANKING ROAD, SHANGHAI.

中國建築第一卷第六期

出版　中國建築師學會

地址　上海南京路大陸商場四樓四二七號

印刷者　美華書館　上海愛而近路三號　電話四二七二六號

中華民國二十二年十二月出版

中國建築定價

零售	每冊大洋五角	
預定		六冊大洋三元
	全年	十二冊大洋五元
郵費	國外每冊加一角六分 國內預定者不加郵費	

廣告索引

DEMAG

DUISBURG

台麥格電吊車
用手起重機上

各種裝貨運貨設備
及鍋爐進煤設備

台麥格

最經濟最迅速電力吊重及運送機器
吊重能力自半噸至十噸可裝設手起重機作起重機關

獨家經理 謙信機器有限公司

上海 江西路一三八號 電話 一三五九七號

Sole Agents in China:

CHIEN HSIN ENGINEERING CO. G. M. B. H. LTD.

138 Kiangse Road, Shanghai　　Telephone: 13597

MANUFACTURE CERAMIQUE DE SHANGHAI

OWNED BY
CREDIT FONCIER D'EXTREME ORIENT

MANUFACTURERS OF
BRICKS
HOLLOW BRICKS
ROOFING TILES

FACTORY:
100 BRENAN ROAD
SHANGHAI
TEL. 27218

SOLE AGENTS:
L. E. MOELLER & CO
110 SZECHUEN ROAD
SHANGHAI
TEL. 16650

上海
義品磚瓦廠
附屬
義品放款銀行
製造
各種上等
面磚 空心磚 瓦片

工廠
白利南路第一百號
電話
二七二一八

獨家經理
懋賚地產公司
四川路一一〇號
電話：一六六五〇

30747

炳耀工程司

南京 中山路新街口　　上海 白利南路三十號　　天津 法租界基泰大樓

承裝

上海市中心區辦公大樓

（工務局 社會局 衛生局 教育局 土地局）

全部煖汽衛生自來水工程

▶各大商埠煖汽衛生冷風等工程列下◀

南京

歷史言語研究院
中央大學圖書館
中央醫院水塔及自來水
中國銀行
中央醫院
國府行政院
中央農業處
全國運動場
中央實施試驗處
中央軍校游泳池
外交大樓
汪院長公館
宋部長公館
陳部長公館
孫部長公館
中央醫院化糞池
全國運動場游泳池

北平

北平清華大學圖書館
北平居仁堂
鹽務署

天津

基泰大樓
中國銀行貨棧
信中公司
光明社大戲院
勸業商場
中原公司
南開大學圖書館

遼寧

瀋陽電影院冷熱風工程
遼寧總站
長官府辦公大樓
張長官公館
長官府衛生室
同澤女子中學辦公大樓及宿舍
東北大學文法科圖書館寄宿舍
東北大學運動場
東北大學水塔

高爾泰搪磁廠

廠址：億定盤路二號　　電話二七九九二號

事務所：
樣子間：外灘廿四號　　電話一六七六四號

本廠專造各種搪磁牆磚及其他搪磁建築材料規模宏大出品優良為東亞第一搪磁專家

出品有下列各種

顏色搪磁水泥牆磚——各色俱備光彩鮮艷　惠購者可自由選擇及各種搪磁紛刷無論室內室外皆可適用極形堅固式樣新美觀並無接縫對于避水一層乃更有意想不到之功效

總經理　外灘廿四號　公大洋行

大陸水電行

上海法租界福煦路四百八十三號

電話七二四九六號

本行專裝自來水司汀衛生器具及電燈工程然茲十餘年經驗在上海各外埠所做過各主顧無不稱心惟近年建設改進偉厦矗立於水電業亦隨之發達益求深慮謀遠起見以完固迅速工程包使君美滿也

華成水電工程建築專家

本行專運歐美新式水電材料馬達幇浦電機引擎衛生器具浴缸面盆無線電話應用零件特聘技師計劃美術水電工程如蒙賜顧曷勝歡迎

行址　寶山路口五十七號

電話　閘北四一三一九　租界三二三二五

華成水電材料行啓

時代的建築 必須配以 時代的燈罩

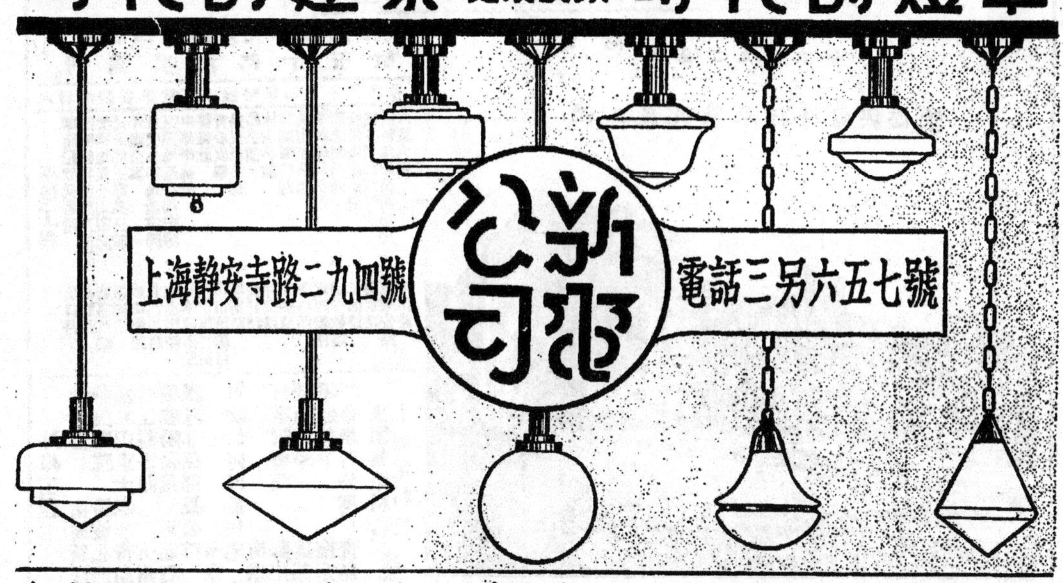

無論國貨自製歐美舶來均屬精美新穎實用堅固適合時代潮流

夏仁記營造廠

本廠專造棧房碼頭鐵道橋樑以及一切大小鋼骨水泥工程

事務所：環龍路一八八弄四號　廠設：上海憶定盤路

電話：七三四四九

SPECIALISTS IN

Godown, Harbor, Railway, Bridge Reinforced Concrete and General Construction Works.

THE WAO ZUNG KEE CONSTRUCTION CO.

Town Office: 4 Passage No. 188 Route Vallon

Factory: Edinburgh Road

Telephone 73449.

永亨營造廠

WINGHELM CONSTRUCTION CO.

General Building Contractor

17 PASSAGE No. 425 AVENUE JOFFRE

TELEPHONE 82307

本廠專門承造中西房屋學校醫院市房住宅崇樓大廈鋼骨水泥及鋼鐵建築廠房橋樑碼頭等工程無不經驗宏富如蒙委託無任歡迎

事務所——上海霞飛路四明里十七號

電話八二三〇七號

陸福順營造廠

地址：天津路五福弄西首

電話：九一七五五號

承造各項工程
定做西式木器
裝修中西門面
接做油漆粉刷

本廠開設四十餘年所製木器均經焙乾無裂縫之弊凡賜顧者當竭誠招待價值克已

大耀建築公司

建築部　地產部　保險部　信託部

上海博物院路三號　電話一六二一六 一六二一七號

Dah Yao Engineering & Construction Co.

Property, Construction, Insurance & Trust Departments

3 MUSEUM ROAD, SHANGHAI.

Telephone 16216 & 16217

公記營造廠

總事務所

上海海防路三百五十四號

電話三四五一六號

分事務所

上海南京路大陸商場五二九號

電話九二八八二號

本廠專門承造各種中西房屋橋樑鐵道碼頭以及一切大小鋼骨水泥工程並代客設計規畫工程堅固美觀各項職工經驗豐富能使主顧十分滿意如蒙委託無不竭誠歡迎

TRADE MARK

商標

本公司之馬牌藍晒圖紙顏色鮮麗品質優良歷久不致走光晒洗後加蓋紅墨水綫可不化早經各建築師證明兼售各種臘紙臘布圖畫紙等價格均極廉宜外埠函購由郵局寄奉倘蒙賜顧不勝歡迎

馬江公司謹啓

地址上海虹口外虹橋堍婁倫路平安里四十五號

電話四二七二七

Hong Name 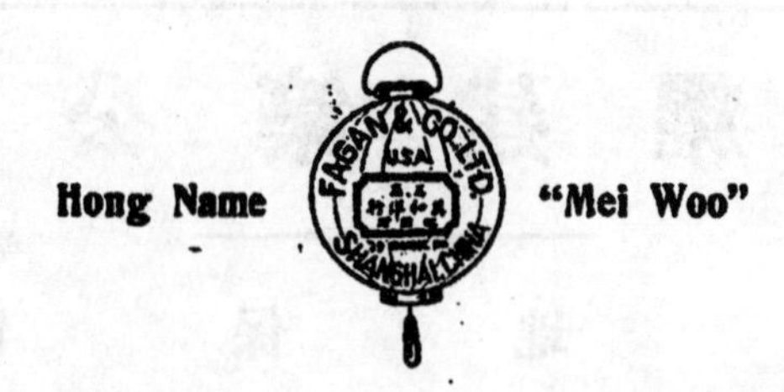 "Mei Woo"

CERTAINTEED PRODUCTS CORPORATION
Roofing & Wallboard

THE CELOTEX COMPANY
Insulating & Acoustic Board

CALIFORNIA STUCCO PRODUCTS COMPANY
Interior and Exterior Stuccos

MIDWEST EQUIPMENT COMPANY
Insulite Mastic Flooring

MUNDET & COMPANY, LTD.
Cork Insulation & Cork Tile

NEWALLS INSULATION COMPANY
Industrial & Domestic Insulation
Specialties for Boilers, Steam &
Hot Water Pipes, etc.

RICHARDS TILES LTD.
Floor, Wall & Coloured Tiles

SCHLAGE LOCK COMPANY
Locks & Hardware

SIMPLEX GYPSUM PRODUCTS COMPANY
Plaster of Paris & Fibrous Plaster

TOCH BROTHERS INC.
Industrial Paint & Waterproofing Compound

WHEELING STEEL CORPORATION
Expanded Metal Lath

Large stock carried locally.

Agents for Central China.

FAGAN & COMPANY, LTD.

261 Kiangse Road

Telephone
18020 & 18029

Cable Address
KASFAG

美商

美和洋行

承辦屋頂及地板工程并經理石膏粉石膏板甘蔗板避水漿鐵絲網磁磚牆粉門鎖等各種建築材料備有大宗現貨如蒙垂詢請打電話一八○二○或駕臨江西路二六一號接洽爲荷

褚掄記營造廠

廠址上海臨平路二一號　電話五〇四四四號

本廠承造一切大小鋼骨水泥工程以及房屋橋樑道路涵洞等如蒙垂詢或委託無任歡迎之至

THU LUAN KEE

CONTRACTOR

21 LINGPING ROAD. TEL. 50444.

30757

朱森記營造廠

事務所：上海南京路大陸商場四樓四一四號　電話：九一七三六

雄偉莊嚴

是我國固有之建築藝術

矗立雲表

乃歐西別具匠心之新式營造

本廠對於以上兩者之經驗兼而有之如蒙各界委託承造估價準確限期不誤

總廠　上海閘北西寶興路倫教路口

中國建築

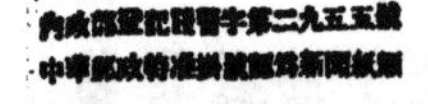
內政部登記證警字第二九五五號
中華郵政特准掛號認為新聞紙類

中國石公司

自採國產各色閃長石花崗石
大理石品質堅固光耀美麗價格
低廉製作精良遠勝舶來久經推許
備有石樣歡迎參觀如蒙惠顧定能滿意

總公司青島蒙古路二一至二三
電報掛號五一〇七
電話五一〇七

分公司上海四川路三三號
電報掛號五八八六
電話一五八八

營業項目

建築：舖地石磚 內外牆磚 窗台石板 牆爐浴室 各種樑柱 裝飾石料

製作：牌匾櫃台 棹椅石面 紀念碑塔 花盆花台 各式墓碑 零件飾石

承辦：雕刻水晶 玻璃器皿 銅鐵五金 堅硬物品 裁截磨光 各項石料

兼售：毛面石料 各色石子

最近上海承造石工

愚園路轉角百樂門大飯店內外門面磨光花崗石牆面地板等業已完工上圖即示其部份也

靜安寺路四行二十二層大廈內外部磨光花崗石大理石牆面石柱現在建築中

興業瓷磚股份有限公司

承辦

百樂門全部美術地牆瓷磚

花式層出不窮　市上絕無僅有
且其品質優良　色澤歷久如新

出品項目
- 美術鋪地瓷磚
- 美術牆磚
- 防滑踏步磚
- 羅馬式瓷磚
- 缸磚

本外埠各大工程大半鋪用本公司出品均極滿意備有各種美術瓷磚圖樣足供參考并可隨時設計服務週詳信譽卓著如蒙光顧無不竭誠歡迎

營業所：上海四川路四一六號
電話：一六〇〇三號

THE NATIONAL TILE CO., LTD.

Manufacturer of all Kinds of Wall & Floor Tiles

416 SZECHUEN ROAD, SHANGHAI

TELEPHONE 16003

30761

本社啟事一

本社近以大陸商場原址辦公不便已於本月遷至上海寧波路上海銀行大樓四〇五號辦公嗣後如有接洽事宜即祈按新址辦理爲荷

本社啟事二

本刊製版印刷紙張向以選擇上乘爲目標近以篇幅加厚裝訂耗費綦多於本期起零售每册大洋七角預定全年大洋七元如剪本期卡片(綠頁後)寄下仍照五元計算讀者諸君幸垂諒焉

本社啟事三

戈畢意氏演講之「建築的新曙光」以排版匆忙致有遺漏容下期補刊倘望見原是幸

中國建築雜誌社徵求著作簡章

本社徵求關於建築學說，藝術，及計劃之一切著作；暫訂簡章於后：

一、應徵之著作，一律須爲國文。文言語體不拘，但須注有新式標點。由外國文轉譯之深奧專門名辭，得將原文寫出；但須置於括弧記號中，附於譯名之下。

二、應徵之著作，撰著譯著均可。如係譯著，須將原文所載之書名，出版時日，及著者姓名寫明。

三、應徵之著作，分爲短篇長篇兩種：字數在一千以上，五千以下者爲短篇；字數在五千以上者均爲長篇。

四、應徵之著作，一經選用，除在本刊發表外，均另酌贈酬金。不願受酬者，請於應徵時聲明，當贈本刊半年或全年。

五、應徵著作之中選者，其酬金以篇數計：短篇者，每篇由五元起至五十元；長篇者每篇由十元起至二百元。在本刊發表後，當以專函通知酬金數目，版權即爲本社所有，應徵者不得再在其他任何出版品上登載。

六、應徵著作之未中選者，概不保存及發還。但預先聲明寄還者，須於應徵時附有足數之遞回郵資。

七、應徵著作之選用與否，及贈酬若干，均由本社審查價值，全權判定。本社並有增删修改一切應徵著作之權。

八、應徵者須將著作用楷書繕寫清楚，不得污損模糊；並須鈐蓋本人圖章，以便領酬時核對。信封上須將姓名及詳細住址寫明，由郵直接寄至本社編輯部，不得寄交私人轉投。

中國建築

第二卷　第一期

民國二十三年一月出版

目　次

著　述

插　圖

卷頭弁語

一元復轉，萬象更新。本刊一卷已成，二卷伊始，當此一歲之計在於春之大好晨光，本社同人敢不竭盡綿薄，以達讀者諸君之般望！茲於本期起始，內容力求豐富，並加入工程計算一組，以期增加工程界讀者諸君之興趣。至本期之主要內容，爲楊錫鏐建築師設計之上海百樂門舞廳。該廳於落成典禮舉行之日，曾極炫耀一時，光誉滿滬。身歷其境者，固已咸心曠而神怡。滬外諸君，則或有不得親臨其境之憾。本社特請諸楊錫鏐建築師，將全部設計，盡量供給，並將內部裝飾，外部景色，盡量攝入鏡頭，載於本刊，藉爲滬外諸君，一飽眼福。至於內容排列之次序，由舞廳之外部，向內部按步登載，使讀者如身臨其境。每頁攝影，與其結構之大樣互相映照，使讀者將全部設計一目了然。此則讀者諸君可稍獲他山之助，亦敝社同人差堪告慰者也。

我國建築，原屬幼稚，但古代宮殿式建築，雕飾之優，結構之異，亦多有可採取，惟年久無人過問，漸就湮沒，殊爲可惜。幸有梁君思成，鑑於中國固有建築文學術沈淪爲可惜，特殫精竭慮，考古證今，並親赴各存在古代建築之區域視察，深加探討，故得中國建築之真諦者，惟梁君一人而已。本刊遠承贊許，辱蒙貽以北平仁立公司攝影。該公司爲舊房改裝，結構上多採唐代裝飾，鎔冶新舊精華於一爐，固非斲輪老手不可。本刊於此登出，想讀者定以先睹爲快。本刊特於卷頭，向梁君深致謝意焉。

支加哥博覽會，珍奇特點獨多，獲其鱗爪，尙非易事，窺其全豹，則更難能。我國建築名師過元熙君，曾服務於博覽會，監造熱河金亭，致全部攝影，得與過君同船回國，下期即可與諸君晤面，茲於本期略刊數張，其價值之偉大，無待編者之鼓吹，而有目共賞也。

戈畢意氏爲近代式建築運動之鼻祖，所創新學說，極風靡於時。該氏在一九三零年應俄國眞理學院之約，演講「建築的新曙光」，對於建築學術上之供獻，堪稱首屈。考試院盧毓駿先生保持其演講紀錄，辱蒙貽於本刊，爲本刊生色不少。

建築之正軌，當然以入大學建築科爲標準，奈中國建築專科學校，旣稱鳳毛麟角，費用之消費，亦非家徒四壁者所堪勝任。本刊有鑑於此，故於一卷六期，特闢問答一欄，敦請滬上著名建築師，代爲解答一切難題。並於本期起刊登「建築正軌」一長篇，內容將建築入門，進行步驟，及設計須知等等問題，按步刊載。對於初學建築諸君，或可得一線索，不致奔馳歧途，較之學於函授，亦許省時間而節經費，固爲初學建築者之一提要，想亦讀者所樂許也。

編者謹識二十三年一月二十五日

The Chinese Architect

中國建築

民國廿三年一月　　第二卷第一期

百樂門之崛興

公衆娛樂事業，爲消費的而非建設的，夫人而知之。　然娛樂事業之發展，與所在都市之繁榮，往往具有聯帶之關係；故欲測驗某一都市之繁榮至若何程度，祇觀該地娛樂場所之種種設備，與夫奢侈至若何地步，卽可瞭若指掌。　大凡一地商業逐漸發展，人口逐漸增加，社會交際由簡而繁，於是各種公共娛樂場所，自草臺戲台以至皇宮化之戲院舞場，均隨社會之需要應運而生。　主其事者，爲與同業競爭計，不得不殫思竭慮；出奇制勝，紙經濟可能範圍之內，力求設備之完善與新穎，以廣招徠焉。　是以受委託設計此項建築之建築師，莫不鈎心鬥角，推陳出新，期能實現彼等報紙之鼓吹所謂「獨霸」與「權威」者。　觀乎上海近年來各大電影院之勃興與力趨華麗，卽可證明。　十年前滬上人士視爲最華麗而握影院牛耳之卡爾登夏令配克等戲院，至今日已淪爲二三等以下，卽與建不久之南京國泰等影院，固皆曾哄動一時，雄視滬上，乃不久復爲後起之大光明大上海等取而代之。　推原其故，蓋莫不因其建築之新奇與陳式之富麗，以爲制勝之具，負此設計全責之建築師，商戰之勝利，實預有功也。

影院如是，其他娛樂事業亦莫不如是。　猥公共宴舞廳（Ball Room）自大華飯廳因地權易主而發屋停業後，數年來無相繼者。　雖後起一二，亦非隘卽陋，與大華飯店已不可同日語矣。　近來上海繁榮日甚，社會需要日亟，滬上人士，亦莫不渴望大規模之新穎宴舞廳實現，遂有百樂門大飯店之計劃，擬爲宴舞事業闢一新紀元。擇地於靜安寺路愚園路角，任楊君錫鏐爲建築師，歷三月之設計，九月之建築，大功告成，開幕之日，不僅車轍人屑，亦且燈光縈繞，大有魯戈揮日之概。　佳賓如雲，觥籌交錯之獻，不讓歐陽一老。　當是時也，有耳耳舞廳之聲，有目目舞廳之色，口之於味，鼻之於嗅，凡與已感官稍獲舒適者，莫不歸功於舞廳之助。　聲譽彌春申；不睹成械事。 執宴舞界之牛耳者，將捨此而莫屬。 偏案之滬西，將一躍而車水馬龍矣，此建築師匠心獨運之功也。茲經楊君口述設計該舞廳之經過概況如下：

楊君之言曰

當百樂門飯店設計之初，主其事者，即具有壓倒滬上一切舞廳願望，并擬另設小規模之上等旅舍，以應旅客之喜恬靜厭煩囂者。 幾經研究討論，先後繪製草圖不下十餘種，經嚴密審查及修改之結果，始決定焉。 其所以決採取目下之圖樣者，約有下列數點，試略述之：——

（一）地位——該建築基地，位於極司非而路及愚園路轉角，形成曲尺。二面沿路，為求出入便利及外表壯觀計，擬設大門於角上。 惟按上海租界建築章程，凡建築公共娛樂場所者，於正式請領營造執照之前，必先具地形等圖，請求對於地點上之核准。 蓋因治安交通與衛生之種種問題，必先得各關係方面之同意允准，方得進行，非僅僅在建築技術上求其能合乎規矩而已焉。 故於草圖擬就後，即循是例作初步之請求核准，當時警務處對於角上開設大門，表示反對，謂因該地適當愚園路口，乃車輛出入之孔道，一旦該舞場開幕，營業顧客，車輛由南往北，至門口停車，必多擁擠，有礙交通，最好須將大門開在極司非而路上云。 後以為如此移改，於外觀脊嚴，大受影響，再三向之疏通解說，始蒙允准於角上設大門，而於門上置燈塔，於觀瞻上增色不少矣。

（二）內部佈置——舞廳為公衆出入便利計，最好應設於地平層，庶出入便捷，無崇階攀登之勞，且於太平設備，亦可改省。 惟後以地價經濟關係，不得不於下層添設店面出租，以增收入。 且滬上現有各等舞場，幾莫不設舞廳於樓上，故遂隨俗置於二樓，而於下層為店面及廚房之用。 蓋稱為大規模之宴舞廳，容數百人之聚餐者，必須具有寬大廚房，始敷應用也。 依上列結論，故置舞場於極司非而路方面之二樓，而將地層居中劃為二部，前半沿路為店面，後半為廚房等之用。 而愚園路方面 下層為店面，二層以上為旅館，西向處則另闢旅館部大門，以利旅客之出入。

（三）內容範圍——該舞場既擬為滬上最大之舞場，則必須容千人左右，方可供各項盛大宴會之需要。 然容人多則占地面積必廣，對於內部布置上殊感困難。 緣羣衆心理，赴宴舞者皆喜趨熱鬧，而惡孤寂，舞廳內容，若過分龐大，在星期假日或盛大宴會之時，佳賓滿座，固屬倍形歡樂。 然平日間以少數賓客，置於碩大無垠之廣廳中，即有寥落岑寂之感，甚非所宜。 前大華飯店即蹈是弊，平日之晚，如赴宴之人略少，即覺岑寂不堪，如入古宮荒刹，減却歡樂不少。 是為計劃宴舞廳所不可忽視最為重要之一點。 按之統計，每星期六晚宴，舞廳之宴客者，常較平日晚增加至五倍以上，故宴舞廳之地位較小者，平日能有座上客常滿之盛況，而星期六晚必覺擁擠不堪，而響後至者以閉門之羮矣。 反是而地位較敞，星期六晚能應付裕如者，平日每感過行寂寞，反而乏人問津矣。 為解決此困難問題起見，遂決定將舞廳劃分為數部段，添建樓座，及增設可容數十人之宴會室二間，與大舞廳相連，隔以垂簾。 如是則賓客之至者，依自然之趨勢，先就大舞廳樓下而坐，樓下客滿，則自必循級而至樓座。 樓座再滿，則闢宴會室以容之。 樓下約容四百餘座，樓廳約容二百五十座，宴會二間各容七十

30768

五座。 如是則自百餘人以至八百餘人，皆可應付裕如，不覺擁擠，而不覺寥落矣。

舞廳之主要部份解決後，復以足容七八百人之大宴舞廳，必需具有廣大之休憩室，以供賓衆憩息候客之用。遂因角上燈塔下之便利，設有圓形休憩室一間，爲登樓後之主要集會地點。 男女衣帽室及糖果部定座處等，皆自此室設門通焉。 此外至於酒排室之佈置，音樂台及演員化裝室等之設備，與夫廚房間，冷藏室，備餐室，器皿室，供飲室等，皆視地位之經濟適宜，與服務之便利，進退之自如，由各項負責專門人員互相討論以爲定奪。 蓋建築師雖爲計劃全室之主持人物，然決不能具有萬能之學識。 即以宴舞廳一事而言，桌椅之應如何佈置，音樂台上之應如何分配，侍役出入應如何方稱便，器皿取用應如何方簡捷，廚房內爐灶之種類，地位大小，各項水管電線煤氣之供給等，在在需得各項專門人材之合作研究。 各以其經驗所得，避他人之所短，而集各處之所長，以賓衆之舒適，及服務之便利爲目的，以定奪各項應用處所地位大小，於是而全部圖樣方以告成。

(四)構造——全部佈置既定，乃進而爲構造上之研究。 按諸建築章程，公共建築，應全部以避火材料建造之。 該屋高度，不過三層，無疑的以鋼骨凝土爲最適宜。 惟宴舞大廳一部，長百廿尺，寬六十二尺，高廿六尺，中有樓廳一層，作走馬樓式；如用鋼骨凝土，必須於樓廳下作支柱，以承其重，而大屋面亦不易構造。 因將該部骨架，改用鋼鐵，由慎昌洋行擔任設計。 經該行鋼鐵建築部工程師馮君寶齡之悉心計劃，全部樓廳，不用一柱之支撑，實爲該廳建築生色不少。

(五)機械設備——該屋機械上設備，共分冷氣，暖氣，衛生。冷藏及電燈數項，因經濟關係，故將冷氣及暖氣用併合式，利用同一之機械及氣管，由屋頂進氣，而由地板下出氣。 因是項關係，遂於設計全部構造及內部裝飾時，均先留有適當地位，以容該項巨大通氣用管，而不使突然顯露，有礙觀瞻。 此外暗燈之裝置，總電線總水管之地位，與夫總電表間電話接線間等，皆就各該管公司等之便利，及服務上之最高效率，以爲佈置及設計之標準焉。

(六)材料選擇——際茲國產實業落伍之時，全國各項農工商品之運自舶來者，有增無已。 而建築材料之由外洋輸入者，爲數頗足驚人。 曩昔建築師盡屬外人，在其操縱之下，乃勢所必至理有固然者。 晚近中國建築師人材輩出，頗爲社會所信仰；則提倡國產材料，自爲吾中國建築師之天職。 故當計劃之初，於材料之選擇上，加以深切之考慮。 除必不得已之數項——如玻璃，金屬，鋼鐵等等——國產無代用品，不得不求諸外洋外，凡石料，磚料，水泥以至五金之屬，有國產品者，莫不儘先採用。 既有數項材料，原料非來自外洋不可，而滬上有中國自設之廠家製造者，亦莫不捨彼就此，以救濟於萬一焉。 而於採用外貨之時，則更必預計需用之確定日期，而預爲製繪正式詳圖，計算所需數量，及早預向產處定製或定購，庶幾工程上不致延誤。 該建築自開工迄完工，前後不逾十月，堪稱迅速。 即上項所言及之向外洋定購材料，雖爲數不多，然種類頗繁，以產地計，有美，德，奧，英，捷等五國。 以物品計，有鋼鐵，鋁料，玻璃，銀紙，橡皮，衛生磁器，暖氣機械，以及內部所用之器皿窗簾等等，復加以向本國各地所定之石料，地毯等，不下十餘種，頗有多數爲滬上首次採用者。 皆先期加以精密審查，然後按工程之進行，預爲定購。 各項材料皆能依期到滬，未嘗延遲。 故工程進行，甚感順利也。

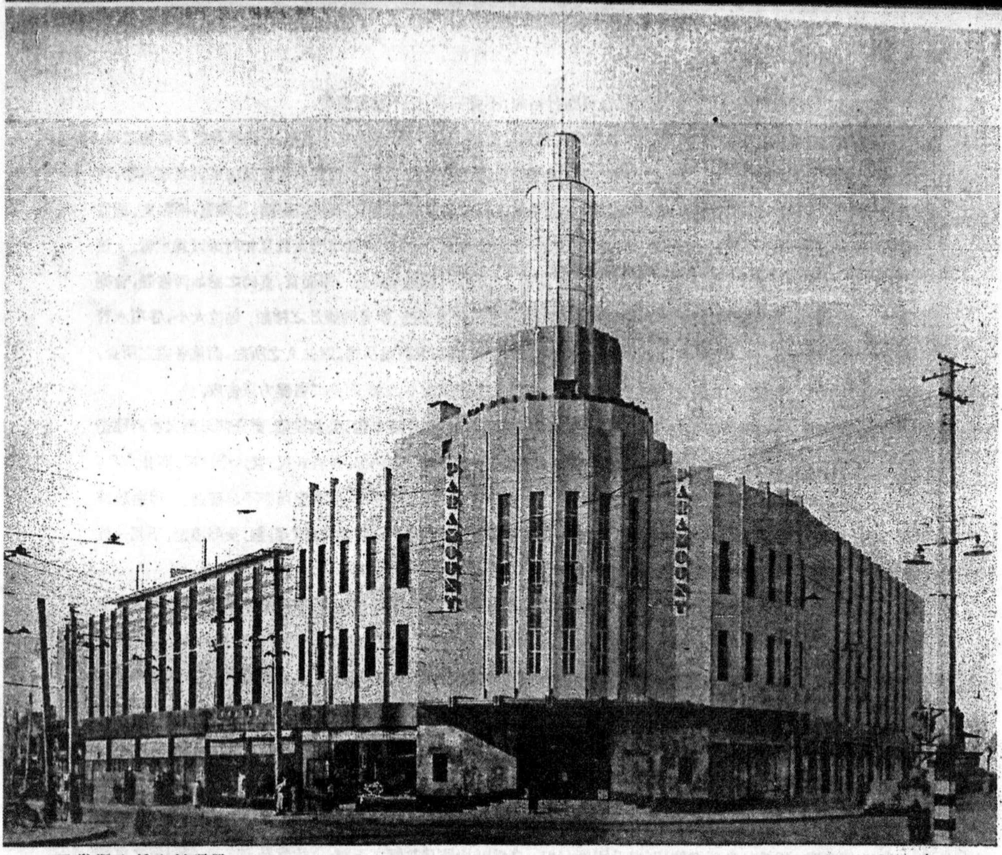

百樂門大飯店透視圖　　　　楊錫鏐建築師設計

燈塔竪，

玻璃閃灣明。

四隅四下水流東，

車如流水馬如龍，

爭相角逐中。

PARAMOUNT
PARAMOUNT

月明星稀，
燈光如織；
何處寄足，
[illegible]；
[illegible]欲作仙遊之夢，
[illegible]覺此天上人間。

The Chinese Architect
PARAMOUNT
22'
PARAMOUNT
PARAMOUNT
— 7 —
中國建築

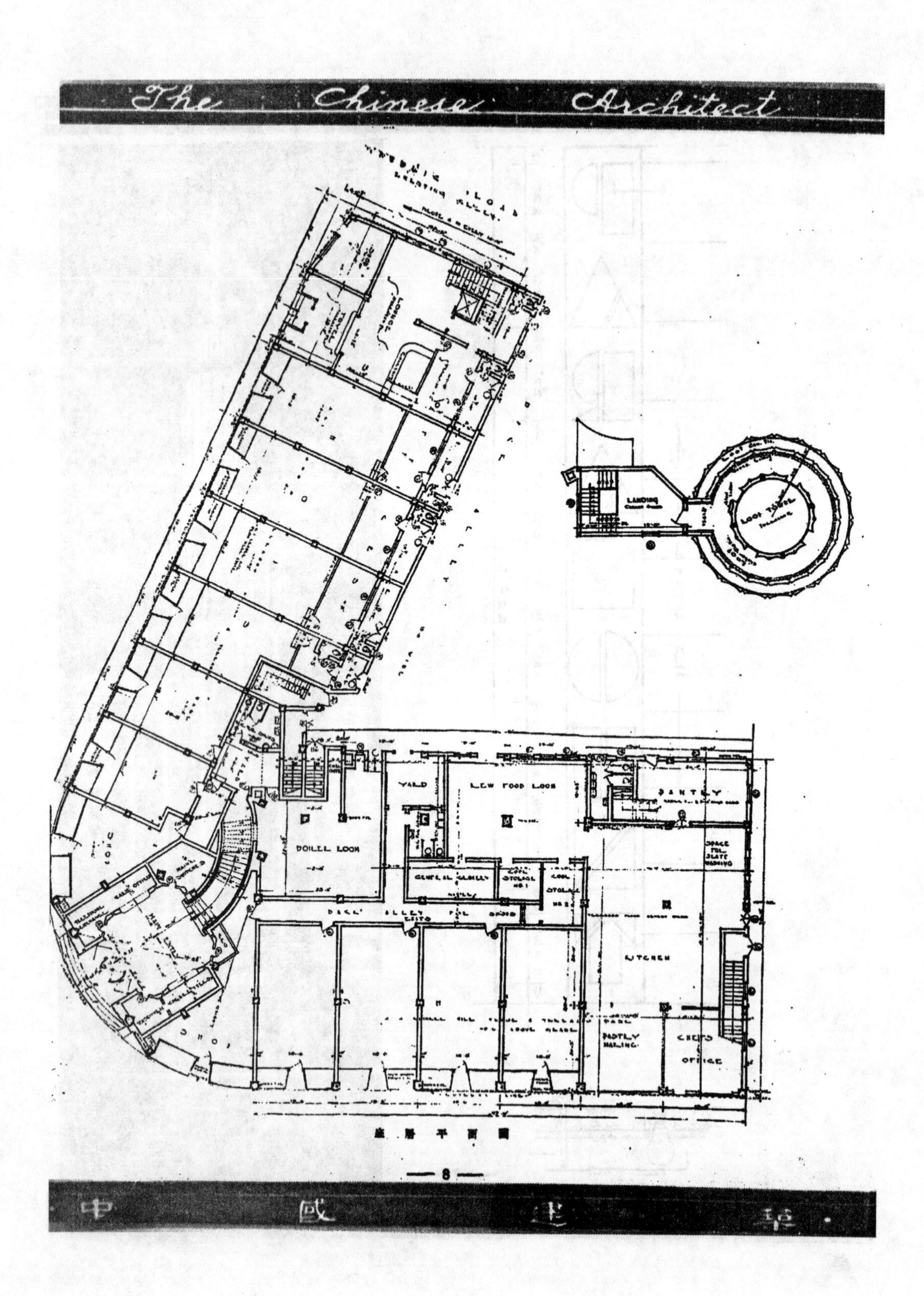

底層平面圖

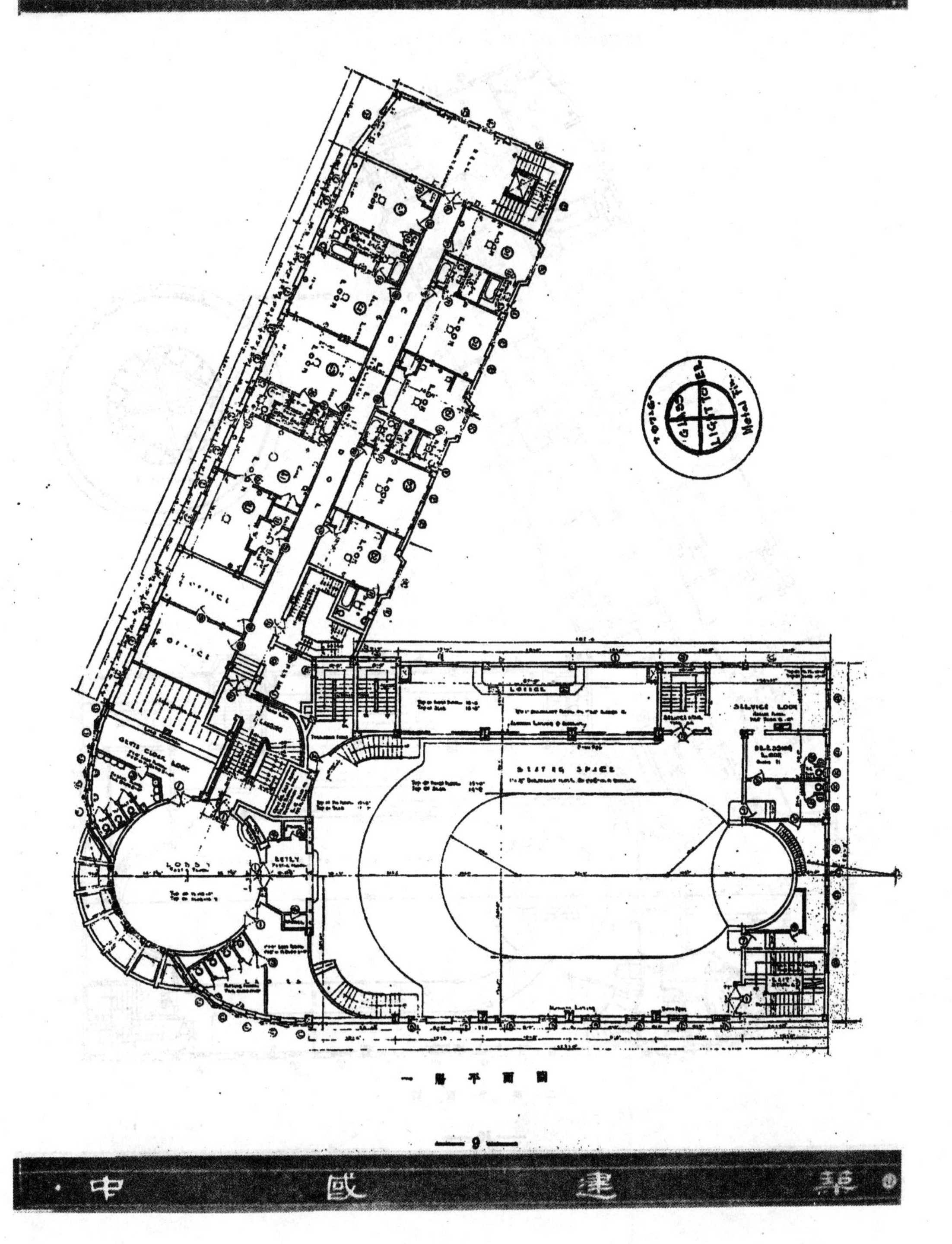

一層平面圖

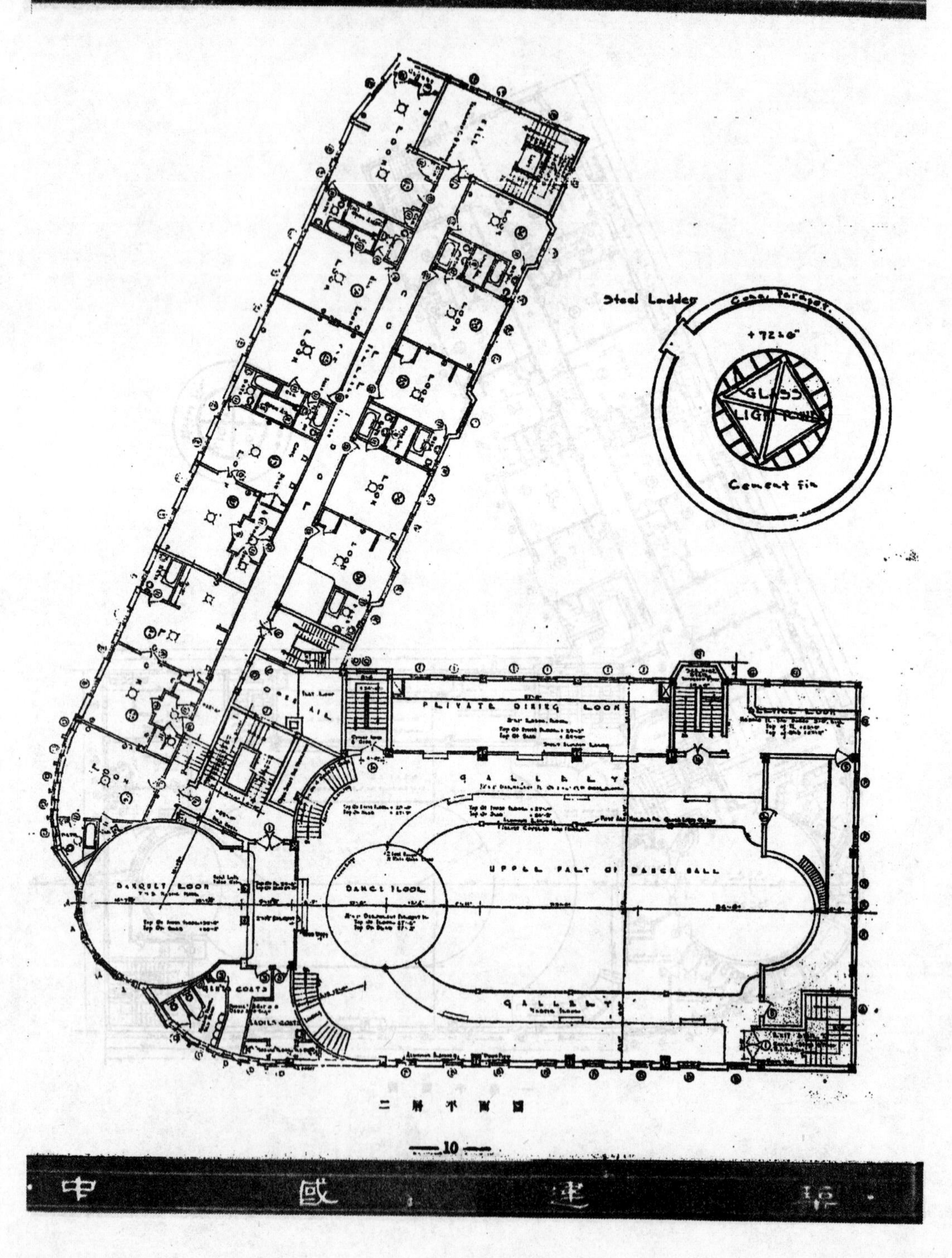
Steel Ladder
Conc. Parapet
+72'-0"
GLASS
Cement fin
PRIVATE DINING ROOM
GALLERY
UPPER PART OF DANCE HALL
DANCE FLOOR
BANQUET ROOM
GALLERY

二層平面圖

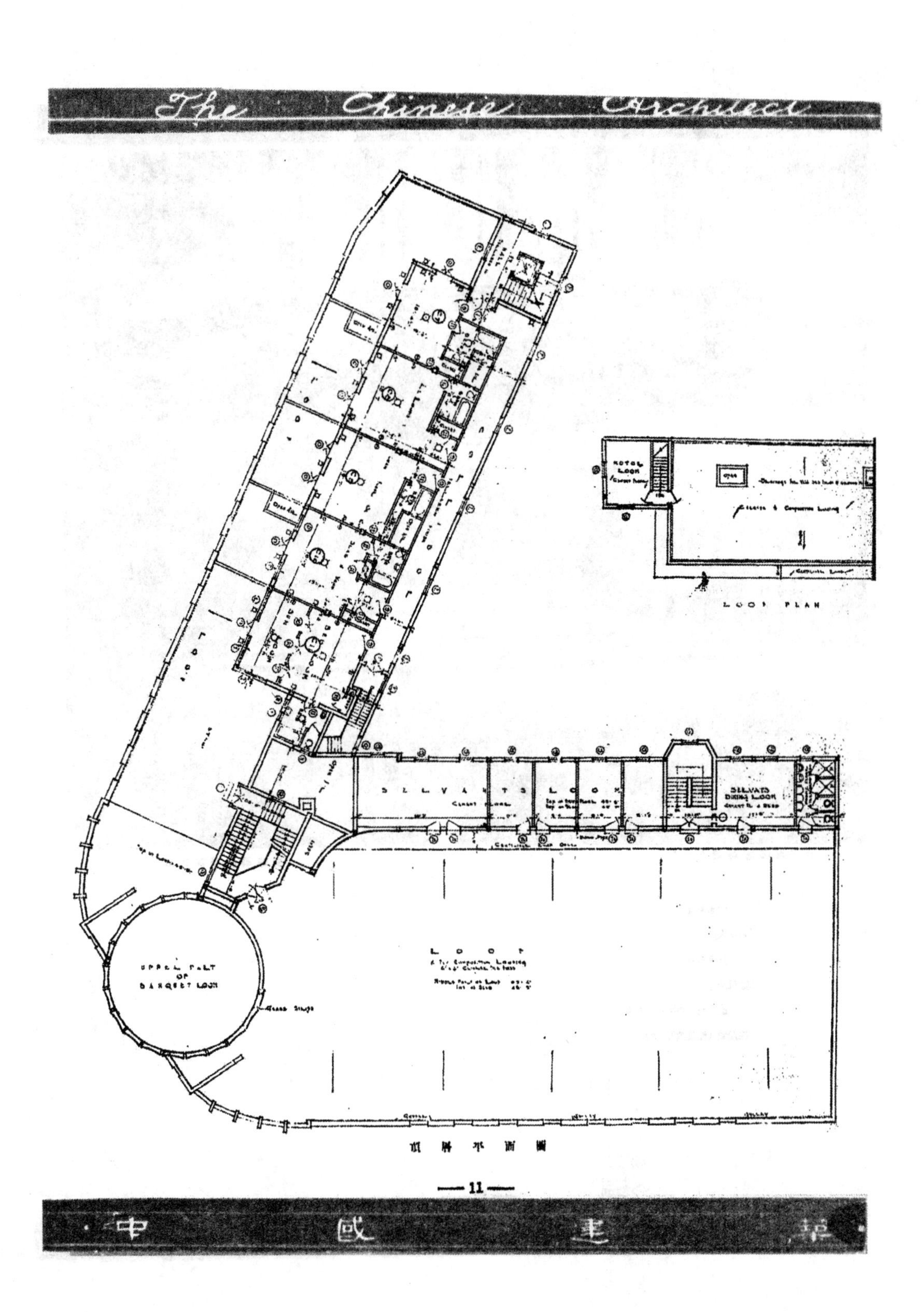

頂層平面圖

百樂門大飯店舞廳之正門　　楊錫鏐建築師設計

燈光繚繞，

車轉人翔；

優遊夢境，

無限流連。

士女愛其地板可助舞興，

我獨愛其建築設計新鮮。

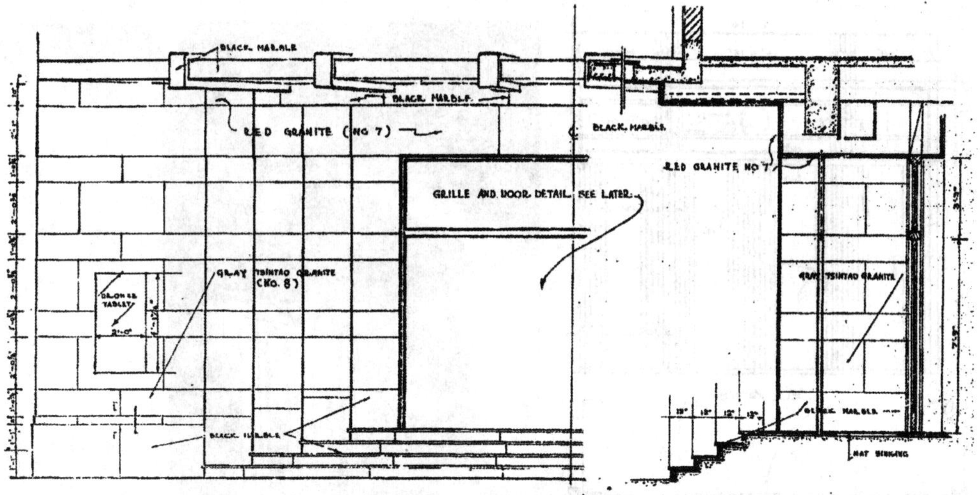

BLACK MARBLE
BLACK MARBLE
RED GRANITE (NO 7)
BLACK MARBLE
GRILLE AND DOOR DETAIL. SEE LATER.
RED GRANITE NO 7
GRAY TSINTAO GRANITE (NO. 8)
BRONZE TABLET
GRAY TSINTAO GRANITE
BLACK MARBLE
BLACK MARBLE 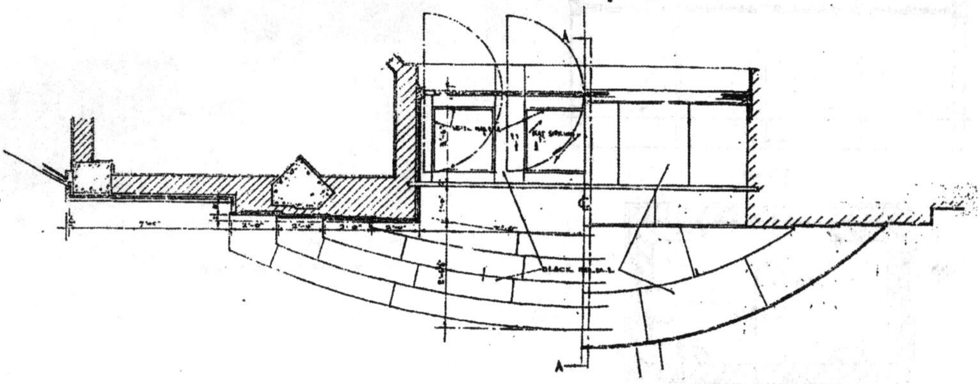 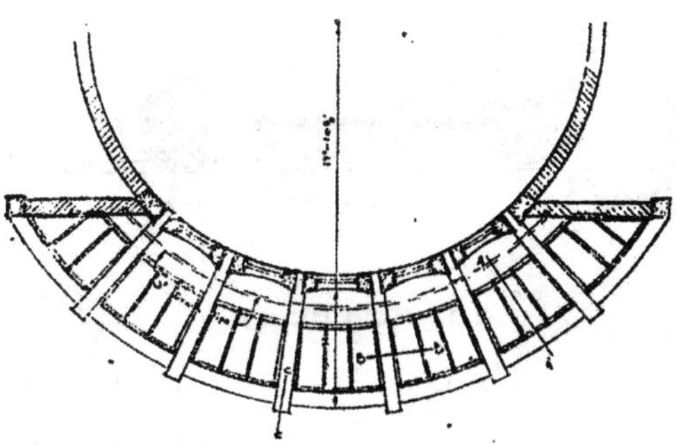 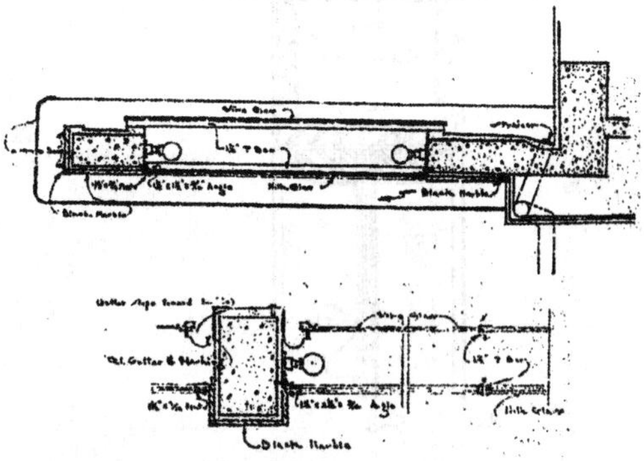
HAT SINKING
BLACK MARBLE

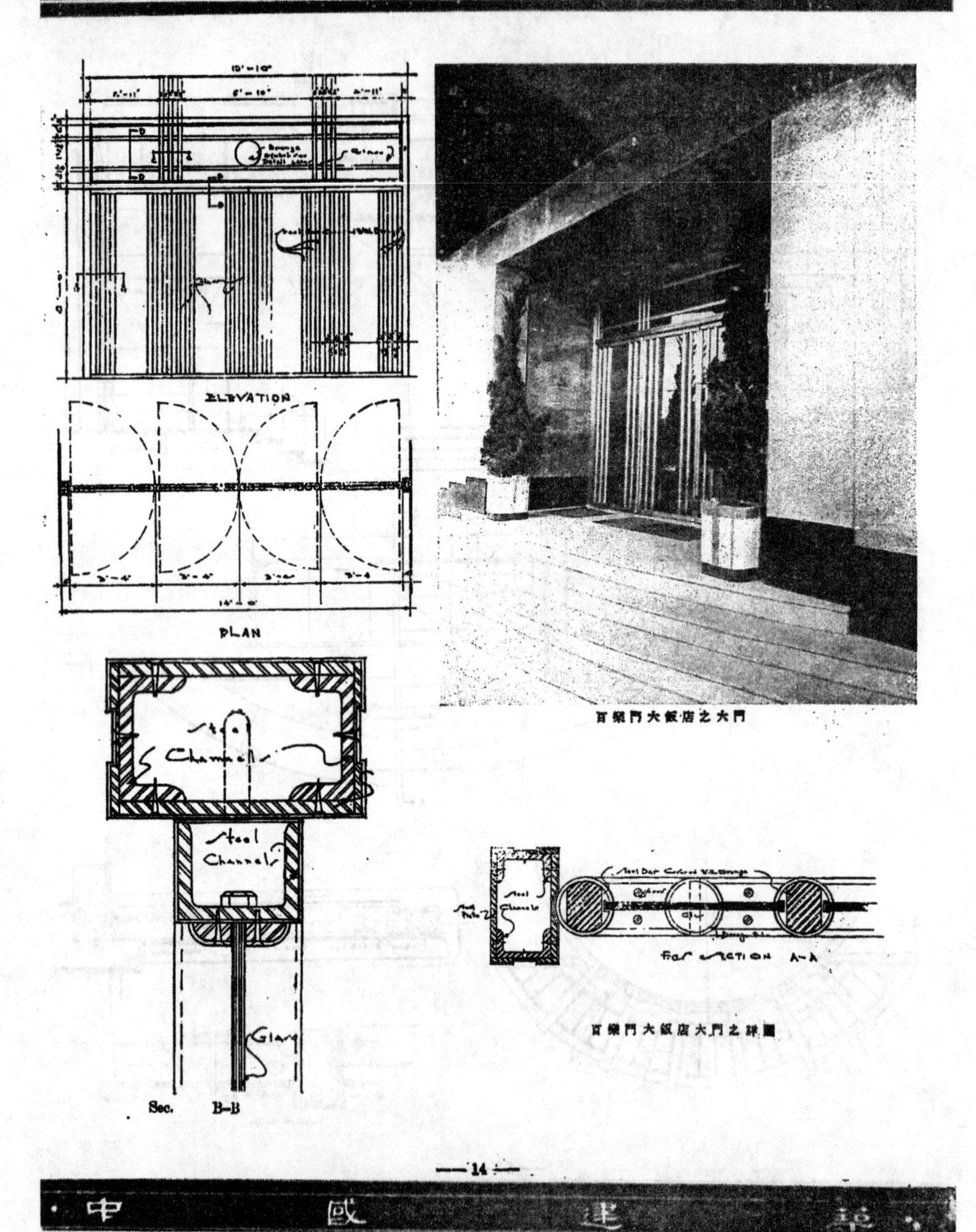

百樂門大飯店之大門

百樂門大飯店大門之詳圖

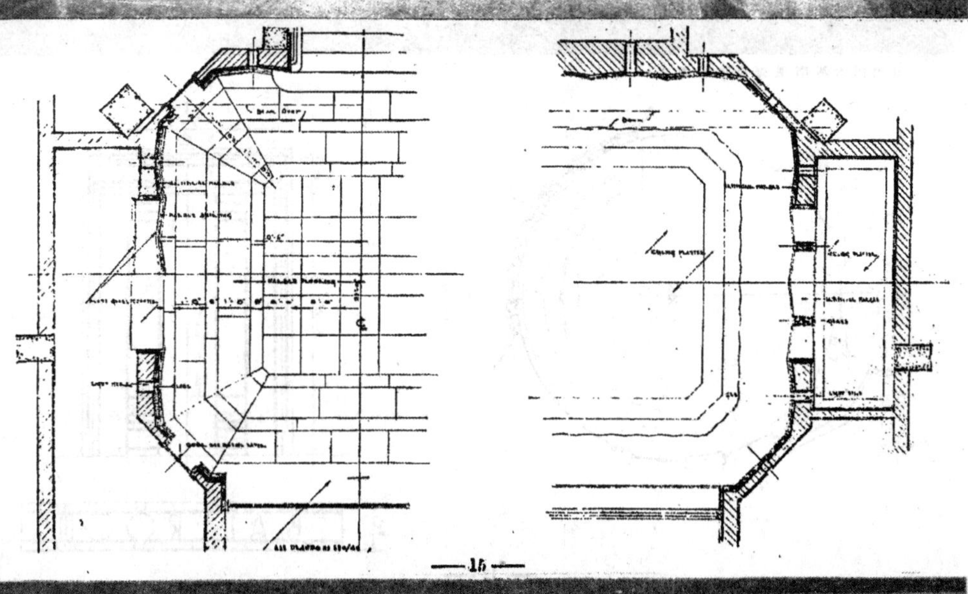

百樂門大飯店進舞廳休憩處之一

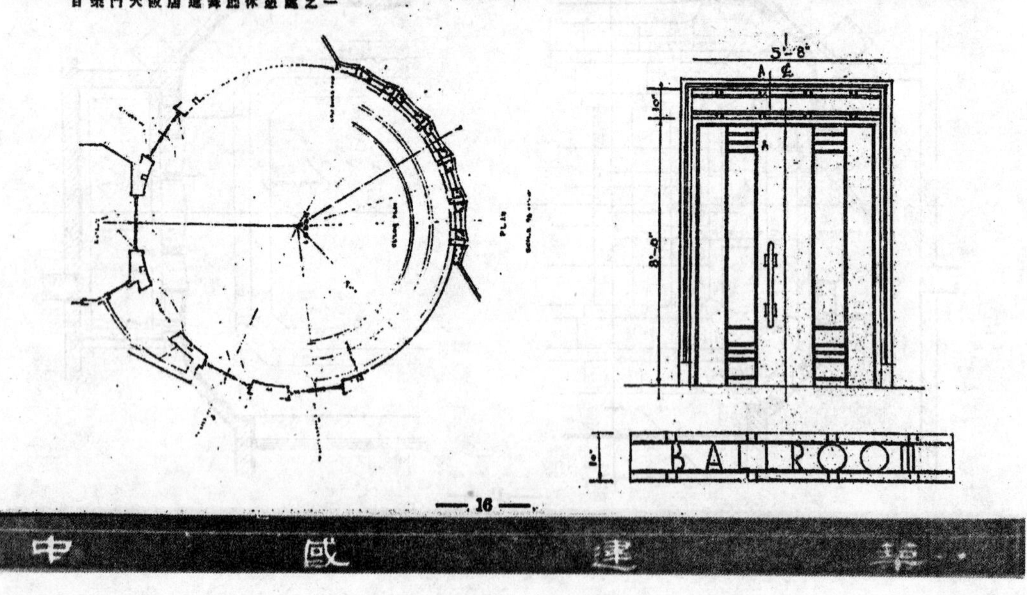

百樂門大飯店進舞廳休憩處之二

↑
百樂門大飯店內舞廳進門處

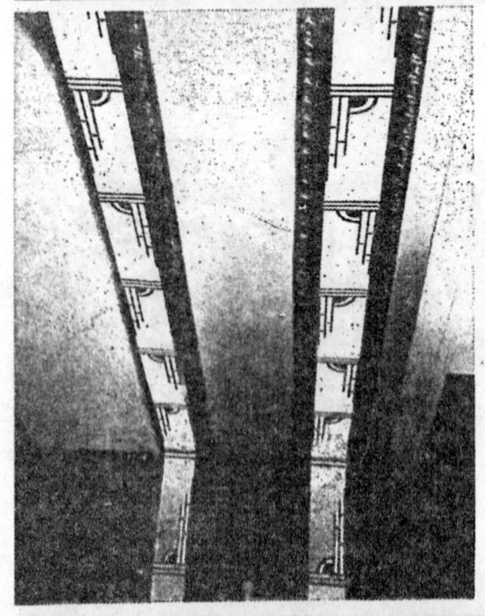

←百樂門大飯店舞廳內之華麗壁燈

↑
百樂門大飯店舞廳由樓上下視圖

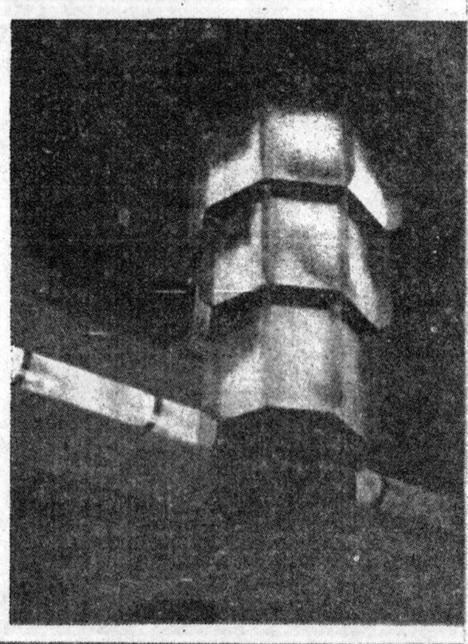

百樂門大飯店舞廳內之燈柱→

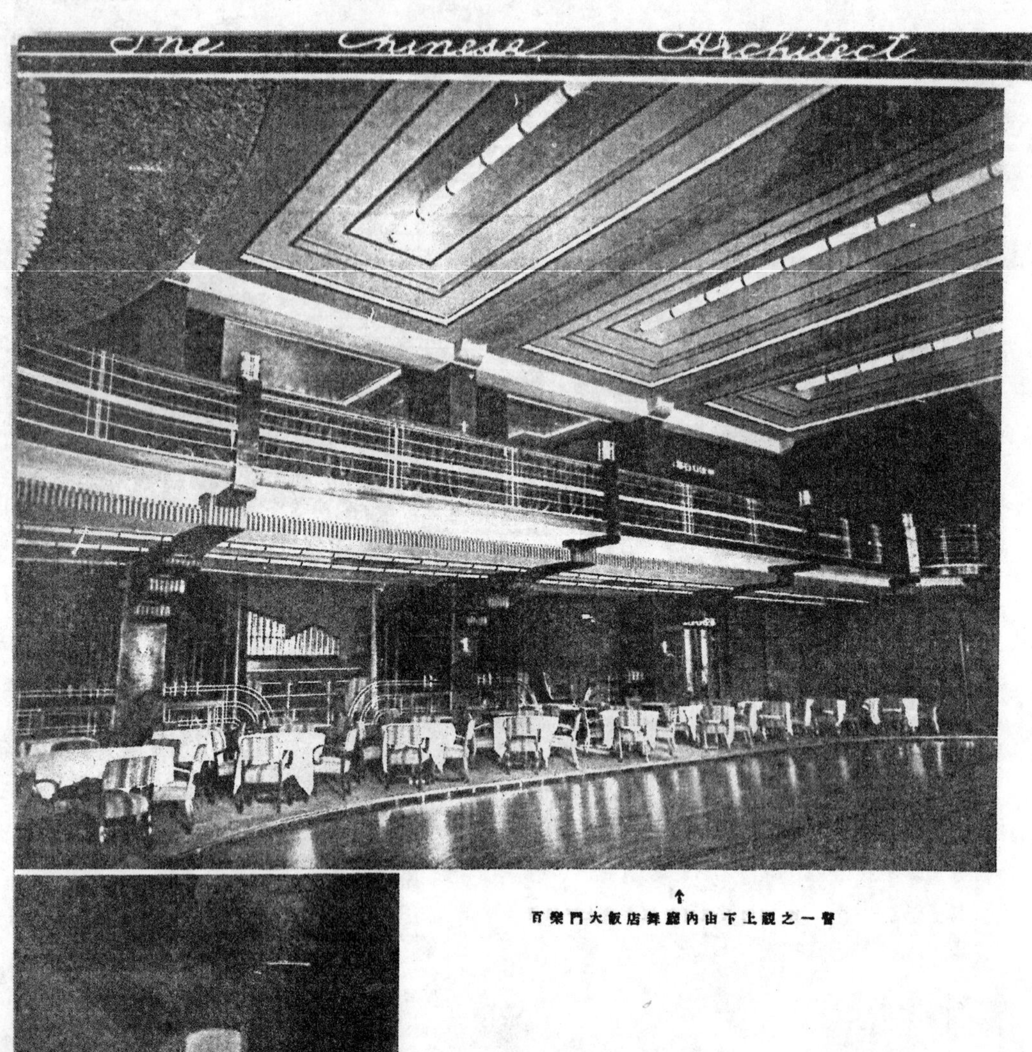

↑
百樂門大飯店舞廳內由下上觀之一瞥

← 百樂門大飯店舞廳內之安全燈

↑ 百樂門大飯店舞廳內之平頂偉觀

百樂門大飯店舞廳內之音樂台全部 →

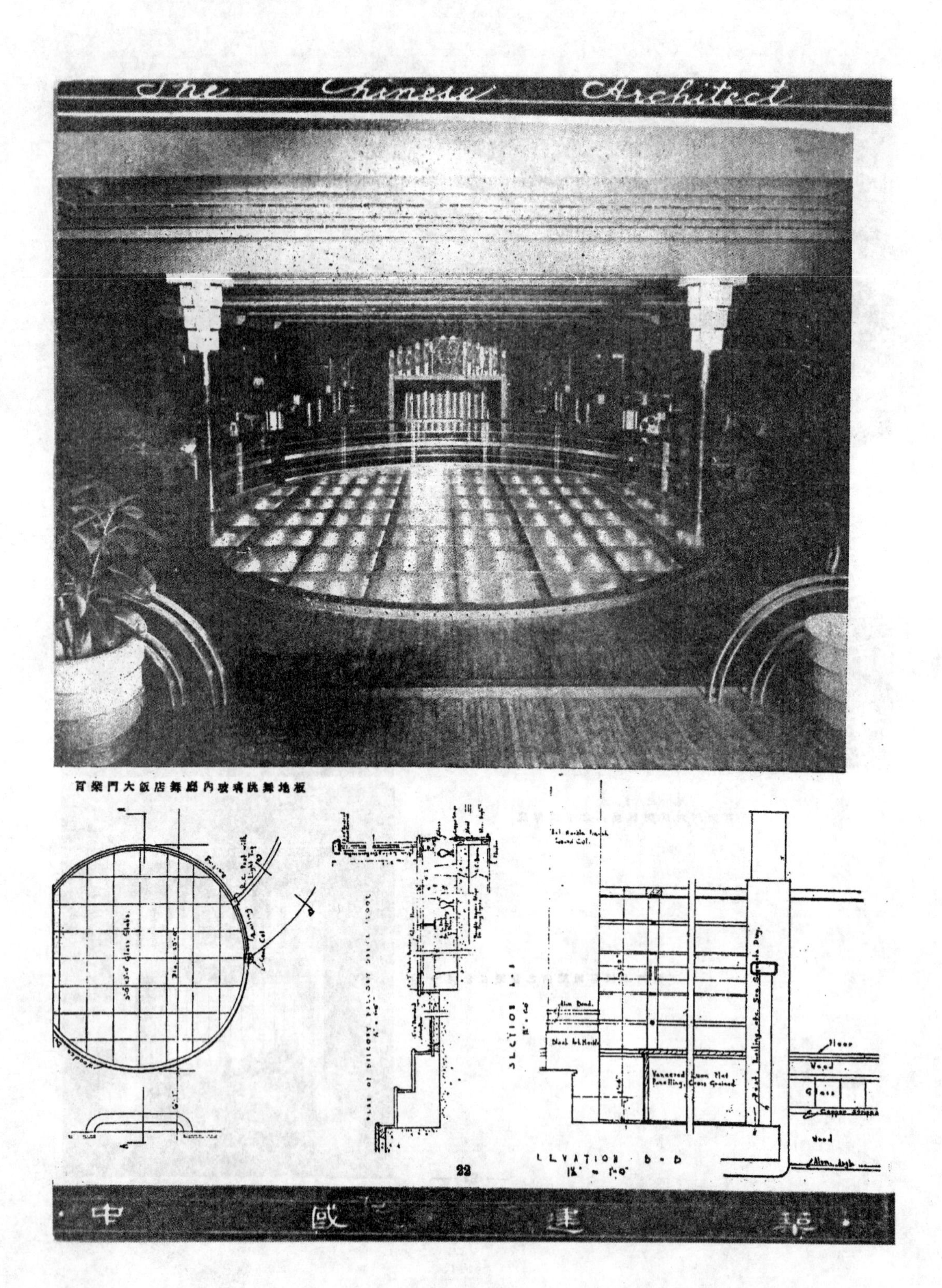

百樂門大飯店舞廳內玻璃跳舞地板

The Chinese Architect

百樂門大飯店舞廳內鋼梯扶手之一

上也舞廳。

下也舞廳。

彈簧地板效飛騰。

玻璃地板顯倩影。

何幸！何幸！春宵一刻千金價。

30790

百樂門大飯店舞廳內鋼精扶手之二

鋼精欄。
彩石柱。
燈條相映光輝佈。
但知優遊人舒適。
那管價值連城璧。

↑ 百樂門大飯店舞廳內之酒排間

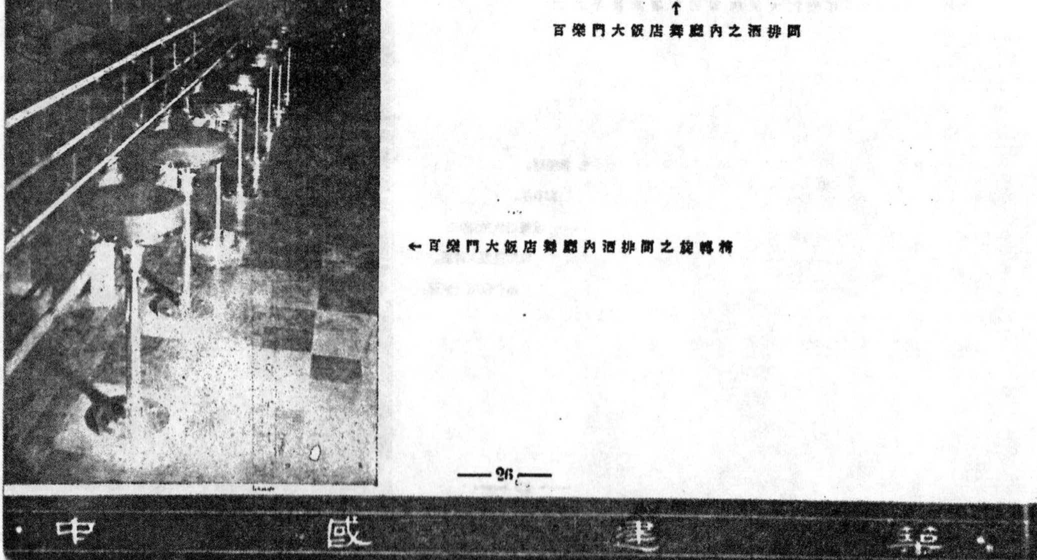

← 百樂門大飯店舞廳內酒排間之旋轉椅

30792

↑百樂門大飯店舞廳內之宴會廳

百樂門大飯店宴會廳天花板之燈條→

百樂門大飯店舞廳內走廊下之燈條及通氣孔

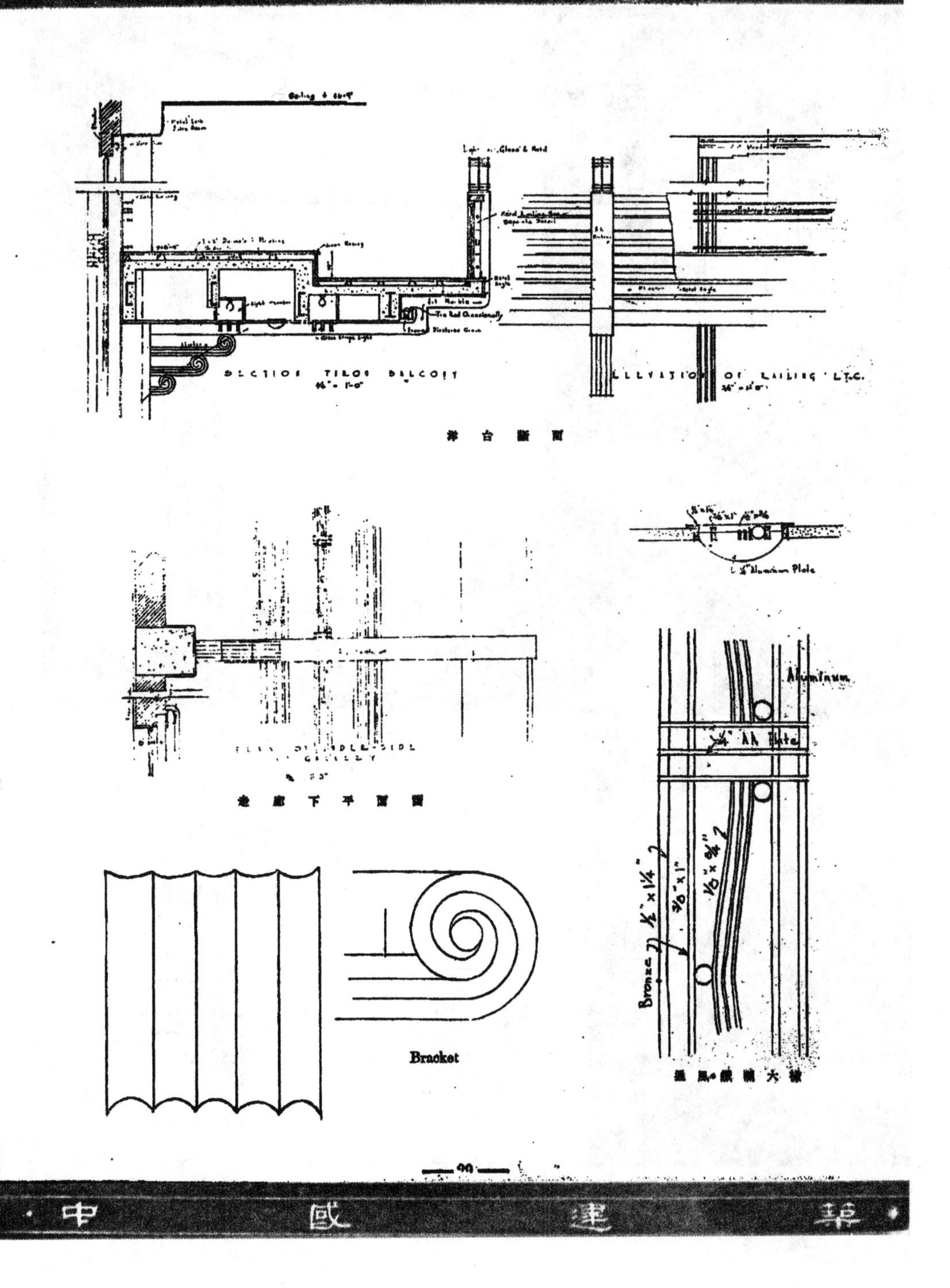
SECTION THROUGH BALCONY
ELEVATION OF RAILING ETC.
陽台斷面
走廊下平面圖
Aluminum Plate
Aluminum
Bronze
Bracket
欄杆大樣

30795

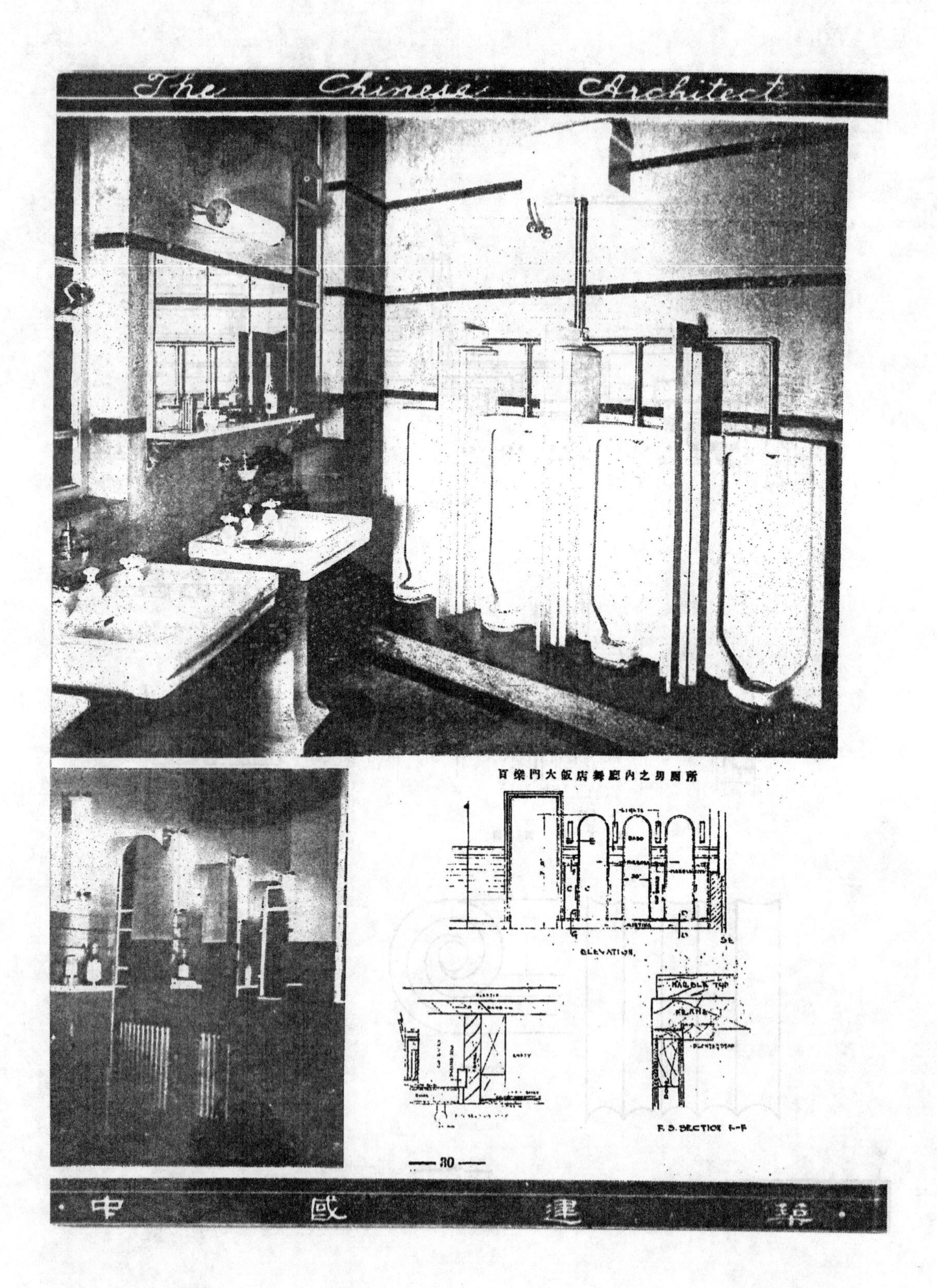

百樂門大飯店舞廳內之男厠所

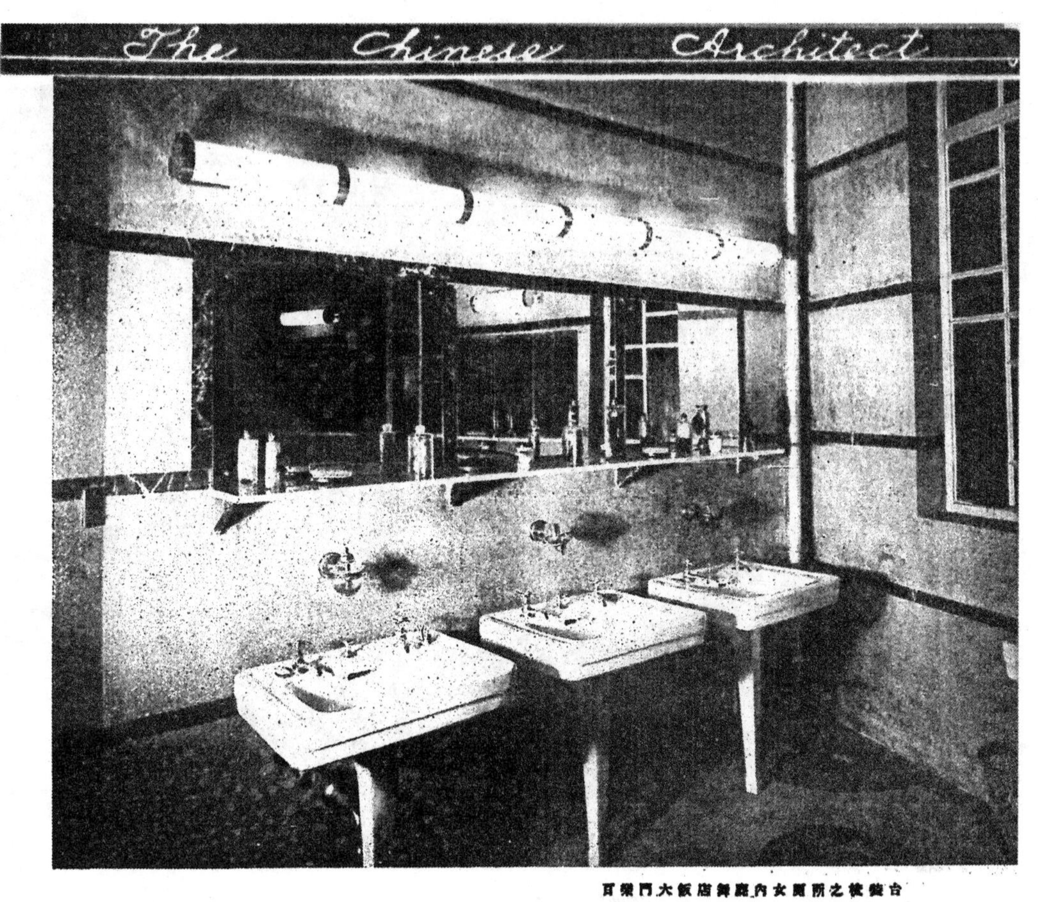

百樂門大飯店舞廳內女廁所之梳妝台

SECOND FLOOR

MARBLE BAND

TERRAZZO

LIGHTS

MIRRORS

MARBLE SHELF
MARBLE BRACKETS

WHITE MARBLE

MARBLE SHELF

GLASS

MARBLE BRACKET

TERRAZZO

F. S. section D-D

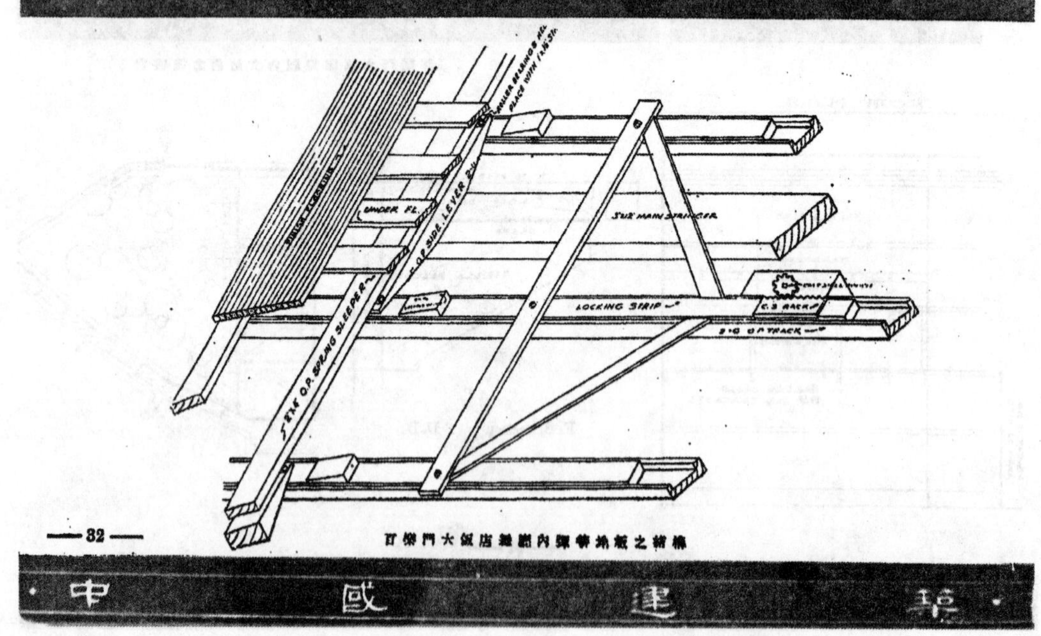

百樂門大飯店舞廳內彈簧地板之結構

彈簧跳舞地板之構造

楊錫鏐

據跳舞者的經驗告訴我們說：跳舞的地板不可過硬，硬則跳舞稍久就要感覺疲乏。最好須略有彈力性，那麽跳舞時人們依着音樂的節奏，步步的前進。地板因着跳舞者步伐的載重，同時作有節序的輕微的顫動，在這樣的地板上跳舞，是會感覺着步伐的輕盈，和舞姿的生動。於是設計舞場地板的建築師們，就得運用工程的技巧，來應付他們的要求了。他們需要的規律是如此：——

（一）地板全部面積要具有同等的彈力性，不能中央彈力過甚，而四周彈力不足。

（二）祇載重部份，因跳躍而顫動，其餘四周未載重的地板，多不受波及。受跳躍而致顫動的部份，愈小則愈佳。換言之，即一人在地板之某一處跳動，同時站立在較遠處者可不受此項顫動之波及。

（三）地板顫動的震幅，最小不得少於八分之一吋，最大不得超過半吋。

要設計一方木質的地板，而能適合以上的規律，的確不是一件容易的事。最滿意的，就是老實地用鋼質的彈簧，放在較小之擱柵的下面，大約如下圖。

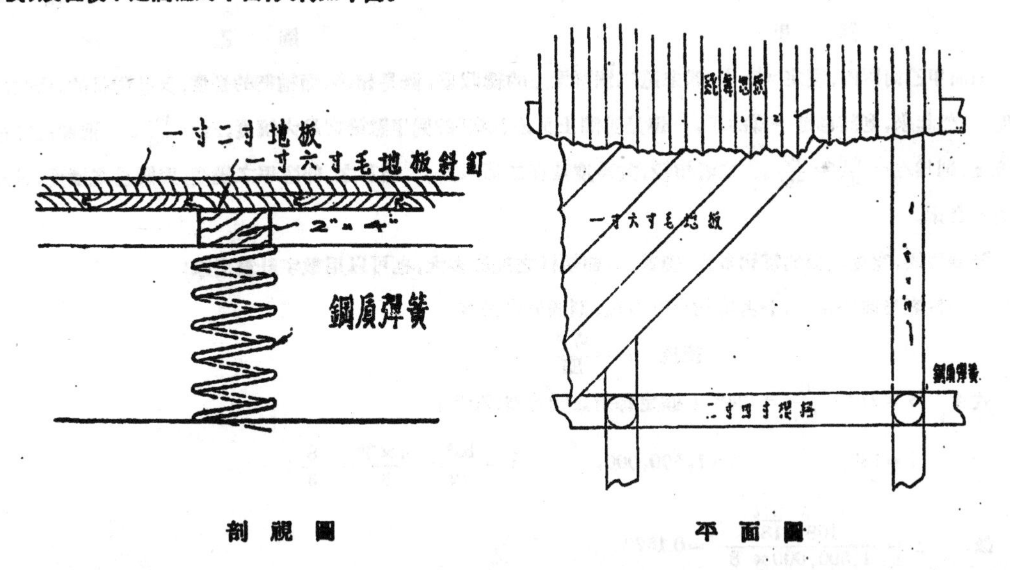

剖視圖　　平面圖

但是要設計這種鋼質彈簧的地板，有一點困難的地方，就是鋼質彈簧之不易購取。廠家現成有着的，全是機器上所用的，要配一根合宜的彈簧，不是一件容易事。假使要特別的定造，那末對彈簧力的能否均勻，和彈性能否持久，殊無把握。價格也很貴，難於辦到。因此就有了下面的一種懸挑式木質彈簧發明，經濟簡單，頗合實用。

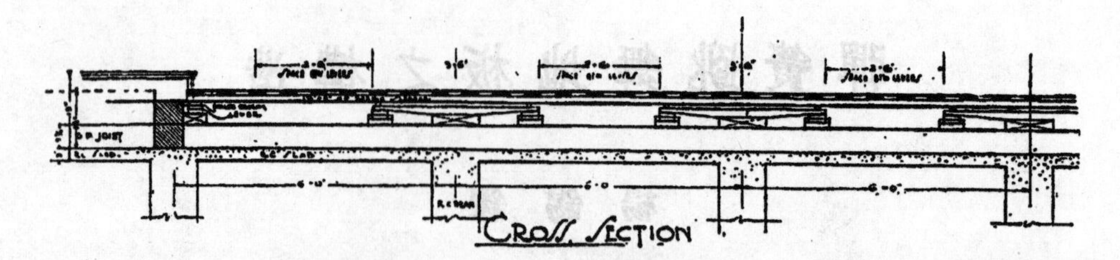

這種懸挑式彈簧地板的構造，是將地板安置在一個二端挑出的橫杆上。橫杆的中部，支持在擱柵上，而且是固定的。兩端則有圓軸各一枚，圓軸的作用，一則使地板能些微地左右顫動。那末跳舞其上者，更覺其飄渺綽約，若羽化而登仙。而一方面，——也就是他的最大功用——則在移轉地板上的載重，使全部集中在各個橫杆的二端。那末橫杆上所生的撓度，(DEFLECTION)較直接把地板安放在橫杆上爲大。這是材料力學上很淺近的一個原理。

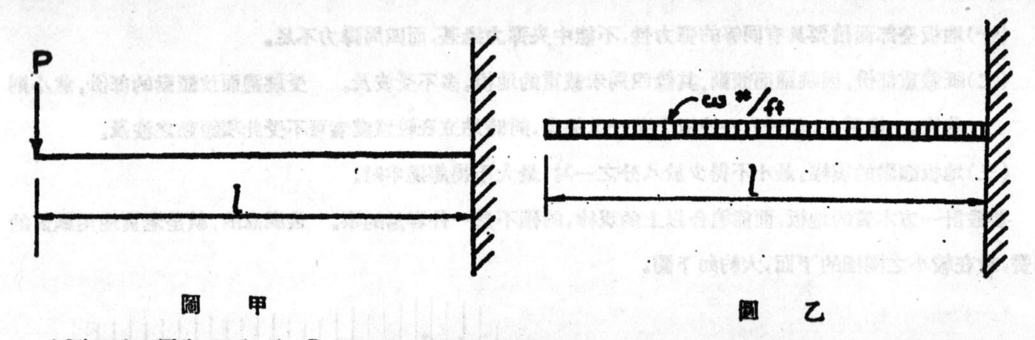

圖　甲　　　　　　　　　　　　　　圖　乙

上面甲乙兩圖內，假定 $wl=P$，那末這二個懸梁上的總載重，既是相等，而牠們的長度，又是同樣的，所生的撓度，理想起來，應該也是一樣的了。但是實際上又是怎樣呢？圖甲懸梁之最大撓度，$\triangle=\frac{Pl^3}{3EI}$。而圖乙之最大撓度，則爲 $\triangle=\frac{Wl^3}{8EI}=\frac{Pl^3}{8EI}$。二者相較，其差度竟在二倍以上。換言之，即圖甲之撓度，與圖乙之撓度，確成八與三之比。

跳舞時候，究竟地板的震幅多大；換言之，即橫杆之撓度多大，也可以用數字計算出來：

(一)舞客最擁擠時，每對占地約十五方尺，則照公式計算：

$$撓度\quad \triangle=\frac{Wl^3}{EI}$$

式中　$W=270\times\frac{6}{150}=108^{\#}$（假定每對之體重爲 $270^{\#}$）

$l=18''$，　　$E=1,500,000$，　　$I=\frac{bd^3}{12}=\frac{4\times2^3}{3}=\frac{8}{3}$；

故　$\triangle=\frac{108\times\overline{18}^3}{1,500,000\times\frac{8}{3}}=0.157''$

此項撓度乃係依照每對舞客之靜載重而言，當他們跳動的時候，其所生之力很大，謂之衝擊力。普通爲靜載重之200%，故橫杆之實際撓度，應爲 $0.157\times(1+2)=0.471''$。

(二)平常時間，平均每對占地約廿方尺，則該項橫杆之撓度，即爲 $0.471\times\frac{15}{20}=0.354''$。

預　告

支加哥博覽會將在本刊二卷二期與讀者會面

小　引

支加哥博覽會之發韌，狹義言乃表現建築進化之新精神，廣義上乃代表科學百年進步之大計。　故除其會場之建設盡採新式方法外，旣其各部之設施，無一不力求現代化。　是以密希根湖畔，三英里之地，天日隔離，鉤心鬥角，可稱未有之奇觀。　此景此情，想讀者未有不欲先睹爲快者。　幸有建築師過元熙，當時服務於博覽會，監造熱河金亭建築工程事務。　中國政府，當時亦擬參加，特由實業部聘過君爲參加博覽會設計委員。　以後官辦改由商辦，又聘過君爲工程顧問。　故過君對於博覽會內部詳情，洞悉其眞。　對於該會之全部材料，得搜集無遺。　當過君回國之際，已將全部攝影攜來。　允諾敝社之請，盡量披露於本刊。　故擬在二卷二期，特刊登載。　茲於本期付印之頃，先爲介紹數幀，其價值想有目共賞。　於讀者諸君，不特如親臨盛會，而於建築設計上，尤大有裨益也。　是豈獨敝社蒙過君之佳惠哉！

編者謹識

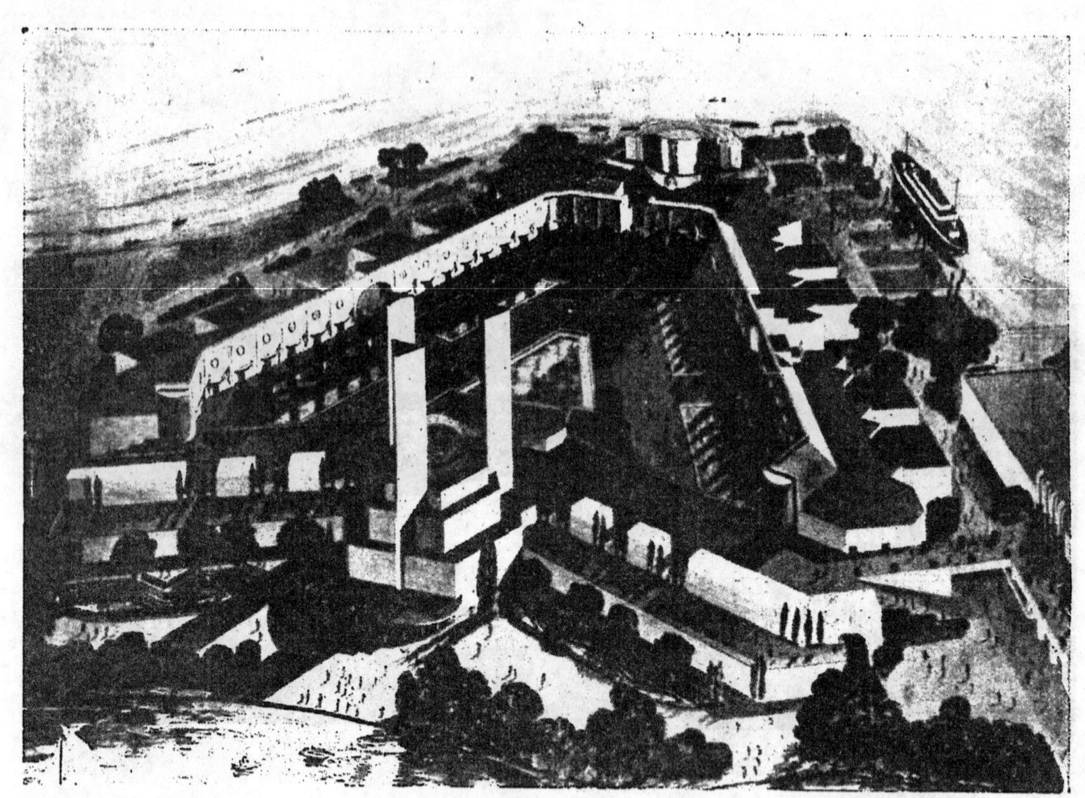

過元熙建築師搜集

美國政府曁聯邦專館

圖爲一九三三年芝加哥百年進步萬國博覽會中之美國政府專館。館之象形採取合衆聯邦之義。

其中陳列，有美國政府及各省各屬地之物品。館長六百二十呎，寬三百呎。頂上高聳之圓拱，七十五呎。圓拱之外，環有三角形之塔凡三。高各一百五十呎。其用意係寓美國政府之行政，立法，司法三權之分立也。

過元熙建築師搜集

電機專館

芝加哥百年進步萬國博覽會舉行於一九三三年。 會場中有一電機專館。 館之形頗似一有柄之鈎;並建有層叠而上之花園。 電氣瀑布,電氣噴水池及鋪砌之坪臺等以爲装飾。 同時一切電氣機械之秘奥,亦在其中盡撚表顯無餘焉。

圖之半圓形館宇中,陳列電機之歷史,分類及用途三種。 中央館屋則陳列電話與電報。 圖之左屋中,陳列無線電及傳真電話,遊人抵此,可目睹二十世紀電氣科學之進步。

過元熙建築師搜集

倣造之熱河金亭

圖爲一九三三年芝加哥萬國博覽會中倣造熱河金亭之夜景，裏外通用電光，反射如晝，備遊人參觀。按熱河金亭，爲中國之著名喇嘛廟，滿淸皇帝祈福於斯。原廟今尙在熱河，年久圮壞；適有美富商本特，性喜東方美術，遂約瑞典探險家赫定博士搜集遺物，延請中國北部建築師及工匠照樣摹製，後將廟材共約二萬八千件，直運入美。聘過元熙建築師在博覽會場督工監造。美國人士，對於我國美術之勝，營造之巧，贊譽有加，足爲國爭光不少也。

（下期特刊另有專載）

北平仁立公司增建鋪面

建築師梁思成設計

北平王府井大街仁立地毯公司，自市府規定房基綫後，即將原有鋪面前九呎寬之地購置，以備擴充。去年增建鋪面工程，聘建築師梁思成設計。

原有的樓房是一所當年BEAUX-ARTS式的規矩作品；高三層，最下層正中是三間陳列窗，左右各開式樣完全相同的門一道，右門引入大陳列廳，左門引入辦公部份樓梯口及後部庫房。內部全部作曲尺形，無隔斷牆；但在曲處有磚砌的煙囪伸上屋頂。

業主的命題是在外面增加與原建築物同高的三層樓；並將內部重裝，而以應用中國式為必須條件之一。

建築師在增建的設計上，因為原建築物兩門有使顧主徘徊歧路的困難，所以第一便將正門與側門的輕重分出；在這點上所遇的困難，就在如何避過原有不可移動的柱及牆。

外部表面是用石及磨磚造成。下層陳列窗用八角形柱及雄大的唐代斗拱及人字拱。斗拱是與水泥過梁同模凝結而成，為梁與柱間的過渡者，是結構中的必需部份，而非徒做古形的虛偽裝飾，是值得注意的。斗拱和第二層窗上的水泥過梁，都施以宋式彩畫，八角柱則漆純黑色。三層窗下磚砌的浮形勾欄及平坐，直率的成外面的一點裝飾。屋簷牆上用玻璃瓦的COPING；脊端的吻，和在龍首上掛着的古招牌式年紅廣告燈，也都是些有趣而適當的點綴。

內部的重建，磨磚的護牆（即台度）是北平特有的手藝；所以建築師沒有把它放鬆。幾朵宋式的斗拱和彩畫，却增加了不少的趣味，並且能與外面同一格調。

就全部看來在這小小的鋪面上，處處都顯出建築師曾費過一番思索。梁君近來研究中國建築之演變，實地測繪了多處遼宋金元明清遺物，洞悉中國建築構架及其各部之機能，對於盲從任何一時代特種式樣，徒作形式之模倣，而不顧結構功用之「中國式建築，」素來是不贊同的。在這倣清代宮殿式建築風氣全盛時期，這種適當的採用古代建築部份，使合於近代建築材料和方法，實為別開生面的一種試驗，也是中國式建築新闢的途徑了。

麟炳謹識

北平仁立公司外面全部　　梁思成建築師設計

北平仁立公司前廳　　梁思成建築師設計

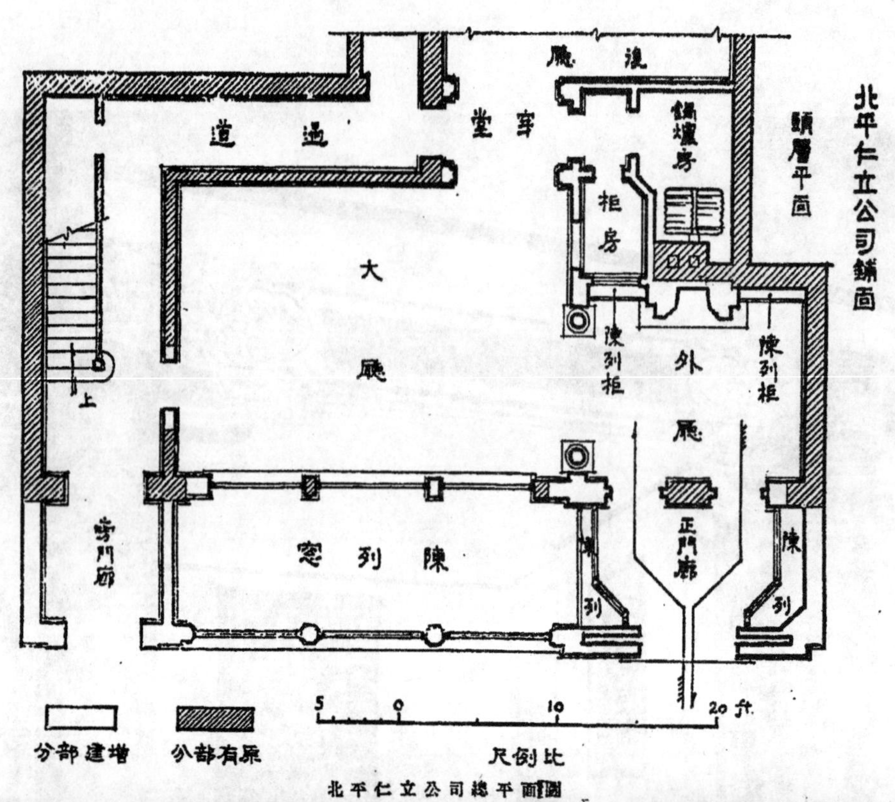

北平仁立公司總平面圖

北平仁立公司正門及陳列窗夜景　　梁思成建築師設計

北平仁立公司內部　　梁思成建築師設計

中央大學建築系張鎛繪鄉村學校透視圖

鄉村學校習題

某處欲建鄉村學校一所，招收十二歲至十八歲男女學生每年約三百名。該校共有地積六萬平方呎。設計者務須注意其將來之發展而留日後增添建築之餘地。

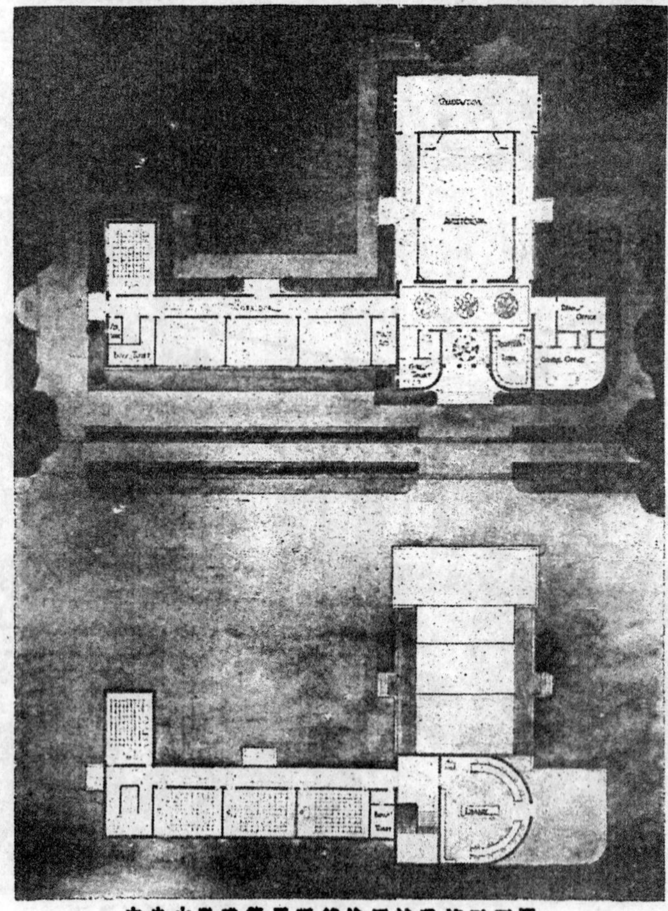

中央大學建築系張鎛繪鄉村學校平面圖

本題需要條件：

一、 大門及門洞，並需要走廊

二、 圖書館

三、 體育館

四、 大禮堂

五、 教室

六、 辦公室廁所等

比例呎：——

正面 $\frac{1''}{8}=1'\text{—}0''$

斷面 $\frac{1''}{16}=1'\text{—}0''$

平面 $\frac{1''}{8}=1'\text{—}0''$

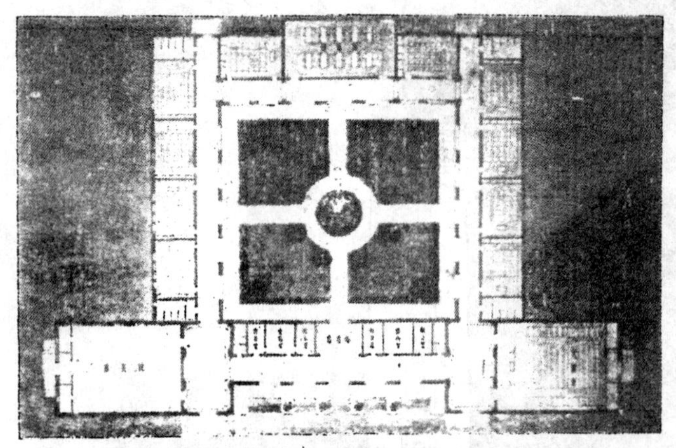

中央大學建築系張宋德繪鄉村學校平面圖

中央大學建築系張玉泉繪鄉村學校平面及立面圖

東北大學建築系劉鴻典繪救火會平立面圖

東北大學建築系劉國恩繪雕飾圖

東北大學建築系劉致平繪雕飾圖

東北大學建築系鐵炭筆繪模型寫生圖

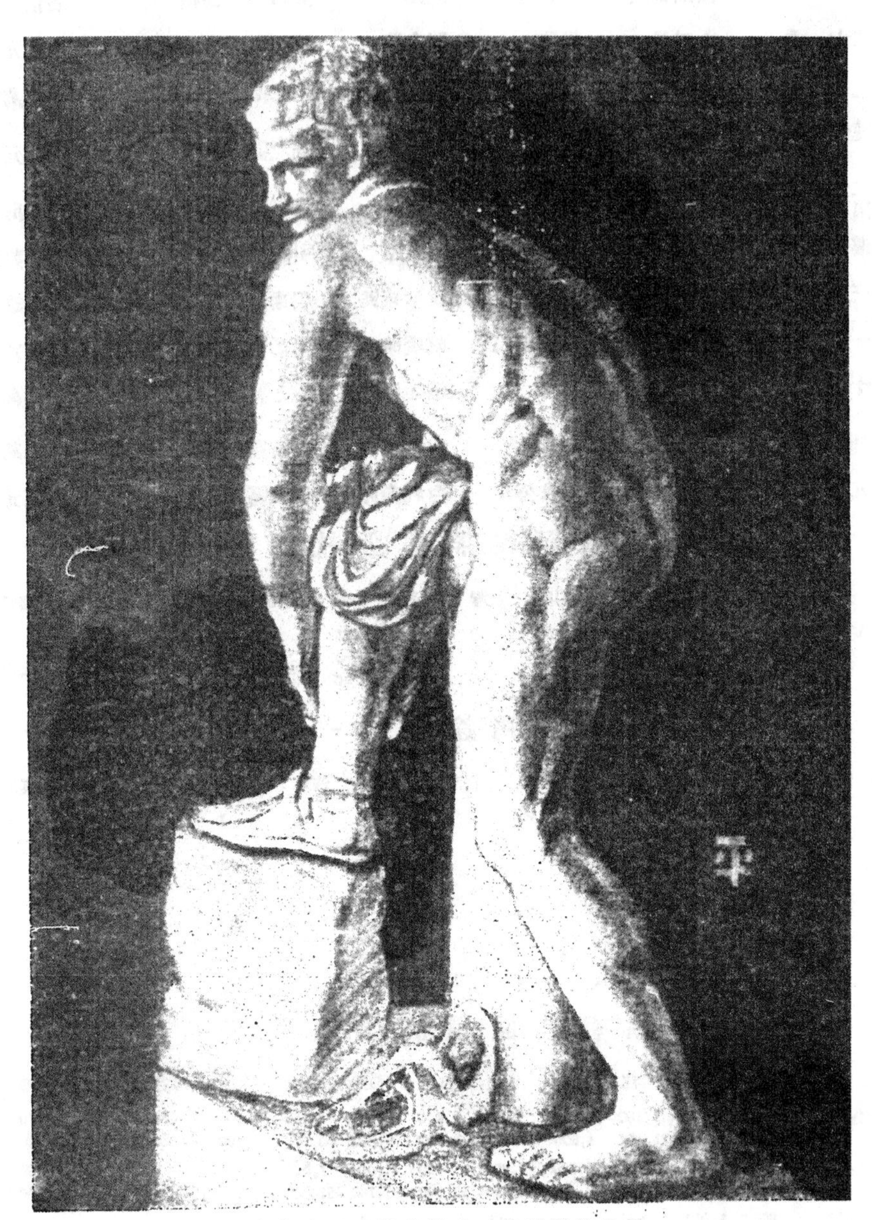

東北大學建築系劉致平繪模型寫生圖

民國廿二年十二月份上海市建築房屋工務局請照表

建築種類	領照日期	請照人	地點	區域	面積	估價
二層樓住宅二十一幢	十二月	某君	寶山路	閘北區	二千平方公尺	十萬元
三層樓市房十三幢 二層樓住宅一百十五幢	十二月	華業銀行	虬江路	閘北區	四千三百 平方公尺	十七萬元
平房及二層樓住宅 與花園一座	十二月	白石六三郎	青雲路	閘北區	六百平方公尺	五萬元
二層樓市房二十八幢 住宅八十二幢	十二月	捷豐地 產公司	局門路	滬南區	三千平方公尺	十二萬元
二層及三層樓住宅	十二月	興業信託社	市光路	引翔區	四千平方公尺	二十萬元
二層樓住房三十幢	十二月	上海銀行	政治東路	引翔區	二千平方公尺	七萬餘元
二層樓住宅一所	十二月	安凪羅氏	虹橋路	蒲淞區	六百平方公尺	六萬元
三層樓住宅十七所	十二月	某君	億定盤路	法華區	二千五百 平方公尺	十九萬元
三層樓住宅廿四幢	十二月	某君	海格路	法華區	二千三百 平方公尺	十九萬元
三層樓住宅九所	十二月	培成公司	白利南路	法華區	八百平方公尺	八萬元

各區請領執照件數統計表

准或否＼區域	閘北	滬南	洋涇	吳淞	引翔	江灣	蒲淞	法華	漕涇	殷行	高行	高橋	碼頭	總計
已准件數	164	204	55	18	58	19	8	36	2	1	1	6	3	575
未准件數	25	42	3	0	4	2	0	4	0	0	1	2	0	83
總計	189	246	58	18	63	21	8	40	2	1	2	8	3	658

各區新屋用途分類一覽表

房屋用途＼區域	閘北	滬南	洋涇	吳淞	引翔	江灣	蒲淞	法華	漕涇	殷行	高行	高橋	總計
住宅	42	39	15	9	28	8	7	26	1	1	2	5	176
市房	8	14	1	2	2	2	1	3				1	34
工廠	1	5	1		4			1					12
棧房			1		1			1					3
學校	1												1
教堂					1								1
其他	7	3	1		1			4	1		1		18
總計	59	61	19	11	32	10	8	35	2	1	1	6	245

各區營造面積估價統計表

房屋種類＼區域		閘北	滬南	洋涇	吳淞	引翔	江灣	蒲淞	法華	漕涇	殷行	高行	高橋	總計
平房	面積(平方公尺)	7,020	5,150	1,480	320	2,780	420	380	8,170	360	30	180	390	21,520
	估價(元)	102,8.0	85,730	21,190	4,530	44,210	5,700	6,260	50,740	9,400	480	1,950	5,220	338,270
樓房	面積(平方公尺)	10,270	8,360	200	190	7,220	630	1,060	7,510				60	35,600
	估價(元)	411,020	348,660	10,100	6,400	268,830	27,600	84,160	557,900				2,400	1,717,690
廠房	面積(平方公尺)	800	1,910	970		960		80	180					4,750
	估價(元)	4,200	35,170	14,900		18,260		3,000	22,400					97,930
其他	面積(平方公尺)	180	80	100					580					1,040
	估價(元)	49,000	19,000	2,800		1,320			16,480					88,600
總計	面積(平方公尺)	17,370	15,500	2,800	510	10,910	1,040	1,470	11,840	360	30	180	450	6?,910
	估價(元)	567,6.0	488,560	48,990	10,990	332,640	33,300	93,420	647,520	9,400	480	1,950	7,620	2,242,490

建築正軌

石麟炳

引言

我們研究建築以前，須先知道什麽是建築，爲什麽要研究建築。前者是一件很複雜的問題，狹義講建築就是總理人生四大要素中的第三要素的一個住字，廣義講那麽文化是牠，歷史也是牠，甚至國風之文野，亦可以從建築上表現出來。那麽建築與人生關係，是如何的重大！我國固有的建築文化，敢說是東方文化之鼻祖，抓其鱗爪來看，燉煌畫壁，雲岡石窟，雖說都是些中世紀的殘留品。其價值已爲歐西建築界所咋舌，爲不可多得之建築珍品。惜乎國人不知長進，舊法不傳，新法未倡，致將光榮偉大之建築學術，聽其消沉，無人過問，言之痛心。若不設法研究，不用說甘落人後，恐復有文化滅亡之危險！

自從歐風東漸，科學實業，一天比一天發展。所有事業，大都已達到分工合作，專尙專責了。所以中國消沉已久的建築學術，也竟有人去研究；從來未有的建築學校，也竟有人去設立。甚至遠涉重洋，負笈海外，去研究建築專學；可見中國社會人士，對於建築一道，已感覺有興趣，對於建築事業，已感覺極需要了。

在十年前的中國，並無所謂建築學校，遠涉重洋的學士們，在國內的時候，也並不見得具有建築常識，不過到了歐美，鑑於他邦建築事業，那樣的發達；建築藝術，那樣的高尙，反顧祖國情形，未免有所豔羡。我們從海外得到學位的建築師們，那時研究建築學術的動機，也未始不在這艷羡一刹那之間吧!!!

現在建築事業更形發達了，在上海一隅，已可以看到蒸蒸日上的情形。可是建築界人材的加增率，也許不如建築事業加增率那樣高，所以作投機事業的也大有人在。不懂建築要素的冒牌建築師，有時也大作其設計。所以「建築未成房先倒」的絕妙文章，竟有時耳聞目睹；至於合用不合用美不美的問題，那更談不到了。如此進行起來，建築文化，一定要受影響而開倒車。所以各種事業之建設，首先須具有該事業之學識與經驗，然後始不致畫虎類犬。不然恐閉門造車，其行不遠；徒遺笑方家，而自取失敗也。邇來關心建築之人士日衆，常有欲知建築進行步驟者，質問於予，予以建築學術之深奧，絕非三言兩語所能貫通，當時苦無具體答覆。玆特檢就所知，湊成篇幅，拉雜寫來，供諸初學建築同志們的參閱，也許於學術界小有蝸角之助吧！

第一章　文具儀器之設備及其應用

『工欲善其事，必先利其器』，已爲古今中外人士所公認。所以學習建築製圖，當然也要有其相當用具。玆簡舉如下：——

A. 鉛筆 (Pencil)—— 製圖之主要文具，當首推鉛筆，蓋不可脫離須臾。鉛筆之種類，至繁且雜，良莠不可以雲泥計。普通建築事務所製圖所用，多爲維納司 (Venus) 牌。價值雖稍昂，用之則極便；並軟硬之等級完全，從7H至6B可隨意選用。但建築繪圖室，硬鉛筆不合應用，2H以上，多用於工程製圖耳。

鉛筆之應用:——

F——HB多用於 Working drawing

HB——B多用於 Final sketch

2B——3B多用於三吋大樣 (3—inch detail.)

3B——4B多用於足尺大樣 (F. S. detail.)

6B 多用於自由畫或徒手畫 (Free hand drawing)

鉛筆之用法:——

1. 將鉛筆直插於三角板或丁字規 (T Square) 之邊線 (圖一),則所繪之線,無論達於若干長度,亦無走線不直之弊。

2. 將鉛筆之包木擱於三角板或丁字規之邊線,使與紙頭垂直,而鉛筆尖與三角板或丁字規稍有離縫 (圖二) 則畫雙線平行時,可以不移動三角板或丁字規即可完成。 時間可感經濟;但非經驗有素,容易走線,宜注意及之。

圖一　　圖二

B. 鴨嘴筆(Rolling Pen)——鴨嘴筆又名烏口,通稱直線筆,以其形似鴨嘴,故又名鴨嘴筆。 在製圖上作着墨直線時,爲必用之具,其優劣多以鴨嘴頂端之寬狹爲標準,寬者良而狹者次,頂端尖銳者,用之極感不便。鴨嘴上之螺旋,宜活動靈敏,因製圖時一手按板,一手執筆,螺旋靈活,則執筆之手,可以轉其粗細,無需假借另一手,三角板或丁字規可以不移動位置。

鴨嘴筆之用法——鴨嘴筆之尖愼勿插於三角板或丁字規之邊線,因其尖着於板邊,則墨水黏附着力容易落下,而污及繪圖紙。 且筆尖磨偏,用之亦感不便,故鴨嘴筆之應用,務力求與紙面垂直。

C. 三角板 (Triangle)——三角板最好用膠質者,並以兩付爲宜,一付十四吋,一付八吋。

D. 丁字規 (T Square)——丁字規多爲木製,較優者鑲以膠邊,最優者全部膠製。 頂端之橫檔,最好兩枚,以螺旋制其鬆緊,則作角線時,可感便利。 呎吋之長度 以三十六吋至四十二吋者,爲最通用。

E. 兩脚規 (Divider)——兩脚規不但可分線段,又可用以代呎。 圖樣之放大或縮小,用呎量常嫌不準,用兩脚規則異常精確。 放大半倍時,量原圖長度之半,加於原圖上即得。 放一倍或兩三倍時,則更形簡單便利矣。 繪圖員用兩脚規時殊多,宜注意熟習用之。

F. 曲線板 (French Curve)——曲線板用以畫不規則之曲線。 用時須特別注意其接頭處,蓋容易顯出痕跡也。

G. 建築繪圖呎 (Architectural Scale)——建築繪圖呎以每吋十六等分之英呎用之最多,蓋建築圖樣之呎吋計算,多爲十六之因數或倍數。 如$\frac{1}{8}''=1'-0''$, $\frac{1}{4}''=1'-0''$……$\frac{3}{16}''=1'-0''$及$\frac{3}{8}''=1'-0''$, $\frac{1}{16}''=1'-0''$等,亦詳刻呎上,用之極感便利。 此外亦間有用公尺 (Metre) 者,則多限於法屬區域耳。 至於呎之形體以扁形刻劃精細者爲最合用，三稜呎並不便利，但分劃之等分稍粗較多耳。

H. 毛筆——毛筆於圖案着墨或着色時，爲必需之具，以不落毛者爲合用，至少須預備三隻。大者一隻，作 Washing 時用之。較小者可作普通 Rendering，小者則作微細之陰影，及小部分着色耳。

I 擦板——擦板又稱鐵片，上刻各種不同形之孔，爲畫線錯誤時用以擦掉而不妨害其他近旁之線。

J. 圓規 (Compass) 及曲圓規 (Screw Compass)——圓規用以作大圓，曲圓規用以作小圓。

第二章 線條之注意

建築是一種極縝密的學術，須有極細之心思，不撓之毅力，然後始可日就月將。手眼的運用，心思之靈敏，都於進行上有直接關係。初學建築者，首先要知道線條的畫法和幾何形體的結構。兩條線的橫豎聯結，最好是兩端對齊（圖三）兩端稍出頭並無妨害（圖四）兩端離縫（圖五）爲初學畫線者之通病，亦爲建築家認爲不合規律之點，學者宜注意及之。

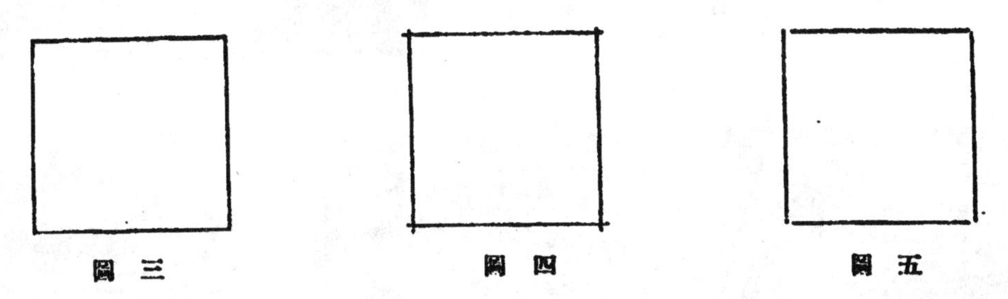

圖三　圖四　圖五

起始畫線，不妨簡單，方，圓，角，各種幾何圖形，均告熟習後，乃可推及繁雜圖形。直線與直線相結（圖六）直線與曲線相結（圖七）均以不出痕跡爲佳。

再進一步，即可畫柱쨘 (Entablature)（圖八）並繪各種柱式 (Order) 如 Doric Order（圖九）Ionic Order（圖十）Corinthian Order（圖十一）均須詳細探討，精心繪畫，直至線條的功夫純熟，即可作簡單設計矣。

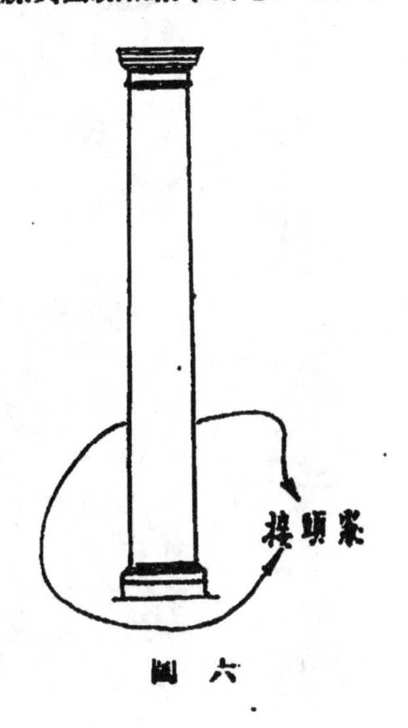

圖六

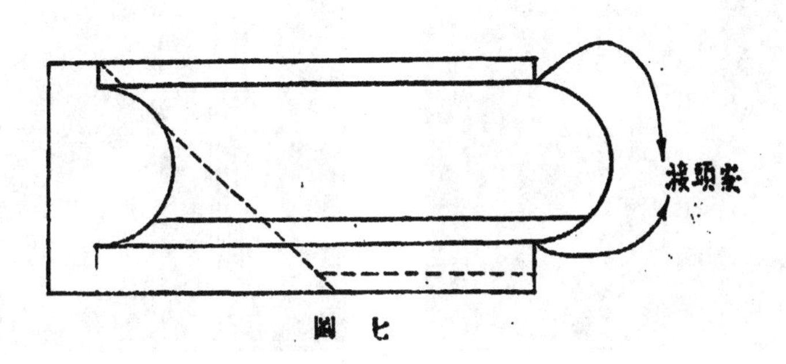

圖七

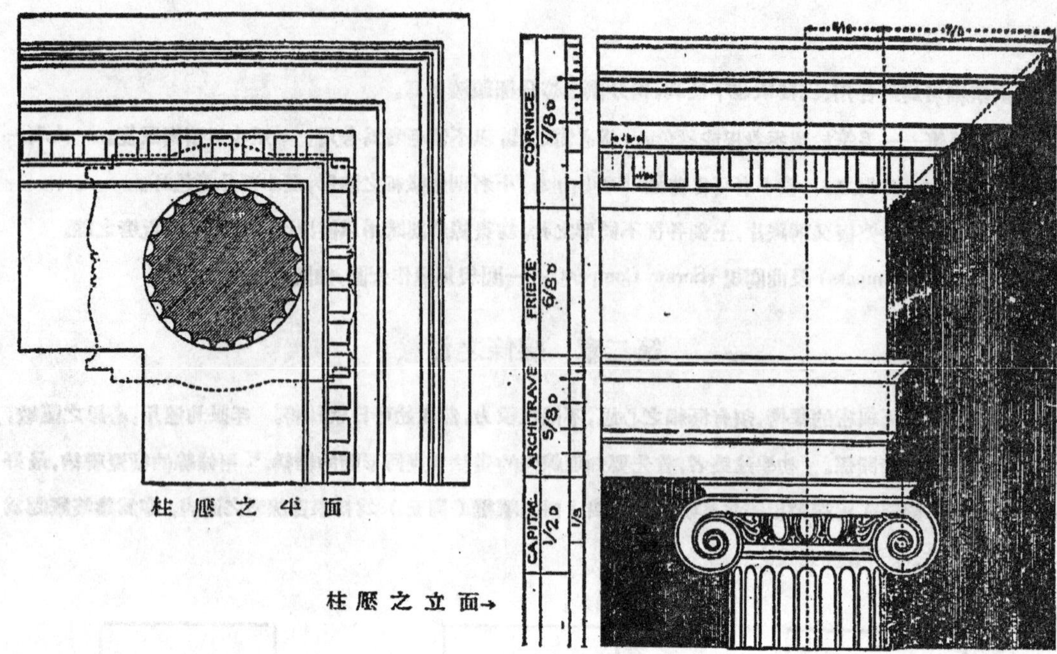

柱㕎之平面

柱㕎之立面→

圖　八

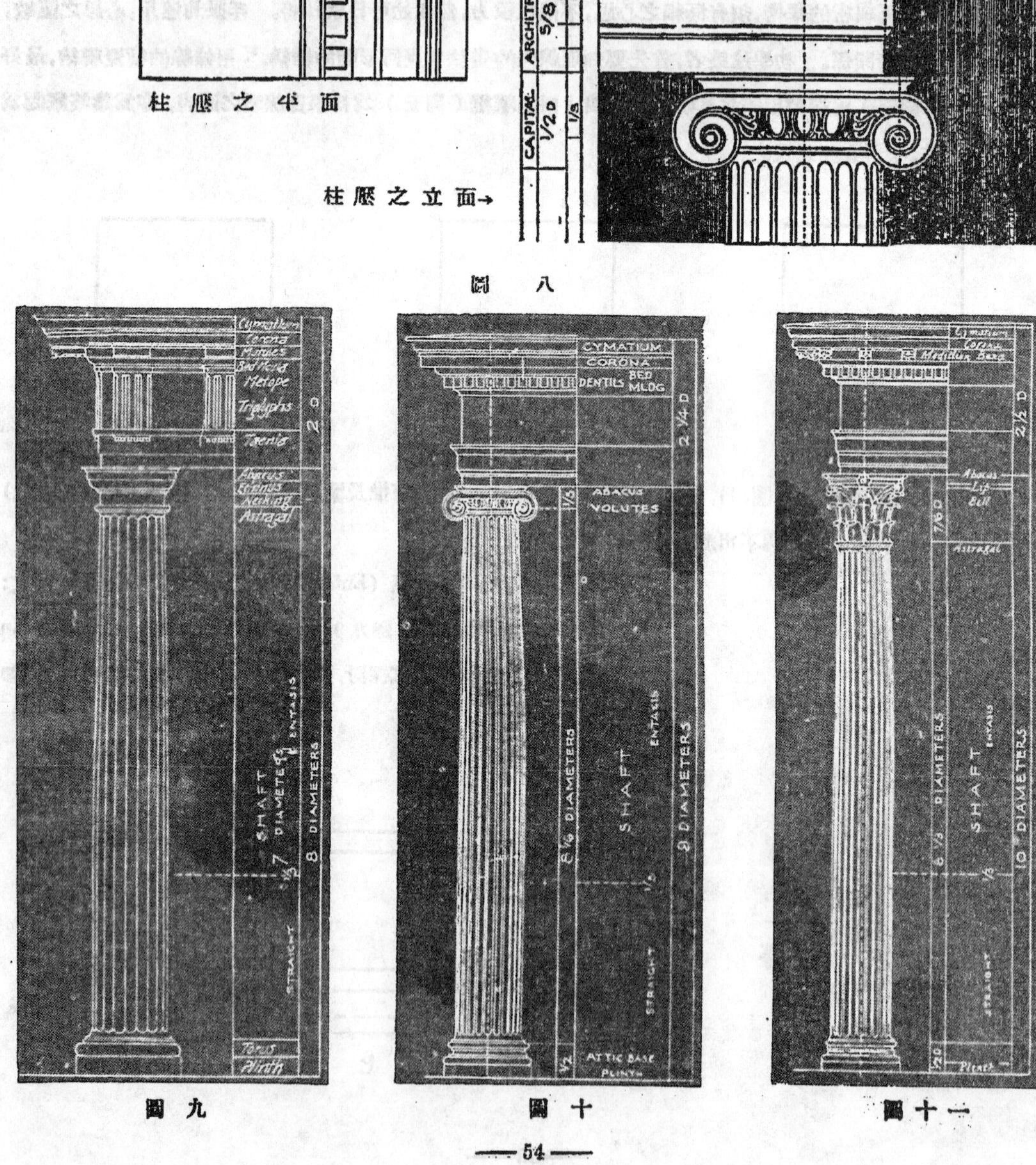

圖九　　　　圖十　　　　圖十一

中國古代建築裝飾術之雕與畫

朱枕木

中國建築，自有巢氏架木而居，即此發軔，其後匠心各運，代有進步，營造法規，歷有記載，而建築之裝飾，亦頗富麗奇煌，較之泰西，固另具風味，蓋價值之可貴，不能并論者也。 至建築裝飾之術，吾人得畫棟雕樑之一語而可以概矣。 蓋中國古代建築之裝飾術，實不外乎雕與畫之兩事也。 玆分述之如下：

雕——雕事大半屬於木工，舉凡樑柱，椽頭，門窗格扇，鈎闌，框檻，川角，枓栱等件，均可雕琢各式華文及八項品制。

雕作華文有寫生華文，卷葉華文，窪葉華文等，形狀均採花草，千篇一例。

八項品制則為：（一）神仙——如眞人，女眞，玉女，金童之類。 （二）飛仙——如嬪伽，仙女之類。 （三）化生——如花果，器皿，古玩之類。 （四）拂箖——如番人，武士之類。 （五）飛禽——如孔雀，鴛鴦，鳳凰，鸚鵡之類。 （六）走獸——如麒麟，獅子，狻猊，虎，豹之類。 （七）角神——如神妖，鬼怪之類。 （八）纏柱龍——如盤龍，坐龍，牙魚之類。

其配合多屬任意搭配，以求適合。 或索性編排劇目，雕成史跡。 而八品之空隙處，則必補入華文，藉以緊湊，而另有俯仰之分瓣蓮花，則用以承受或覆蓋柱狀之雕刻物者。

雕事除刻木外，間或雕磚石，施於屋脊，牆角，門口，過道等處，惟其雕刻品制及華文，則亦不出乎上開種種範圍之外。

畫——畫事大半屬於圬工，舉凡牆壁，瓦板，照牆，甚至樑柱，椽料，均可上畫，其所畫者，則為：（一）華文——如各種花卉草木等。 （二）瑣文——如各種連環圖案。 （三）雲文——如英雲曹雲等。 （四）飛禽——如孔雀，鸚鵡等。 （五）走獸——如白象，天馬等。 （六）佳話——如歷代故事，戲文等。 （七）人物——如羅漢，英雄，美人等。 不一而足。

畫法不論畫於何處，均須做底，做底屬諸泥作，由普通圬工執行粉刷之責。 其粉刷材料，可用不同顏色，視所畫之色彩而規定；惟不外下列四種灰料：（一）紅灰——其成份為石灰十五斤，用上朱三斤至五斤，赤土十一斤半。 （二）青灰——其成份為石灰及軟石灰各半；或石灰十斤和粗墨一斤，煤便十一兩，黃明膠七錢。 （三）破灰——其成份為石灰一斤，白篾土四斤半。 （四）黃灰——其成份為石灰三斤，黃土一斤。 不論用何種灰料粉刷，圬後均須用麥麩收壓，至少須兩遍，所用之麥麩，與石灰成一與一之比，務使壁面平滑；而後實施襯地。 次以草色和粉，分襯所畫之物，襯色上加細紋，或疊暈，或分間剔塡，應用淡墨裝，五彩裝，碾玉裝等……隨意支配。

做底之後，裝色之前，有襯地一步，蓋所以準備上色之地。 地有五彩，碾玉及金，沙，泥五種之分，其襯法於平滑之底上，遍刷膠水，金地者須用魚鰾和膠；而後分別施之。 （一）五彩地——膠水乾後，先以白土刷勻；然後用鉛粉刷遍，迺可裝彩。 （二）碾玉地——膠水乾後，用一份青靛與二份茶土之混和液粉刷；青綠棱間者，亦用此地。 （三）金地——膠水陰乾，刷白鉛粉一層，乾而復刷，凡四五次，迺刷土朱鉛粉，又四五次，於是用狗牙磨至平滑，地上即可飛金。 （四）沙泥畫壁——膠水乾後，僅用上等白土漿，先縱刷而後橫刷之。 待色地襯好，即可描繪圖形，而開始作畫事矣當時彩畫顏料無多，通用者僅下列數種。其用時亦有一定之法則：

(一)白土，茶土——用時冲土使淨，浸入薄膠水中，待土粒完全溶解後，淘出淡色之細粒，入桶內澄清，去水加入厚膠，適能塗壁。

(二)鉛粉——用時必先研細，浸以熱水，加力研碎，使濃淡合度；而後加入膠水，即可應用。

(三)朱土，土黃，赭石等——用時亦先淘淨研末，加水，澄去大粒，以細末入膠。

(四)藤黃——藤黃切忌加膠，故用時只需研細，加熱水澄去砂脚即可。

(五)綿礦——用時劈開去心，揀其表面色深者，用熱水煎取其汁，加湯應用。

(六)朱仁，黃丹——僅需加入膠水 攪之使濃淡得宜即可。

(七)螺青，紫粉——研末加水，溶後可用。

(八)雌黃——研末加熱水，淘淨入膠，惟不能與鉛粉，黃丹同用。

以上數種顏料，用之最為普遍，而着色之前，襯地上有時復需要襯色；通常青色者，襯以螺青鉛粉，其比為一與二；綠色者襯以螺青槐汁；紅色者則襯以黃丹或黃丹與紫粉之混和物均可。

裝法——即畫形描就後，色素之搭配，通常有下列八種：

(一)五彩裝——是為各色混用之搭配，外稜四周皆留緣道，用青綠朱三色 暈。緣道內彩色，用朱紅或青綠，或外留空緣，與外道對暈之。

(二)間裝——是為任意兩種色素之間格搭配，通常有三大類：(a)青地上華文，常用赤，黃，紅或綠色相間，而外稜則多用大紅疊暈。(b)綠地上華文，常用青，黃，紅，赤等色相間，外稜則多用青紅疊暈。(c)紅地上，如有青心或綠心之華文，常以原用之紅色相間，外稜則多用青色或綠色疊暈。

(三)疊暈——在上兩節中，時提疊暈二字，此亦中國裝飾術中畫筆之一法也。其法初着淡色，次上青華，再覆三青，而二青，最後上以大青，大青之內，則用深墨壓心，層層內縮，由淺而深，如暈渦然；青華之外，須留粉地一暈。凡染赤色或黃色者，則先布粉地，次上朱華，與粉共同壓暈，而後藤黃罩色，深朱壓心，極稱美觀。

(四)碾玉裝——多施之於梁栱等處，外稜四周皆留緣道，用青色或綠色疊暈；如綠係綠色，內常用淡綠地，而後描繪華文；否則深青地者，外留空緣，而與外緣道對暈之。

(五)青綠疊暈稜間裝——多施之幅員狹小之處，如科栱，昂子之類，其裝法不外三類：(a)外稜用青色疊暈，內層用綠色疊暈，稱為兩暈稜間裝。(b)外稜用綠色疊暈，外圈深於內圈，中層用青色疊暈，外圈淺於內圈，內層復用綠色疊暈壓心，則亦外淺內深，稱為三暈稜間裝。(c)外稜用青色疊暈，內層用綠色疊暈，而青綠之間，加入外淺內深之紅色一暈，稱為三暈帶紅稜間裝。

(六)解綠裝——裝飾屋舍，全部通用土朱刷遍，其緣道等用青綠疊暈相間，謂之解綠裝。

(七)丹粉裝——大都施之於木料裝飾，表面先用土朱通刷，下稜則用白粉界欄緣道，下面復用黃丹通刷，其白粉則間或描畫淺色，或蓋壓墨道，謂之丹粉裝。

(八)雜間裝——除上開七種飾裝而外，另有非純粹或錯會數種裝法而畫者 謂之雜間裝。惟通常亦不一起併合，至多二三項而已，其最普通者，則為五彩與碾玉之間裝；至青綠及碾玉之間裝，亦多用之。

綜觀上述中國建築裝飾術之雕與畫，雖無多大技巧，要亦吾國建築上之一種階梯。故特摘錄而概述之，想亦讀者所樂視也。

房屋聲學

唐璞譯

第三章 會堂中之循環回聲及其控制

聲之回聲或拖長，爲會堂中最普通而最重要之聲學劣點。有回聲之空屋，施以裝拆則消滅，是吾人常見者也。故會堂內裝置帷簾，掛氈及同料之物品達相當程度者，則減少回聲。吾人探其究竟，其理易明也。

聲爲能之一種，故不能毀滅。但可變爲他種能而隱避。例如，聲擊室壁時，則可變爲機械能而使室壁發生振動。同時有由窗口衝出而消失者，依累力(Lord Rayleigh)之理論，餘者因摩擦而變爲熱。高調之聲，如呼嘯，在未經過長路程前，必被空氣之摩擦而減其鋭。低調之聲，達牆面而反射時，空氣分子與牆面卽生摩擦，而一部聲能遂變爲熱。若牆爲堅硬而光滑之體，則所消失之能量卽少。若爲多孔之面，則反是，蓋孔間之摩擦使聲能變爲熱而消耗也。因此，蘭普(Lamp)謂：「在極細之管中，聲波卽迅速消滅，所失之機械能，當變爲熱，……」當聲波遇一滿刻細槽之板面時，一部分之能，卽由細槽之間消失，適如上述。掛氈及地氈中之隙孔有同等之作用，因每一反射，卽有一部分之能消失，故有用以避免室內回聲之效果。如欲消滅室内之聲浪，必須經過實際消滅力（如吸收及熱傳導之作用）；若僅以不規則之形體破壞聲波，無益也。

任何聲之機械的破壞，如牆上之雕工或室內障礙物，均不足以減少聲能，不過破壞其有規則之反射及避免回聲而已，然聲能之消滅，惟有賴於摩擦也。

下引累氏一段姑作結論：「寬大之場，包以無孔質之牆，屋頂及地板，並有不多之窗時，其中拖長之共振，勢不可免。當此情形則利用厚氈，其效應必顯著。故用此類材料於牆上及屋頂上當更有裨益也。」

沙賓(Sabine)對於會堂之矯正工作——關於利用地氈，帷簾吸收聲力之原理，以矯正會堂中之回聲，此極重要之實驗，曾爲哈佛大學教授沙賓氏所作。其首創工作，頗堪啟建築聲學上之茅塞，而使主要原理得顯著於科學研究大放光明。經四年餘之試驗，乃得 t（回聲時間之秒數），V（室內容積之立方呎數），a（各材料每平方呎之吸聲力）之關係，爲 $t=.05V/a$

凡有優聲情形者，回聲之時間必短，後當述及。故容積不要太大，而吸聲材料則須充足。小室內之滿佈掛氈帷簾及傢具者，卽此情形。然在大會堂中四壁兀而陳設寡，易生厭惡之回聲也。

沙氏定出會堂內常用之各種材料之吸聲係數，因開窗爲完全之吸聲物，卽以其面積之每平方呎爲一單位。沙氏及一般人對於普通材料所得的結果，參見第二表。

有此係數合以公式，可作構造上之計算，以定可得優聲效力之吸收材料量。惟須知玻璃，粉刷，磚木，均爲會堂內部最常用之材料，其吸聲力甚小，且易有回聲之弊，在近代房屋中常見也。

沙氏在近作中*，曾發表回聲亦依聲調之高低而定。例如，在空室內，雖高音符之提琴與低者有同樣之回聲，然在大會人滿時，則高者必較低者之回聲少。又如男子之發聲爲低符者，則在會堂中適於聽聞，女子之發聲爲高符者則否。

由此觀之，會堂之聲學除與房屋容積及吸聲材料量成比例外，尚與其他情形有關。聽衆之多寡，聲音之高低，或爲音樂或爲演說，各有影響。至於優聲學最好之配置爲調和之一法，其平均情形足可滿意也。沙氏所貢獻之解法，即一平均法，在實用上已證明滿意。第二表所載之係數即按每秒 512 振數而在中部C (middle C) 上之一第八音 (octave) 而定。

第二表 吸聲係數

材料		單位	係數
人造石(Akoustolith)		每平方呎	.36
磚牆，18吋厚		"	.032
磚牆，漆		"	.017
磚，加入水門汀		"	.025
地氈	Unlined	"	.15
地氈	Lined	"	.20
地氈	heavy with lining	"	.25
粗毛氈		"	.20
甘蔗板(celotex)		"	.31
粗布(cheesecloth)		"	.019
可可蓆(cocoa matting, lined)		"	.17
三合土		"	.015
軟木磚(cork tile)		"	.03
印花布(cretonne cloth)		"	.15
帷簾，絲線(curtain chenille)		"	.23
帷簾，重摺者		"	.5至1.0
苧麻，1吋厚，無油漆面(Flax, with unpainted membrance)		"	.55
玻璃，單層厚		"	.027

* "Architectural Acoustics," Proc. Amer. Acad. Arts and Sciences. Vol. 42, pp. 49—84, 1906.

毛氈，1吋厚，無薄漆面(Hairfelt)	每平方呎 .55
毛氈，1吋厚，有薄漆面	" .25至.45
毛氈，2吋厚，無薄漆面	" .70
毛氈，2吋厚，有薄漆面	" .40至.60
絕緣體½吋厚(Insulite)	" .31
漆布(Linoleum)	" .03
大理石	" .01
油畫，帶架	" .28
開窗	" 1.00
東方地氈，特重者	" .29
板條上粉刷	" .034
鋼汳網上粉刷	" .033
空心磚上粉刷	" .025
台口，依台上佈置而定	" .25至.40
塗漆之木(Varnished wood)	" 03
通風孔(50%之開口面積)	" .50
木蓋板(Sheathing)	" .061

單 個 物 體

聽衆	每人 4.7
教堂座席(church paws)	每座 .2
房中盆景(house plants)	每立方呎 .0031
座位裝被者，依其材料及內容而定	每座 1.0至2.5
椅墊，棉上蓋厚絨布者	" 2.16
椅墊，毛上蓋以帆布面梢飾花紋者	" 2.27
長椅，背坐以毛及皮裝被者	" 3.00
木椅，會堂用者	" .100

樓板擱栅之設計

王　進

鋼骨水泥之用途雖日見擴大，但磚木之建築猶未易遽廢；良以高層建築固需採用鋼骨水泥，而較低之房屋實以應用磚木爲經濟也。磚木建築中載重之傳遞：爲由樓板而擱柵，而磚牆，而終止於牆基之上；故擱柵之大小，有關係於建築之堅固與否者，至大且鉅焉。但擱柵之長短不一，而所承之載重又有時而不同，逐一計算，費時實多，因爲製圖列下，備讀者之參考。按圖而索，節捷不少，倘亦可爲繪圖者一臂之助歟！

磚木建築，以住房居多，故下表之活載重以每方尺六十磅（上海市工務局之規定）及每方尺七十磅（上海工部局之規定）爲限。

擱柵可分二種：一種爲有夾砂者，（即擱柵之間實以煤屑三和土者）；一種爲無夾砂者，今分別論列之如下：

（一）擱柵之無夾砂者

（甲）靜載重　每一擱柵上每尺長所承之載重，因其間距之大小而異，間距愈大，載重亦愈；反之，間距愈小則載重亦愈小。樓板面積每平方尺上之平均靜載重如下：

樓磚重量	4#/□'
擱柵本重	8#/□'
粉刷	6#/□'
	18#/□'

間距與載重W之關係亦列表如下：

第一表

間距	活載重（每方尺=60#）	活載重（每方尺=70#）
S=12"	78#/'	8[illegible]#/'
S=14"	9.#/'	102.5#/'
S=16"	104#/'	117.5#/'
S=18"	117#/'	132#/'
S=24"	156#/'	176#/'

（二）擱柵之有夾砂者

樓板每方尺之靜載重：

樓板	4#/□'
擱柵	10
粉刷	6
煤屑三和土	90
	110#/□'

擱柵每尺所承之載重(W)與間距之關係如下:

第　二　表

間距	活載重(每方尺=60#)	活載重(每方尺=70#)
S=12	170#/	180#/
S=14	193#/	210#/
S=16	227#/	240#/
S=18	255#/	270#/
S=24	340#/	360#/

(乙)材料之應力

木料之應力,規定爲每方尺一千二百磅。(卽f=1200#/□")

(丙)計算用之公式

$$bd^2 = \frac{swl^2}{1600}$$

式中　b=擱柵之寬度

d=擱柵之深度

s=擱柵間之中心距

w=擱柵每方尺所承之總載重

l=擱柵之跨度

(丁)圖表之應用

下圖之應用:爲先決定擱柵之中心距(s),而後由第一或第二表上求總載重(W)之值;W之值旣得,乃自下圖上端左邊相當之W值處,向右平行,至與相當之跨度相交而後止;再垂直下行,至與相當S曲線相交,而後再向右平行至右邊爲止,卽得bd^2之值;bd^2之值旣求得,乃可由bd^2之值處,向左平行,而與b=2或b=3曲線相交,垂直而下讀下邊之數,卽爲d之值矣。

(戊)例

設　靜載重爲每方尺六十磅(無夾砂者)

l=18'—0"

s=14"

則自第一表得W=91#/

由下圖上端左邊W=91之處,向右平行,至與l=18之線相交處爲止,垂直而下讀下邊wl^2得29,500',# 再垂直而下,至與s=14"之線相交處爲止,向右平行而讀右邊bd^2之值,得爲257。　設b=2",乃再由bd^2=257之處向左平行,至與b=2之線相交爲止,垂直而下,讀下邊d之值,得爲十一吋餘,至此乃得擱柵之大小爲2"×12"@12" ¢¢

30828

上海市政府新屋水泥鋼骨設計

徐鑫堂

上海市政府新屋表面，爲純粹古代中國式建築，內部構架樓板屋頂等，則均爲鋼骨水泥，其計算與其他普通鋼骨工程同。惟下列數點，與普通者不同，似有加以說明之價値。

（甲）經濟　普通鋼骨水泥之設計，均以經濟爲要，但經濟之程度，須視其建築之種類而異，如爲永久或紀念性之建築物。如市政府圖書館紀念堂大禮堂等設計，對於鋼骨部份，不宜以節省材料爲能事，蓋所省之費，在全座造價中，爲數極微，故設計者，對於市政府新房之鋼骨部份，除照尋常計算外，按其輕重而另行增加相當之鋼條，俾永久堅固而不致坼裂也。

圖　一

（乙）鋼骨水泥構架 (Reinforced concrete truss) 市政府新屋第二層之中部，爲大禮堂，闊21.94公尺，長31.39公尺，柱間之跨度，爲20.11公尺，大光明戲院之最寬處爲27.44公尺，故跨度不爲過大。但影戲院上面祇有看樓及屋頂，而市政府新屋之中部爲四層樓，在大禮堂之上，除屋頂外，尙有第三及第四二層，第三層爲辦公室，第四層爲儲藏室，而儲藏室之載重，較尋常他種房間爲大，故支架方法，不能不加以考慮。水泥大料，不甚適宜，因大料高度至少在1.52公尺以上，若用構架，應注意是否可將構架藏於第三層之夾牆內。樓上房間是否仍能設所需之門戶，幸市府禮堂對上之辦公室，對於施用構架，並無十分不合之處，但尋常均採有鋼質構架，因易於裝置而可案。惟設計者，乃採用鋼骨水泥構架，其故有三。（一）與水泥樓板及大料等易於接連。（二）較鋼質構架更爲固定。（三）冷熱漲縮較小，故水泥樓板裂縫亦較稀，惟對於此種鋼骨水泥構架，設計時應注意下列各點。（一）鋼條最長爲 12.19公尺，在任拉力之底大料等，必須善爲接搭，其接搭應在接頭處 (Joint)。並載重較小者，且其接搭之長度，應使鋼條內所任之拉力，由混凝土與鋼條之黏力，傳達於混凝土。（二）接頭處架肢（Members of joint)有多至五根者，若架肢亦有五根會集於接頭處者，鋼條間必須有相當之距離，以便容納其他架肢內之鋼條，將所任之力，各傳達於所需之架肢。（三）構架之中間，適爲三層辦公室間之穿堂，故不能用斜架肢構架支撐，二邊任相對等重時，中間不用斜架肢亦可。但當構架兩邊載不等重時，中間開方空處，任剪力及斜拉力，故方空轉角處，應做斜角或圓角，並多加斜鋼條。（四）任擠力之架肢較長，當用副架肢（Secondary members)，分格之，以增加其固定程度。（五）上大料除任擠力及底大料任拉力外，又各載樓板之重，故應按同時任擠力或拉力與彎轉量計算。（六）最重要者，爲構架兩端之擱置，因擱置處柱身外邊，受極大之彎力，當將構架兩端各擱支於內外兩柱，卽將上下兩大料之兩端，伸過內柱，通至外柱，使內外兩柱，擱支構架，以減少內柱之彎轉量，並增加其固定程度。

（丙）鋼骨水泥屋頂構架（Reinforced concrete rooftruss）屋面亦用鋼骨水泥構架，大概施用屋頂構架者，均跨越較短之跨度，卽擱置於支擱構架之柱子上，但設計者，乃跨越與構架直交方向，擱置於其他載重較輕之柱上其故有五。（一）若將屋頂架與構架，擱置於同一柱上，則柱身尺寸，較能採用者爲大。（二）將屋頂之重量與樓板重量分任於各柱上，使載重較爲平均分佈。（三）與構架直交方向之跨度爲 31.39公尺，故跨度較其他一向方爲大，似不經濟，惟所用者爲拍拉氏式（Pratt truss)，卽長方形式屋頂架，其載重效率，較之人字形式之構架爲大。（四）與屋頂架直交方向，仍用小人字構架，擱支於屋頂架上，不惟支架屋面，並作爲屋頂架之橫撐，及任風力，使全部屋頂，十分固定。（五）屋頂架二端，各擱置於二柱，以減輕擱置處之彎轉量。

（丁）底脚　房屋設計最重要之部份爲底脚，而全部用鋼骨水泥者爲尤甚，因鋼骨水泥工程，極易開裂，尋常三四層房屋，除沿界線者外，均不用接連底脚，惟市政府房屋爲永久性建築，故將外牆之轉角處，及重要部份，用接連底脚，而在構架下者，不惟擱支構架兩柱底脚接連，並在與兩柱底脚之直交方向，亦用接連底脚，使之更爲固定，不致受底脚不等沉之累，活載重與靜載重之支配，尤屬重要，因大概只有一小部分之活載重，並祇於短時期，任活載重，故底脚之設計，若不將活載重減小，或所減小者未足，較之活載重完全不算入者，其害尤大，尋常設計者，雖將活載重減小，但常未減足，設計底脚時，對於活載重應減之數，必須加以十分注意也。

鋼骨水泥房屋設計

王　進

第一章　水泥平板

第一節　樓板之載重

平板之載重，可分二種．一種爲活載重，即(LIVE LOAD)，一種爲靜載重，即(DEAD LOAD)所謂活載重，即平板上所承受之人，物及他種之載重．所謂靜載重，即平板本身之重量．活載重之多少，每國大都市皆有定規；雖少有出入，但大致相同．上海所用，在租界，則以英工部局之規定爲準則．在南市，則以市工務局之規定爲準則．今將該兩局所規定各種房屋內樓板，每方尺上所應受之活載重列下，以便爲計算之依據．

工　務　局

房屋類別	每平方公尺載重	每方呎載重
住宅	300　公斤	60　磅
市房（無貨物堆置者）	300　公斤	60　磅
旅館內臥室	300　公斤	60　磅
醫院病房	300　公斤	60　磅
辦公室	400　公斤	80　磅
茶坊酒肆	400　公斤	80　磅
學校教室	400　公斤	80　磅
公共集會所	540　公斤	110　磅
戲院	540　公斤	110　磅
商店（有貨物堆置者）	540　公斤	110　磅
工作場所	580　公斤	120　磅
運動室	730　公斤	150　磅
跳舞廳	730　公斤	150　磅
戲臺	730　公斤	150　磅
工廠	730　公斤	150　磅
拍賣室	1,100　公斤	220　磅
藏書室	1,100　公斤	220　磅
博物館	1,100　公斤	220　磅
貨棧	1,350 至 20,000 公斤	270 至 400 磅
樓梯載重如下		
住宅市房等	300　公斤	60　磅
公共房屋等	730　公斤	150　磅
貨棧等至少	1,450　公斤	300　磅

工部局

地板之用途	每方尺之磅數
居家房屋之未經下方所說明者	70
養育室	75
普通宿舍之臥室	75
醫院看護室	75
旅館臥室	75
工房病室	75
其他之同樣用途者	75
辦公室	100
其他之同樣用途者	100
美術樓廂	112
教堂	112
學校中之教室	112
演講室或會集室	112
戲院,音樂廳	112
公共圖書館之閱書室	112
零售處	112
工廠	112
其他之同樣用途者	112
體操房	150
跳舞廳	150
其他之同樣用途者	150
同樣受震動之地板	150
拍賣處	224
藏書處	224
博物院	224
貨棧類房屋之每一地板,非爲以上所述之用途者,不得不小於	300
樓梯,梯台及走廊:——	
在居住房屋中者	100

在辦公室中者	200
在貨棧類房屋中者	300

所謂靜載重，乃隨平板之厚薄而定，今爲列表如下：——

平板厚度	靜載重磅/每方尺
3″	38磅/□′
3½″	44磅/□″
4″	50磅/□″
4½″	56磅/□″
5″	63磅/□″
5½″	69磅/□″
6″	75磅/□″
6½″	81磅/□″
7″	88磅/□″
7½″	94磅/□″
8″	100磅/□″
8½″	106磅/□″
9″	113磅/□″
9½″	119磅/□″
10″	125磅/□″

平板之厚度，須視其跨度之大小，載重之輕重而定。 故平板之靜載重，在計算之時，只能擬定一厚度，而後加以考核。

第二節　支持於二端之平板

欲計算水泥平板之應有厚度及其相當之鋼條，非先計其灣冪不可，灣冪之算法，在一個跨度之樓板，則照力學上計算，既簡且便；但假若平板之跨度爲連續的，則其計算方法稍爲繁複矣。 計算連續平板之方法，可分二種：——

a. 用三個灣冪法。

(THREE MOMENTS THEORY)

b. 照一個跨度之樓板計算；而乘一係數。

第一法所得結果，較爲準確，但太爲費時，且計算平板時，因無計算負灣冪之須要，故大可不必用此法計算。第二法極爲簡便，故用之者衆，惟係數之定，不可不注意，爲特將係數列表如下：——

二個跨度　　　$\frac{1}{10}$　　　$\frac{1}{10}$

三個跨度　　　$\frac{1}{10}$　　　$\frac{1}{12}$　　　$\frac{1}{10}$

三個跨度以上，二端二跨度之係數為 $\frac{1}{10}$ 中間各跨度為 $\frac{1}{12}$

今設例以明之：——

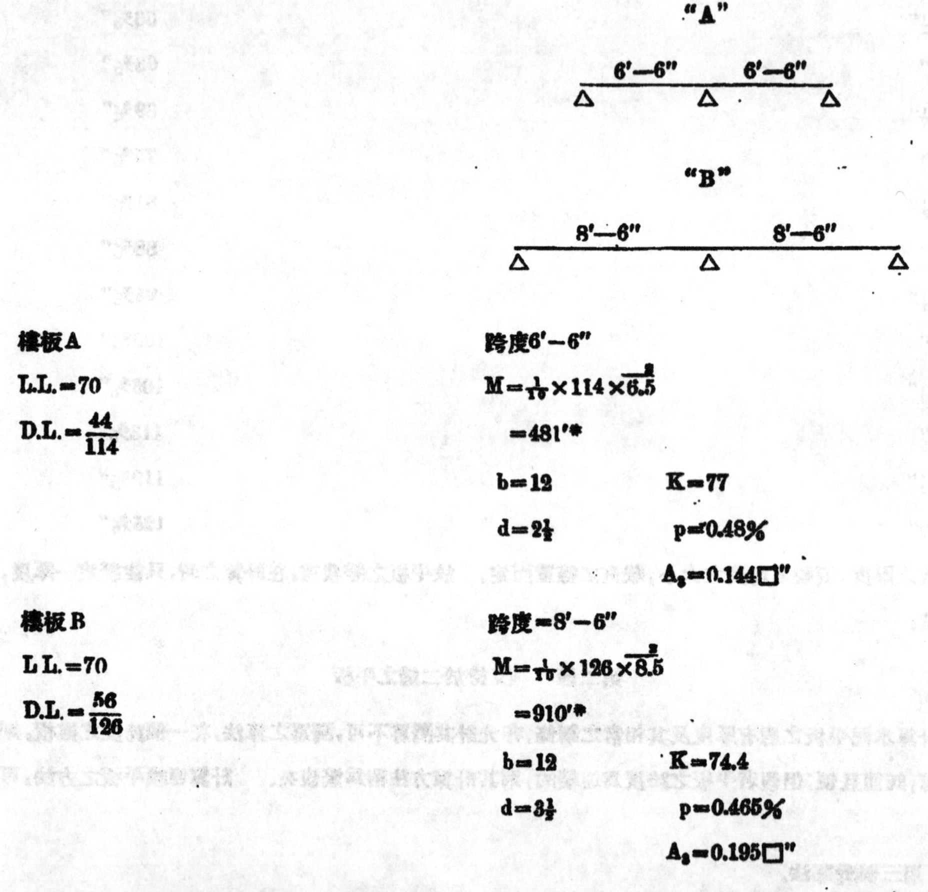

樓板 A　　　跨度6'—6"

L.L.=70　　　$M=\frac{1}{10}\times114\times\overline{6.5}^{2}$

D.L.=$\frac{44}{114}$　　　=481'#

b=12　　　K=77

d=2½　　　p=0.48%

A_s=0.144□"

樓板 B　　　跨度=8'—6"

L.L.=70　　　$M=\frac{1}{10}\times126\times\overline{8.5}^{2}$

D.L.=$\frac{56}{126}$　　　=910'#

b=12　　　K=74.4

d=3½　　　p=0.465%

A_s=0.195□"

下列各表，係著者所編，專為計算水泥平板之用。　讀者既知樓板之跨度，及活載重之幾何，即可按表而得樓板之靜載重之厚度之灣冪，以及應用之鋼條，可省却不少麻煩。

下列各表，所載之冪灣，悉依係數 $\frac{1}{10}$ 計算。　倘係一個跨度之平板，則只須將表內所列之灣冪除 0.8 即得。倘其係數應為 $\frac{1}{12}$ 則只須將灣冪除 1.2 即得。

第 一 表

L L.=25#/□

SPAN	d	TOTAL d	D.L.	M	K	p	As
4'—0''	2''	3''	38#/□'	101'#	25.2	.158%	.038□''
5'—0''	2''	3''	38	158	39.5	.247%	.060
5'—3''	2''	3''	38	174	43.5	.272%	.065
5'—6''	2''	3''	38	191	47.7	.294%	.071
5'—9''	2''	3''	38	208	52.0	.327%	.079
6'—0''	2''	3''	38	227	56.7	.354%	.081
6'—3''	2''	3''	38	246	61.5	.384%	.092
6'—6''	2''	3''	38	266	66.5	.415%	.100
6'—9''	2''	3''	38	287	72.0	.450%	.108
7'—0''	2''	3''	38	308	77.0	.480%	.115
7'—3''	2''	3''	38	332	83.0	.520%	.125
7'—6''	$2\frac{1}{2}$''	$3\frac{1}{2}$''	44	388	62.0	.388%	.117
7'—9''	$2\frac{1}{2}$''	$3\frac{1}{2}$''	44	414	66.3	.415%	.125
8'—0''	$2\frac{1}{2}$''	$3\frac{1}{2}$''	44	442	70.6	.442%	.133
8'—3''	$2\frac{1}{2}$''	$3\frac{1}{2}$''	44	470	75.2	.47%	.141
8'—6''	$2\frac{1}{2}$''	$3\frac{1}{2}$''	44	500	80.0	.500%	.150
8'—9''	$2\frac{1}{2}$''	$3\frac{1}{2}$''	44	528	84.5	.528%	.159
9'—0''	3''	4''	50	607	67.5	.422%	.152
9'—3''	3''	4''	50	642	71.4	.446%	.161
9'—6''	3''	4''	50	676	75.0	.470%	.169
9'—9''	3''	4''	50	712	79.0	.494%	.178
10'—0''	3''	4''	50	750	83.3	.520%	.187
10'—3''	3''	4''	50	787	87.5	.547%	.197
10'—6''	$3\frac{1}{2}$''	$4\frac{1}{2}$''	56	893	73.0	.456%	.191
10'—9''	$3\frac{1}{2}$''	$4\frac{1}{2}$''	56	935	76.5	.478%	.201
11'—0''	$3\frac{1}{2}$''	$4\frac{1}{2}$''	56	980	80.0	.500%	.210
11'—3''	$3\frac{1}{2}$''	$4\frac{1}{2}$''	56	1025	83.6	.523%	.220
11'—6''	$3\frac{1}{2}$''	$4\frac{1}{2}$''	56	1070	87.5	.547%	.230
11'—9''	4''	5''	63	1215	76.0	.475%	.228
12'—0''	4''	5''	63	1265	79.0	.494%	.237
12'—3''	4''	5''	63	1320	82.5	.516%	.248
12'—6''	4''	5''	63	1375	86.0	.537%	.258
12'—9''	$4\frac{1}{2}$''	$5\frac{1}{2}$''	69	1530	75.6	.472%	.255
13'—0''	$4\frac{1}{2}$''	$5\frac{1}{2}$''	69	1590	78.5	.492%	.265

第二表

L L.=60#/□

SPAN	d	TOTAL d	D.L.	M	K	p	As
4'—0"	2"	3"	38#/□'	157'#	39.2	.245%	.006□"
5'—0"	2"	3"	38	245	61.3	.383%	.092
5'—3"	2"	3"	38	270	67.5	.422%	.101
5'—6"	2"	3"	38	296	74.0	.463%	.111
5'—9"	2"	3"	38	324	81.0	.506%	.121
6'—0"	2"	3"	38	353	88.3	.552%	.132
6'—3"	2½"	3½"	44	406	65.0	.406%	.122
6'—6"	2½"	3½"	44	440	70.5	.440%	.132
6'—9"	2½"	3½"	44	474	76.0	.475%	.143
7'—0"	2½"	3½"	44	510	81.5	.510%	.153
7'—3"	2½"	3½"	44	547	87.6	.548%	.165
7'—6"	3"	4"	50	620	69.0	.432%	.155
7'—9"	3"	4"	50	660	73.5	.460%	.166
8'—0"	3"	4"	50	704	78.3	.490%	.176
8'—3"	3"	4"	50	750	83.3	.520%	.187
8'—6"	3"	4"	50	795	88 5	.553%	.203
8'—9"	3½"	4½"	56	880	72.0	.450%	.189
9'—0"	3½"	4½"	56	940	77.0	.482%	.202
9'—3"	3½"	4½"	56	990	81.0	.506%	.212
9'—6"	3½"	4½"	56	1050	85.7	.535%	.225
9'—9"	4"	5"	63	1170	73.0	.456%	.219
10'—0"	4"	5"	63	1230	77.0	.482%	.230
10'—3"	4"	5"	63	1290	80.7	.505%	.242
10'—6"	4"	5"	63	1355	85.0	.532%	.255
10'—9"	4½"	5½"	69	1490	73.5	.460%	.248
11'—0"	4½"	5½"	69	1560	77.0	.482%	.260
11'—3"	4½"	5½"	69	1630	84.5	.528%	.271
11'—6"	4½"	5½"	69	1710	80.5	.502%	.285
11'—9"	4½"	5½"	69	1780	88.0	.550%	.297
12'—0"	5"	6"	75	1945	78.0	.488%	.213
12'—3"	5"	6"	75	2025	81.0	.506%	.304
12'—6"	5"	6"	75	2110	84.5	.528%	.316
12'—9"	5"	6"	75	2195	88.0	.550%	.330
13'—0"	5½"	6½"	81	2380	79.0	.490%	.325

上海公共租界房屋建築章程

（上海公共租界工部局訂）

王　進　譯

一切環圍電梯之屋頂概應以避火材料建造並應設有天窗，屋頂周架所有避火材料至少應爲電梯間之面積之四分之三，玻璃之厚度不得多於八分之一吋，其下端須用堅固之鉛鐵網保護之，但在電梯間之上可以不用有網之玻璃。

龍　頭

凡此類房屋應備有救火水管，活塞，抽水機，龍頭，皮帶及其他較小之救火器具；其數目，品質，式樣及位置概須經本局救火會中之長官核准。 倘此類房屋由路冠至屋頂起拱處之高度超過七十五呎，與上述水管相連之處應設有抽水器具，內有用機力之抽水機，貯水池及其他應用物件，至其數目，品質，式樣及位置亦應經本局核准。

太平門之警告

凡此類房屋中之太平門及其他門戶或空洞，作爲公衆避火之用者，均應添有六吋大之警告字樣，俾能明白指示，並須得本局稽查員之滿意。 在夜間，此警告上並應用燈照耀。

大概之構造

此類房屋若有多於五十人之地位或高度多於三層均應用避火材料建造之。（參閱房屋章程第二章）。

指　示　圖

在此類房屋中每一層之平面圖上須將太平門明白繪出，比例尺不得小於八分之一吋與一呎之比，將此圖懸掛於此類房屋中每一層之顯明處，以得本局核准爲度。

特種之旅館，普通寓所暨出租房屋

普通寓所，旅館暨出租房屋在底層以下所有之地位，倘不足十五人之用，應有逃避與顧及住客安全之設備，以經本局全權鑒定而認爲適當爲度。

關於旅館，普通寓所暨出租房屋之特別章程完

鋼骨三和土

第一章　總綱

第一條　凡本章下列各條所稱"鋼骨三和土"其定義只限於三和土之安有鋼條而該項鋼條能合於下列之條件者:

(A)能勝任全部直接拉力者

(B)能協助三和土抵抗剪力者

(C)必要時能協助凝土抵抗壓力者

第二條　房屋之結構有爲全部用鋼骨三和土構架,其所受載重及應力,能由各層遞傳至最下層之底脚者,亦有局部用鋼骨三和土構架,而另一部摻用分間牆或分間牆與横牆合用者,本章各條皆能適用之。

第三條　鋼骨三和土構架及承受此項構架之分間牆,(或横牆)必皆能單獨負荷照本章下列各條所規定之活載重及靜載重,可保其安全無虞。

第四條　在鋼骨三和土構架內,無論地板扶梯,皆應用防火材料建造之,并宜安置于防火之支持上。

第五條　鋼骨之任何部份,皆不准充作電流傳導之用。

第六條　凡擬建,加添或改造鋼骨三和房屋或其他工程之應受本章各條之規定者,均應按照本局一九一七年西式房屋建築規例之規定,來局請照,并:(a)凡遇新建房屋應具備平面圖穿宮圖註明所用材料,并計算書一份,載明安全載重及材料應力,如該項圖樣所示或有不明,該項計算書所計或有不妥,請照人應從本局稽查員之指示,隨時補送圖樣及計算書。(b)凡遇加添修改或其他工程,亦應具備平面圖,穿宮及計算書送局審核,該項工程之興築,不准與本章程之所規定少有抵觸。

第二章　本章程之規則

灣　冪

第七條　計算大料及樓板灣冪之跨度,皆以有效跨度爲準。

第八條　大料(或樓板)兩端支點之淨長,加大料(或樓板)之淨高爲一數,其兩端支點之中心距,爲又一數,孰者較小,卽爲非接連大料及樓板之有效跨度。

第九條　大料(或樓板)兩端支點之中心距爲一數,其兩端支點之淨跨度加大料(或樓板)之淨高爲又一數,孰者較小,卽爲接連大料及樓板之有效跨度。

第十條　大料(或樓板)之兩端嵌入他部建築內,其所受之載重雖不一,而在該大料(或樓板)兩端之中和平面之方向,仍能堅持而不改者。此項大料(或樓板),卽謂爲大料(或樓板)之有固定支持者。

第十一條　大料(或樓板)各斷面上灣冪,應以該大料所受各種載重情形下,對於該斷面上所生之最大灣冪爲計算之依據。

第十二條　雙向鋼骨三和土樓板之抗力，設長度與寬度之比，不超過一又二分之一，猶等於以長度及寬度各爲跨度之二個單向鋼骨三和土樓板之抗力之和。雙向鋼骨三和土樓板上所受總載重，其沿長度及寬度二方向之分配情形如下：

$$W_l = \frac{b^4}{l^4+b^4}$$

$$W_b = \frac{l^4}{l^4+b^4}$$

式中 l＝樓板之長度　　b＝樓板之寬度

設長度與寬度之比超越一又二與之一，則與寬度同向之二邊，不得作爲支持。

第十三條　凡連接梁二端固着於支持點上，而能勝任其因此種固着而生之額外應力者，其支持得認爲固定支持。

第十四條　接連梁支持點上之灣冪，不得因支持之加寬而減少。

第十五條　樓板上如有集中載重負荷其上，該項集中載重得照均佈載重計算，其分佈之寬度，等於樓板跨度之半，外加集中載重之寬度。

第十六條　凡載重情形之爲本章程所不及備載者，則計算大料及樓板之灣冪時，仍應保持其同一之安全率。

第十七條　接連梁及樓板各剖面上之抵抗力，應擇其全梁上各種不同載重情形下對於該剖面所生之最大灣冪，爲設計之依據。

第十八條　決定大料跨度與深度之比時，其深度應以有效深度爲限。

第十九條　大料之有效深度以大料壓力外緣至拉力面鋼骨之重心爲準。

第二十條　大料跨度與有效深度之比，不得超過下列二數中之較小者。

$$20\times\frac{\text{第二十二條規定之單位拉力}}{\text{實際最大單位拉力}}$$

$$\text{或 } 20\times\frac{\text{第二十一條規定之單位壓力}}{\text{實計最大單位壓力}}$$

各種單位應力

第二十一條　三和土之許可單位應力，除柱頭照第四節之規定外，不得超過下列各數。

直接壓力	600 磅/方吋
大料及樓板之極外緣壓力	" "
三和土與鋼骨之黏着力	100 磅/方吋
剪力	60 磅/方吋
拉力	無

上項許可單位應力，只限於三和土之符合本章程第一一五及一二一兩條規定者，三和土成份較佳者，其直接壓力得酌加。凡三和土含水份百分之十四者，其直接壓力爲破碎載重之四分之一。凡三和土含水份百分之八者，其直接壓力爲破碎重載之五分之一。

第二十二條 鋼骨之許可單位應力規定如下。

應力	磅/方吋
單位壓力	爲鋼骨四周三和土單位應力之十五倍
單位拉力	18000

第二十三條 各構股内合力之總數不得超過最大許可應力。

第二十四條 本章所稱合力，乃在任何情形下所生各種應力之和之謂。

無論鋼骨或三和土其内部因受載重而生之合力，皆不得超過各個之許可單位應力。

第二十五條 計算時而欲計及熱度及收縮對於三和土所生之影響者，其單位應力得酌加。 倘只計及熱度者，其單位應力得按第二十二，二十三兩條增加百分之十五。 倘熱度之外並計及三和土之收縮者，其應力得按二十二，二十三兩條之規定增加百分之三十五。 熱度之差，規定爲華氏士68°，該項差度應以建築時之平均熱度爲準。

收縮係數規定，等於華氏表上60°之熱度差，或0.00025。

第二十六條 每構股之交受壓力及拉力者，則該構股之抵抗力不得小於任一最大應力。

第二十七條 鋼骨三和土各構股間之接筍處，其應力亦不得超過本章程各節之所規定。

第二十八條 凡各斷面上單位剪力，超越該斷面上三和土之許可單位應力，則應設法補救之；或灣起拉力鋼骨，或另加剪力設備，以擔負此超溢之剪力。

第二十九條 大料剖面上之擔任垂直剪力者，只限以：(1)剖面上之壓力部份，(2)剖面上深寬等於大料抵抗灣冪臂長之面積上。

第三十條 任拉力之鋼條，其兩端應灣成鈎形，或另行設法緊爲接率。

第三十一條 鋼條二端之鈎形，最好灣成匚，其内邊半徑至少爲該鋼條直徑之二倍。

第三十二條 黏合長度應自鈎形之點起量起。

第三十三條 黏合長度當以能保大料之應力不超越第二十一條之規定爲限，如有剪力設備，則其應力應以能符合第三十及四十七二條爲限。

第三十四條 決定竹節鋼條之黏合長度時，其圓周長度得以鋼條上凸出之竹節部份爲準。 惟：

(a)竹節之中距，不得超過鋼條直徑之二倍。

(b)竹節凸出部份，至少爲鋼條直徑之十分之一。

第三十五條 所謂彈率比，即鋼骨之彈性率，與三和土彈性率之比。

第三十六條 鋼骨之彈性率，規定爲30,000,000磅/方吋。

第三十七條 鋼骨與三和土之彈率比，規定爲十五。

中國建築

THE CHINESE ARCHITECT

OFFICE:

ROOM NO. 405, THE SHANGHAI COMMERCIAL AND SAVINGS BANK BUILDING, NINGPO ROAD, SHANGHAI.

廣告價目表

底外面全頁	每期一百元
封面裏頁	每期八十元
卷首全頁	每期八十元
底裏面全頁	每期六十元
普通全頁	每期四十五元
普通半頁	每期二十五元
普通四分之一頁	每期十五元

製版費另加　彩色價目面議

連登多期　價目從廉

Advertising Rates Per Issue

Pack cover	$100.00
Inside front cover	$ 80.00
Page before contents	$ 80.00
Inside back cover	$ 60.00
Ordinary full page	$ 45.00
Ordinary half page	$ 25.00
Ordinary quarter page	$ 15.00

All blocks, cuts, etc., to be supplied by advertisers and any special color printing will be charged for extra.

中國建築第二卷第一期

編輯及出版　中國建築雜誌社

發行人　楊錫鏐

地址　上海寧波路上海銀行大樓四百零五號

印刷者　美華書館
上海愛而近路三號
電話四二七二六號

中華民國二十三年一月出版

中國建築定價

零售	每冊大洋七角	
預定	半年	六冊大洋四元
	全年	十二冊大洋七元
郵費	國外每冊加一角六分 國內預定者不加郵費	

廣告索引

偉大之建築必須有**偉大之裝飾**始能**壯其觀瞻**

現代化之建築必須有**現代化**之裝飾始能**顯其富麗**

海京毛織廠用最新式機器首創機製毛線織成**現代化地毯**已經美國各大廈選用者不下弍百餘萬方尺在該國建築史上用中國貨者以此爲獨無僅有之佳話最近上海**百樂門大飯店**爲東方唯一偉大而具**現代化之建築**其所鋪地毯卽爲**海京出品**富麗堂皇堪稱美備蓋**海京備有世界最大地毯機**能織三十餘尺寬門面之廣大地毯如蒙各大建築家惠顧請給樣訂織無不認眞照織剋期交貨也

天津海京毛織廠 英租界十一號路四十三號

上海辦事處 北京路一五六號

BRUNSWICK-BALKE-COLLENDER CO.,
Bowling Alleys & Billiard Tables

CERTAINTEED PRODUCTS CORPORATION
Roofing & Wallboard

THE CELOTEX COMPANY
Insulating & Accoustic Board

CALIFORNIA STUCCO PRODUCTS COMPANY
Interior and Exterior Stuccos

MIDWEST EQUIPMENT COMPANY
Insulite Mastic Flooring

MUNDET & COMPANY, LTD.
Cork Insulation & Cork Tile

NEWALLS INSULATION COMPANY
Industrial & Domestic Insulation Specialties for Boilers, Steam & Hot Water Pipes, etc.

RICHARDS TILES LTD.
Floor, Wall & Coloured Tiles

SCHLAGE LOCK COMPANY
Locks & Hardware

SIMPLEX GYPSUM PRODUCTS COMPANY
Plaster of Paris & Fibrous Plaster

TOCH BROTHERS INC.
Industrial Paint & Waterproofing Compound

WHEELING STEEL CORPORATION
Expanded Metal Lath

Large stock carried locally.

Agents for Central China

FAGAN & COMPANY, LTD.

261 Kiangse Road

Telephone
18020 & 18029

Cable Address
KASFAG

美商

美和洋行

承辦屋頂及地板工程并經理石膏粉石膏板甘蔗板避水漿鐵絲網磁磚牆粉門鎖等各種建築材料備有大宗現貨如蒙垂詢請打電話一八〇二〇或駕臨江西路二六一號接洽爲荷

DEMAG

DUISBURG

台麥格電吊車
用于起重機上

各種裝貨運貨設備
及鍋爐進煤設備

台麥格

最經濟最迅速電力吊重及運送機器
吊重能力自半噸至十噸可裝置于起重機作起重機關

獨家經理　謙信機器有限公司

上海　江西路一三八號　　電話　一三五九七

Sole Agents in China:

CHIEN HSIN ENGINEERING CO. G. M. B. H. LTD.

138 Kiangse Road, Shanghai　　Telephone; 13597

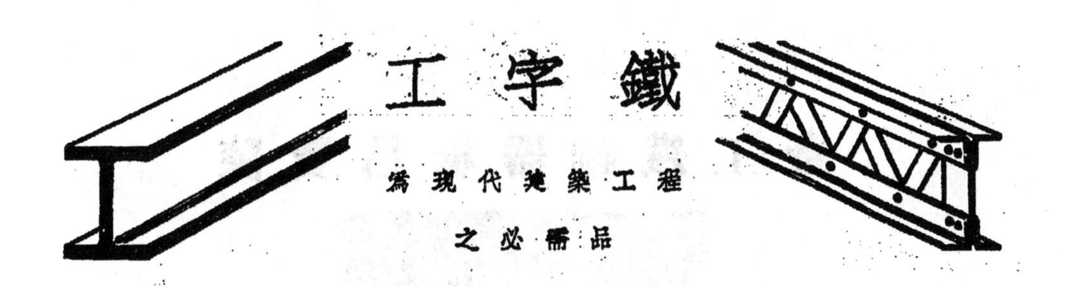

百樂門飯店

全部鋼骨水泥及鋼鐵工程

均由

愼昌洋行建築部

設計代辦

駐華總公司

上海圓明園路四號

電話 12590

廣東， 香港， 哈爾濱， 漢口， 遼寧，

北平， 天津， 青島， 濟南。

均有分行

30849

30850

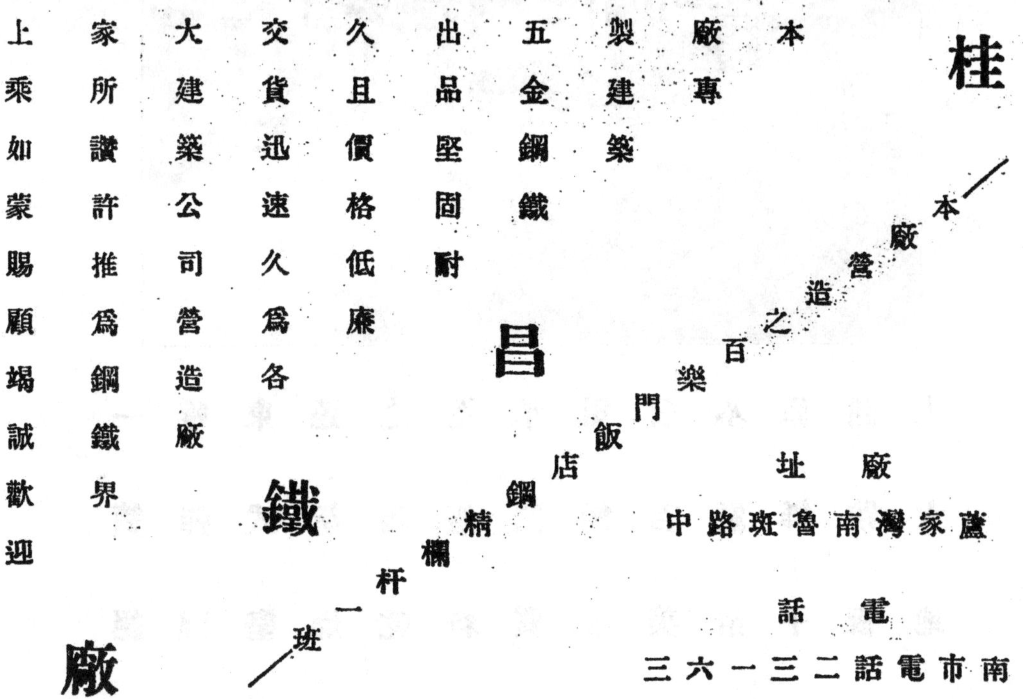

桂昌鐵廠
本廠專製建築五金鋼鐵出品堅固耐久且價格低廉交貨迅速久爲各大建築公司營造廠家所讚許推爲鋼鐵界上乘如蒙賜顧竭誠歡迎
本廠營造之百樂門飯店鋼精欄杆一班
廠址
蘆家灣南魯班路中
電話
南市電話二三一六三

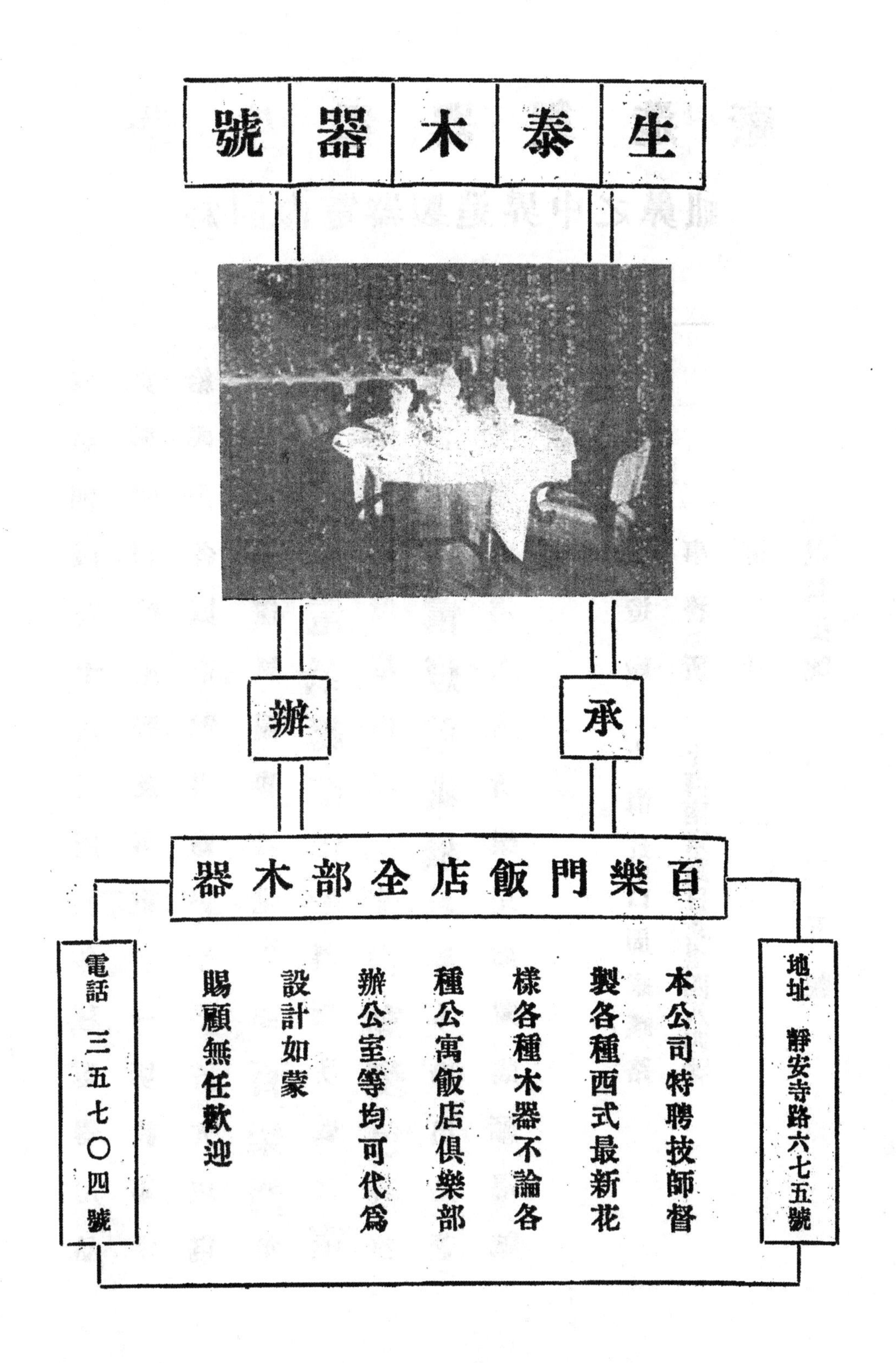
生泰木器號
承辦
百樂門飯店全部木器
本公司特聘技師督製各種西式最新花樣各種木器不論各種公寓飯店俱樂部辦公室等均可代爲設計如蒙
賜顧無任歡迎
地址 靜安寺路六七五號
電話 三五七〇四號

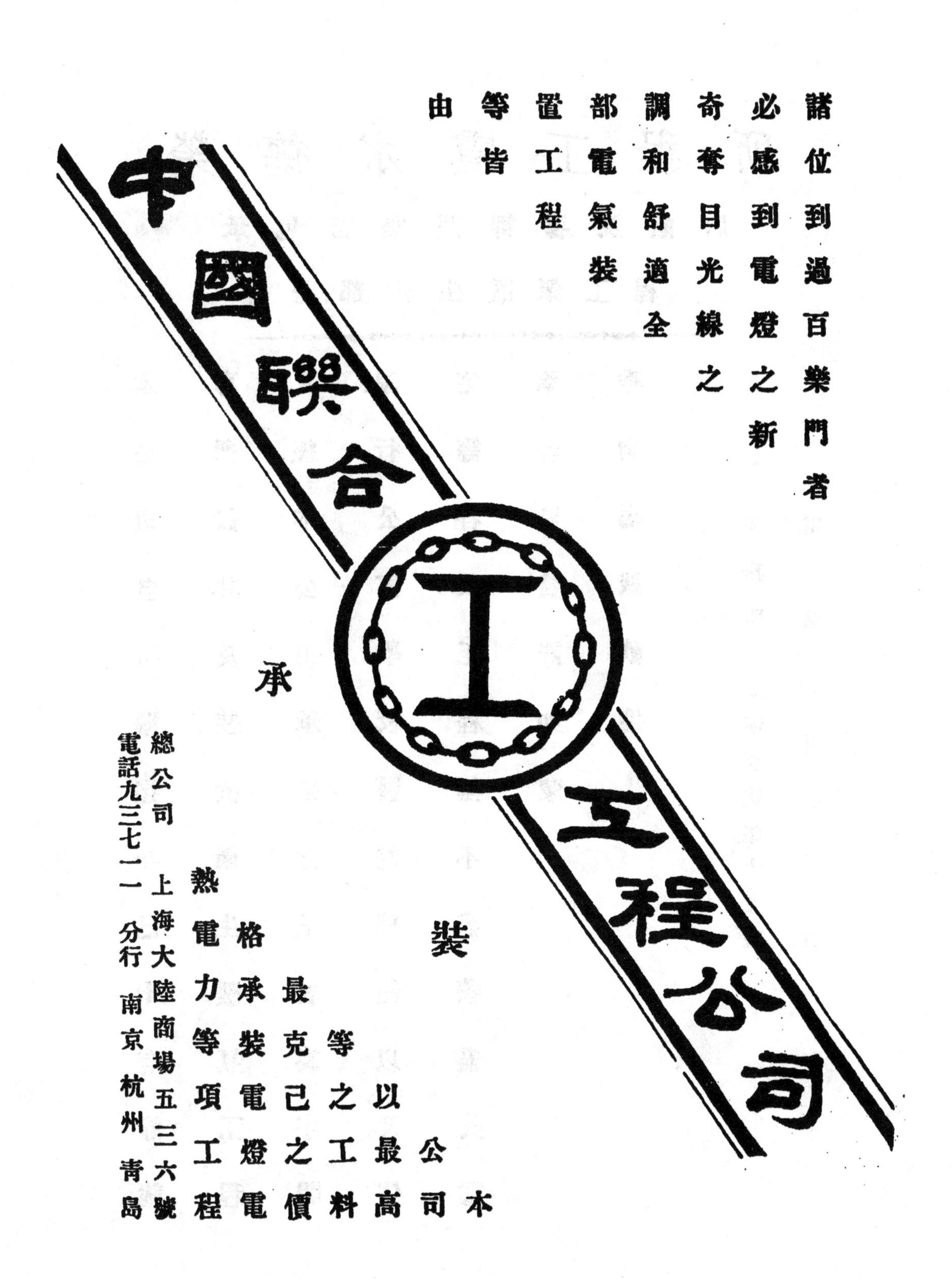
諸位到過百樂門者
必感到電燈之新
奇奪目光線之
調和舒適全
部電氣裝
置工程
等皆
由
中國聯合工程公司
工
承
裝
本
公司
以最高
等之工料
最克己之價
格承裝電燈電
熱電力等項工程
總公司 上海大陸商場五三六號
電話九三七一一 分行 南京 杭州 青島

30855

30856

YORK

在許多空氣調節的成功史上我們最近又添上了

百樂門大飯店

空氣調節的成功是建築在廣大的經驗上的我們有一般的冷氣經驗及專門的空氣調節經驗

諸君關於

空氣調節——製冰——冷氣

如有垂詢均當竭誠招待

YORK SHIPLEY INCORPORATED

約克 SHANGHAI 洋行

30857

上圖為本公司承辦百樂門飯店燈條玻璃之一部

INWALD

本公司專運各種玻璃地板及玻璃磚批發最近開幕之百樂門大飯店全部新式燈條玻璃即係本公司承辦如蒙咨詢請駕臨外灘十二號三樓壁光公司另備樣本函索即寄

30858

沈金記營造廠

Sung King Kee

Contractor

本廠承造鋼骨水泥房屋堆棧以及橋梁道路涵道等

事務所

上海法租界貝禘鏖路鉅興里七號

電話 八三四八八號

褚掄記營造廠

廠址 上海臨平路二一號　電話 五〇四四四號

本廠專門承造一切大小建築鋼骨水泥工程工場廠房以及碼頭橋棧等迅速經濟堅固如蒙委託無任歡迎

THU LUAN KEE

CONTRACTOR

21 LINGPING ROAD. TEL. 50444.

張德興利記電料行

上海電料行

上海北四川路六九〇至九二號

青島吳淞路十五號

電話 上海四六六二一號 青島二九三六號

本行承裝電氣工程之一　范大酉建築師設計

本行承裝各埠電氣工程略舉如下備資參考

本埠工程

華商證券交易所　四明銀行職房及市房　興業地產公司市房　交通部王部長公館　外國公寓　永安公司地產市房　四達地產公司市房　中華學藝社　華發社　青心女學　楊虎臣公館　馬公館　林虎公館　文廟圖書館　吳市長公館　華陵煙草公司　劉志樂公館　好來塢影戲院　維多利影戲院　恆裕地產公司市房　大夏大學

漢口路　福煦路　施高塔路　愚園路　威海衛路　北四川路　施高塔路　[illegible]　[illegible]　[illegible]　環龍路　[illegible]　[illegible]　文廟路　海格路　賈西義路　[illegible]　乍浦路　海甯路　實樂安路　中山路

外埠工程

青年會　寧波新江橋

華美醫院　寧波北門外

國立山東大學　青島

浙江圖書館　杭州

嚴春陽公館　南通石港

鐵道部孫部長公館　南京

軍政部何部長住宅　南京

日本領事館　蘇州

暨南大學　眞茹

鐵道部　南京

明華銀行公寓　青島

張德興電料行

上海電料行謹啓

英商開能達有限公司

Callender's Cable & Construction Co., Ltd.

40 Ningpo Road　　Tel. 15365, 14378

Shanghai.　　P. O. Box 777

本公司代客設計及承攬敷設電話及電力綫路工程製造各式純鋼電桿磁瓶電綫等一應輸電設備材料並專製上等水底電纜地綫鉛皮綫橡皮綫(百樂門飯店應用電綫由本公司供給)電話電纜等並經售英國佛蘭梯Ferranti各種方棚電錶電鐘電爐及一切無綫電材料又英國牛頓來特Newton & Wright Ltd.X光器透熱機及電療器械等

Modern

Buildings

All Over the World are Equipped with

Modern Equipments

of Heating and

Plumbing

Such as Manufactured by the

Rodio City, New York, U.S.A.

AMERICAN RADIATOR & STANDARD SANITARY CORPORATION

Paramont Ball Room

Products distributed and Manufacturer's Undivided Responsibilities guaranteed through their Sole Agents in China

中國建築

內政部登記證警字第二九五五號
中華郵政特准掛號認為新聞紙類

民國廿三年二月出版

總公司
上海九江路大陸商場
電話九一〇三六一七

新通公司

分公司及代理處
天津 太原 廈門 汕頭 香港
廣州 漢口 長沙 重慶 濟南

上海九江路大陸商場

SINTOON OVERSEAS TRADING CO., LTD.

CONTINENTAL EMPORIUM, KIUKIANG ROAD, SHANGHAI.

Tel. 91036-7

經理
美國第博德廠
保險庫門
保管箱

AGENTS FOR:—

DIEBOLD SAFE & LOCK CO.

OHIO, U. S. A.

BRUNSWICK-BALKE-COLLENDER CO., Bowling Alleys & Billiard Tables	**NEWALLS INSULATION COMPANY** Industrial & Domestic Insulation Specialties for Boilers, Steam & Hot Water Pipes, etc.
CERTAINTEED PRODUCTS CORPORATION Roofing & Wallboard	**RICHARDS TILES LTD.** Floor, Wall & Coloured Tiles
THE CELOTEX COMPANY Insulating & Accoustic Board	**SCHLAGE LOCK COMPANY** Locks & Hardware
CALIFORNIA STUCCO PRODUCTS COMPANY Interior and Exterior Stuccos	**SIMPLEX GYPSUM PRODUCTS COMPANY** Plaster of Paris & Fibrous Plaster
MIDWEST EQUIPMENT COMPANY Insulite Mastic Flooring	**TOCH BROTHERS INC.** Industrial Paint & Waterproofing Compound
MUNDET & COMPANY, LTD. Cork Insulation & Cork Tile	**WHEELING STEEL CORPORATION** Expanded Metal Lath

---

Large stock carried locally.

Agents for Central China

FAGAN & COMPANY, LTD.

261 Kiangse Road

Telephone
18020 & 18029

Cable Address
KASFAG

美商

美和洋行

承辦屋頂及地板工程并經理石膏粉石膏板甘蔗板避水漿鐵絲網磁磚牆粉門鎖等各種建築材料備有大宗現貨如蒙垂詢請打電話一八〇二〇或駕臨江西路二六一號接洽爲荷

30866

中國建築

第二卷　　第二期

民國二十三年二月出版

目　次

著　述

插　圖

中國建築雜誌社徵求著作簡章

本社徵求關於建築學說,藝術,及計劃之一切著作;暫訂簡章於后:

一、 應徵之著作,一律須爲國文。 文言語體不拘,但須注有新式標點。 由外國文轉譯之深奧專門名辭,得將原文寫出;但須置於括弧記號中,附於譯名之下。

二、 應徵之著作,撰著譯著均可。 如係譯著,須將原文所載之書名,出版時日,及著者姓名寫明。

三、 應徵之著作,分爲短篇長篇兩種:字數在一千以上,五千以下者爲短篇;字數在五千以上者均爲長篇。

四、 應徵之著作,一經選用,除在本刊發表外,均另酌贈酬金。 不願受酬者,請於應徵時聲明,當贈本刊半年或全年。

五、 應徵著作之中選者,其酬金以篇數計:短篇者,每篇由五元起至五十元;長篇者每篇由十元起至二百元。 在本刊發表後,當以專函通知酬金數目,版權卽爲本社所有,應徵者不得再在其他任何出版品上登載。

六、 應徵著作之未中選者,概不保存及發還。 但預先聲明寄還者,須於應徵時附有足數之遞回郵資。

七、 應徵著作之選用與否,及贈酬若干,均由本社審查價值,全權判定。 本社並有增刪修改一切應徵著作之權。

八、 應徵者須將著作用楷書繕寫清楚,不得污損模糊;並須鈐蓋本人圖章,以便領酬時核對。 信封上須將姓名及詳細住址寫明,由郵直接寄至本社編輯部,不得寄交私人轉投。

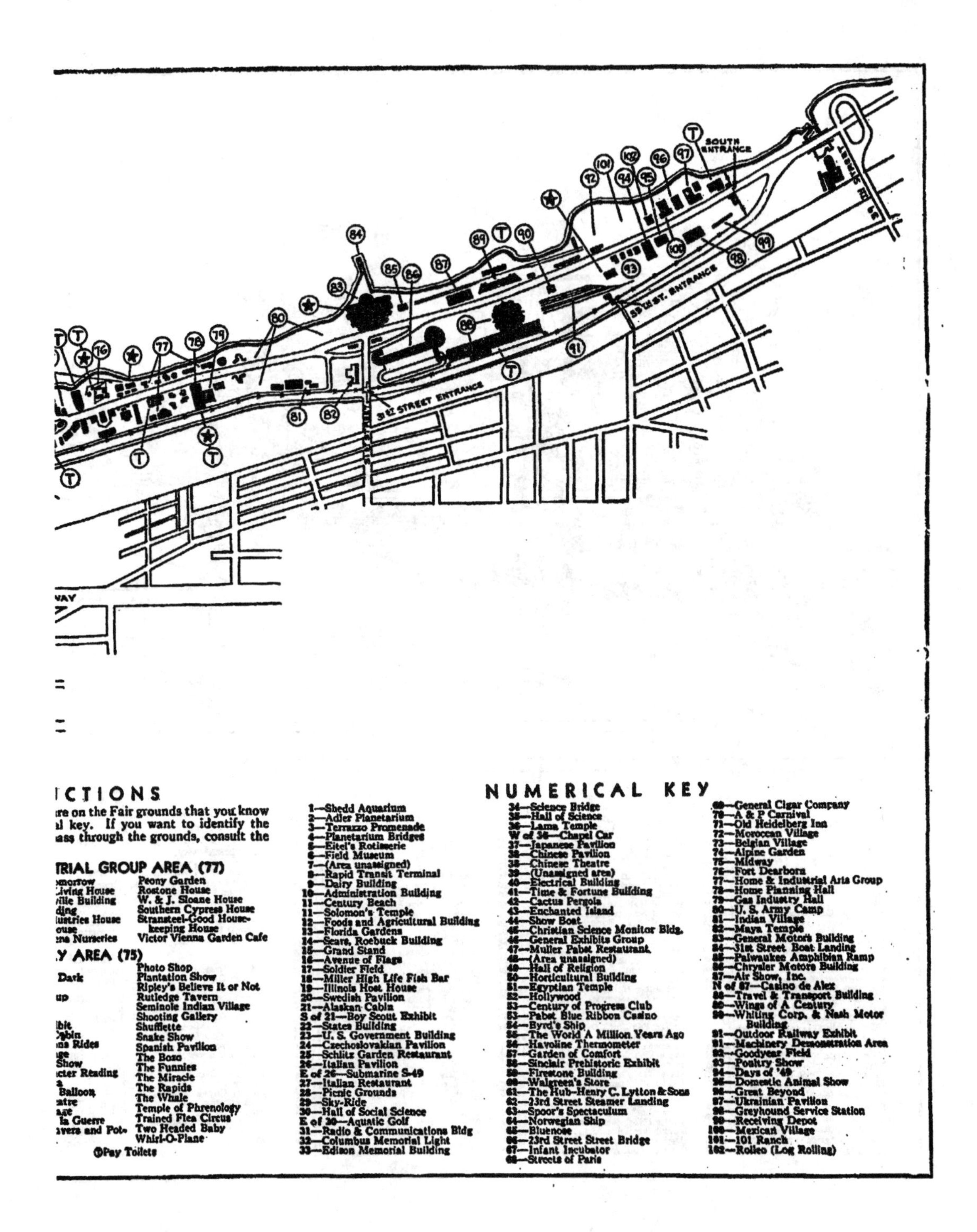
SOUTH ENTRANCE
39TH ST. ENTRANCE
31ST STREET ENTRANCE
VAY
ICTIONS
ire on the Fair grounds that you know
il key. If you want to identify the
ass through the grounds, consult the
TRIAL GROUP AREA (77)
morrow
Living House
ville Building
ding
lustries House
ouse
ena Nurseries
Peony Garden
Rostone House
W. & J. Sloane House
Southern Cypress House
Stransteel-Good Housekeeping House
Victor Vienna Garden Cafe
Y AREA (75)
Dark
up
ibit
Cabin
ma Rides
ige
Show
icter Reading
a
Balloon
atre
age
la Guerre
avers and Pot-
Photo Shop
Plantation Show
Ripley's Believe It or Not
Rutledge Tavern
Seminole Indian Village
Shooting Gallery
Shuffiette
Snake Show
Spanish Pavilion
The Bozo
The Funnies
The Miracle
The Rapids
The Whale
Temple of Phrenology
Trained Flea Circus
Two Headed Baby
Whirl-O-Plane
Pay Toilets
NUMERICAL KEY
1—Shedd Aquarium
2—Adler Planetarium
3—Terrazzo Promenade
4—Planetarium Bridges
5—Eitel's Rotisserie
6—Field Museum
7—(Area unassigned)
8—Rapid Transit Terminal
9—Dairy Building
10—Administration Building
11—Century Beach
11—Solomon's Temple
12—Foods and Agricultural Building
13—Florida Gardens
14—Sears, Roebuck Building
15—Grand Stand
16—Avenue of Flags
17—Soldier Field
18—Miller High Life Fish Bar
19—Illinois Host House
20—Swedish Pavilion
21—Alaskan Cabin
S of 21—Boy Scout Exhibit
22—States Building
23—U. S. Government Building
24—Czechoslovakian Pavilion
25—Schlitz Garden Restaurant
26—Italian Pavilion
E of 26—Submarine S-49
27—Italian Restaurant
28—Picnic Grounds
29—Sky-Ride
30—Hall of Social Science
E of 30—Aquatic Golf
31—Radio & Communications Bldg
32—Columbus Memorial Light
33—Edison Memorial Building
34—Science Bridge
35—Hall of Science
36—Lama Temple
W of 36—Chapel Car
37—Japanese Pavilion
38—Chinese Pavilion
38—Chinese Theatre
39—(Unassigned area)
40—Electrical Building
41—Time & Fortune Building
42—Cactus Pergola
43—Enchanted Island
44—Show Boat
45—Christian Science Monitor Bldg.
46—General Exhibits Group
47—Muller Pabst Restaurant
48—(Area unassigned)
49—Hall of Religion
50—Horticultural Building
51—Egyptian Temple
52—Hollywood
53—Century of Progress Club
53—Pabst Blue Ribbon Casino
54—Byrd's Ship
55—The World A Million Years Ago
56—Havoline Thermometer
57—Garden of Comfort
58—Sinclair Prehistoric Exhibit
59—Firestone Building
60—Walgreen's Store
61—The Hub–Henry C. Lytton & Sons
62—23rd Street Steamer Landing
63—Spoor's Spectaculum
64—Norwegian Ship
65—Bluenose
66—23rd Street Street Bridge
67—Infant Incubator
68—Streets of Paris
69—General Cigar Company
70—A & P Carnival
71—Old Heidelberg Inn
72—Moroccan Village
73—Belgian Village
74—Alpine Garden
75—Midway
76—Fort Dearborn
77—Home & Industrial Arts Group
78—Home Planning Hall
79—Gas Industry Hall
80—U. S. Army Camp
81—Indian Village
82—Maya Temple
83—General Motors Building
84—31st Street Boat Landing
85—Palwaukee Amphibian Ramp
86—Chrysler Motors Building
87—Air Show, Inc.
N of 87—Casino de Alex
88—Travel & Transport Building
89—Wings of A Century
90—Whiting Corp. & Nash Motor Building
91—Outdoor Railway Exhibit
91—Machinery Demonstration Area
92—Goodyear Field
93—Poultry Show
94—Days of '49
95—Domestic Animal Show
96—Great Beyond
97—Ukrainian Pavilion
98—Greyhound Service Station
99—Receiving Depot
100—Mexican Village
101—101 Ranch
102—Rolleo (Log Rolling)

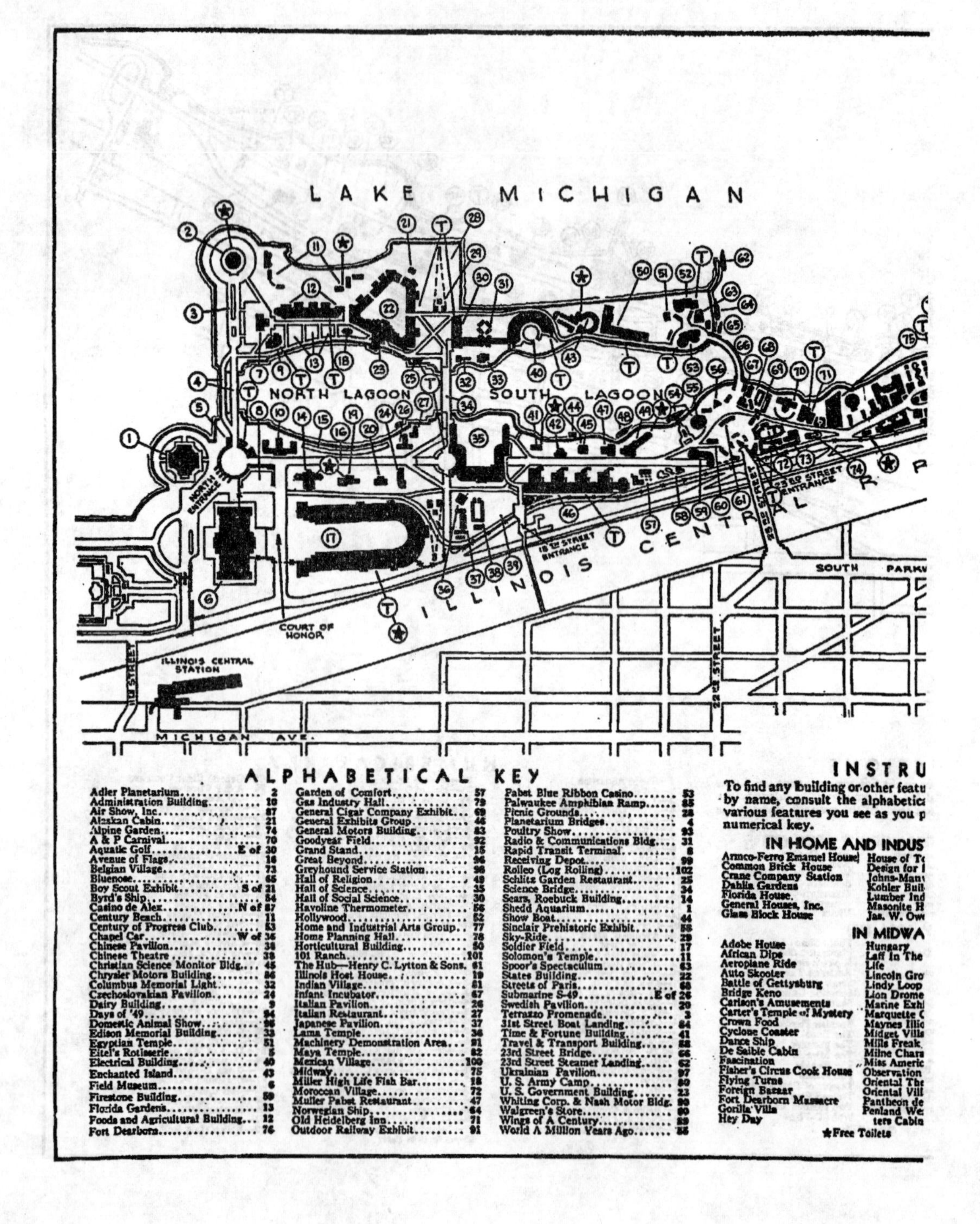
LAKE MICHIGAN
NORTH LAGOON
SOUTH LAGOON
NORTH ENTRANCE
COURT OF HONOR
ILLINOIS CENTRAL STATION
18TH STREET ENTRANCE
23RD STREET ENTRANCE
ILLINOIS CENTRAL
22ND STREET
SOUTH PARKW
MICHIGAN AVE.
ALPHABETICAL KEY
Adler Planetarium........ 2
Administration Building........ 10
Air Show, Inc........ 87
Alaskan Cabin........ 21
Alpine Garden........ 74
A & P Carnival........ 70
Aquatic Golf........E of 30
Avenue of Flags........ 16
Belgian Village........ 73
Bluenose........ 65
Boy Scout Exhibit........S of 21
Byrd's Ship........ 54
Casino de Alex........N of 87
Century Beach........ 11
Century of Progress Club........ 53
Chapel Car........W of 36
Chinese Pavilion........ 38
Chinese Theatre........ 38
Christian Science Monitor Bldg........ 45
Chrysler Motors Building........ 86
Columbus Memorial Light........ 32
Czechoslovakian Pavilion........ 24
Dairy Building........ 9
Days of '49........ 94
Domestic Animal Show........ 95
Edison Memorial Building........ 33
Egyptian Temple........ 51
Eitel's Rotisserie........ 5
Electrical Building........ 40
Enchanted Island........ 43
Field Museum........ 6
Firestone Building........ 59
Florida Gardens........ 13
Foods and Agricultural Building........ 12
Fort Dearborn........ 76
Garden of Comfort........ 57
Gas Industry Hall........ 79
General Cigar Company Exhibit........ 69
General Exhibits Group........ 46
General Motors Building........ 83
Goodyear Field........ 92
Grand Stand........ 15
Great Beyond........ 96
Greyhound Service Station........ 98
Hall of Religion........ 49
Hall of Science........ 35
Hall of Social Science........ 30
Havoline Thermometer........ 56
Hollywood........ 52
Home and Industrial Arts Group........ 77
Home Planning Hall........ 78
Horticultural Building........ 50
101 Ranch........101
The Hub—Henry C. Lytton & Sons. 81
Illinois Host House........ 19
Indian Village........ 61
Infant Incubator........ 67
Italian Pavilion........ 26
Italian Restaurant........ 27
Japanese Pavilion........ 37
Lama Temple........ 36
Machinery Demonstration Area........ 91
Maya Temple........ 82
Mexican Village........100
Midway........ 75
Miller High Life Fish Bar........ 18
Moroccan Village........ 72
Muller Pabst Restaurant........ 47
Norwegian Ship........ 64
Old Heidelberg Inn........ 71
Outdoor Railway Exhibit........ 91
Pabst Blue Ribbon Casino........ 53
Palwaukee Amphibian Ramp........ 85
Picnic Grounds........ 28
Planetarium Bridges........ 4
Poultry Show........ 93
Radio & Communications Bldg........ 31
Rapid Transit Terminal........ 8
Receiving Depot........ 99
Rolleo (Log Rolling)........102
Schlitz Garden Restaurant........ 25
Science Bridge........ 34
Sears, Roebuck Building........ 14
Shedd Aquarium........ 1
Show Boat........ 44
Sinclair Prehistoric Exhibit........ 58
Sky-Ride........ 29
Soldier Field........ 17
Solomon's Temple........11
Spoor's Spectaculum........ 63
States Building........ 22
Streets of Paris........ 68
Submarine S-49........E of 26
Swedish Pavilion........ 20
Terrazzo Promenade........ 3
31st Street Boat Landing........ 84
Time & Fortune Building........ 41
Travel & Transport Building........ 88
23rd Street Bridge........ 66
23rd Street Steamer Landing........ 62
Ukrainian Pavilion........ 97
U. S. Army Camp........ 80
U. S. Government Building........ 23
Whiting Corp. & Nash Motor Bldg. 90
Walgreen's Store........ 90
Wings of A Century........ 89
World A Million Years Ago........ 55
INSTRU
To find any building or other featu
by name, consult the alphabetic
various features you see as you p
numerical key.
IN HOME AND INDUS
Armco-Ferro Enamel House
Common Brick House
Crane Company Station
Dahlia Gardens
Florida House.
General Houses, Inc.
Glass Block House
House of T
Design for
Johns-Man
Kohler Buil
Lumber Ind
Masonite H
Jas. W. Ow
IN MIDWA
Adobe House
African Dips
Aeroplane Ride
Auto Skooter
Battle of Gettysburg
Bridge Keno
Carlson's Amusements
Carter's Temple of Mystery
Crown Food
Cyclone Coaster
Dance Ship
De Saible Cabin
Fascination
Fisher's Circus Cook House
Flying Turns
Foreign Bazaar
Fort Dearborn Massacre
Gorilla Villa
Hey Day
Hungary
Laff In The
Life
Lincoln Gro
Lindy Loop
Lion Drome
Marine Exh
Marquette C
Maynes Illi
Midget Villa
Mills Freak
Milne Chara
Miss Americ
Observation
Oriental The
Oriental Vill
Pantheon de
Penland We
ters Cabin
★Free Toilets

中國建築

民國廿三年二月　　第二卷第二期

支加哥百年進步萬國博覽會

支加哥爲現代世界第四大城，在美國除紐約外，無出其右，人口達四〇〇〇〇〇〇，爲美國鐵路航空等事業集中之地。 考其原始，在西歷一八三三年時，祇有四千民衆，多屬冒險家。 移地殖民，勇敢善戰。 築有礮台以防紅人之襲擊，平時受礮台之保障，不敢稍越雷池。 固未計其發展如斯之神速，而成功如是之偉大也，此支加哥博覽會之所以興，其中固有目的存焉。

支加哥博覽會興起之目的，狹義言乃表現建築進化之新精神，廣義上乃代表科學百年進步之大計，本刊上期已詳言之矣。 人羣之生存，以科學爲主幹；人羣之進化，賴科學以督催。 科學之於人生，有如毛革之不分離，關係至爲密切。 而在此博覽會中，將百年內科學實業進步之歷程，表顯無遺。 此不特爲科學界作一種有價值之參考；卽其建築之佈置，亦可在建築界闢一新紀元也。 在籌備會舉行時，會長曾有言曰： 我們生於科學時代，如何將現在生活，用各種科學方法解說明白。 二十世紀人民生活，與從前人民生活多有不同。 在此展覽會中，可用科學方法，作詳明之注載，記載之方式約分以下三項：——

（一）科學之發明

（二）科學製造方法

（三）科學對於人生實用之供獻

展覽會有此三種偉大之目的，故其精神與其他展覽會亦有不同。普通展覽會之目的，志在商戰，多趨事增華以達其競爭之目的，而支加哥博覽會之精神，純爲表顯二十世紀科學之進化計，故無褒狀獎品之鼓勵。其旨志在合作而非競爭，此與他種展覽會精神之特殊，而價值亦特出者也。

支加哥博覽會建築之籌備及其計劃

該會有五年建築歷史，而在十二年前，籌備已在醞釀中。計劃有委員會及建築委員會之設施。初以私人利益之商権，進行中之感困難。嗣以團結力強，對公共利益之思想，超越自私之心。終能進行無阻，此亦我人之極大教訓也。

陳列各館建築計劃，十足表現二十世紀營造之進步。所用材料與夫新式構造，均有驚人之新發明。讀者諸君，綜觀下列攝影，儘可一目瞭然。關於建築式樣，則以各人之旨趣不同，故其結果亦異。式樣之妍醜，此時殊難判斷，而亦無須判斷，至歷史久遠，褒貶當大有人在也。

展覽會之規模 爲世界展覽會中絕無僅有，中國人士更屬罕見。地處密希根湖畔公園空隙處，綿延三英里；各陳列館參差錯落，益增佳勝。所陳列之物品，上至天文，下至地利，縱至古玩異類，橫至各國奇珍，應有盡有。至歷史上之陳列，則每百年作一比較，可顯示其百年內進化之程序。社會文化之發展，實仰賴有加。今謂參觀博覽會一遍，勝如十年寒窗，不爲過分也。

木製礮台及兵營，爲十九世紀芝加哥居民之隨身符。事過境遷，均以爲徒供後人憑弔，何期此項建築，又發現於二十世紀之芝加哥密歇根湖畔！建築之條款，純按原來礮台之形狀。此精巧之木料堡壘，遂變爲遊人衆目之的矣。

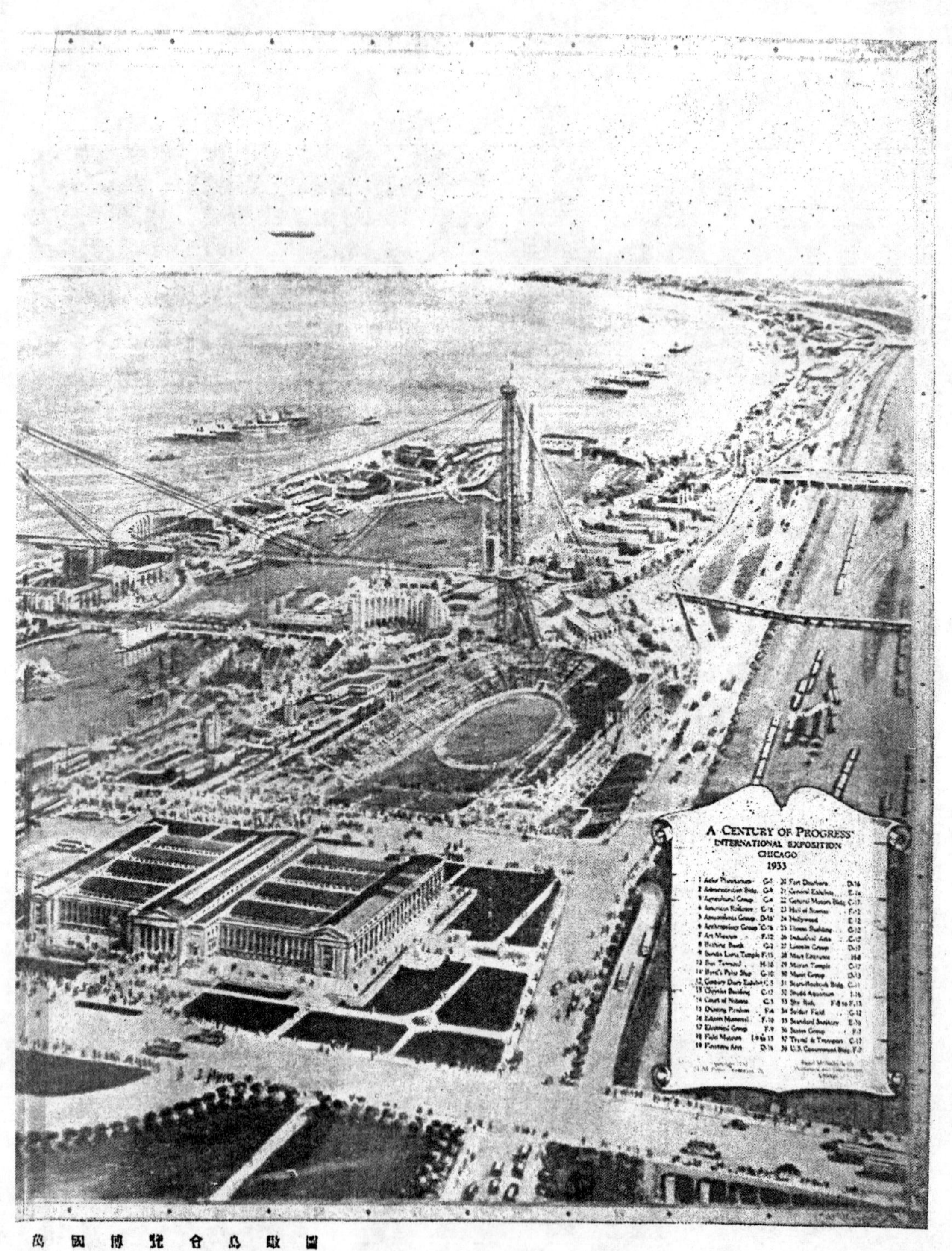
A CENTURY OF PROGRESS
INTERNATIONAL EXPOSITION
CHICAGO
1933

萬 國 博 覽 會 鳥 瞰 圖

芝加哥百年進步

北平畫師　　博覽會會長　　監造熱河金亭之　　北平畫師

張　鶴　臣　　陶羅謁 Rufus Dawes　　過　元　熙　建　築　師　　沈　華　亭

芝加哥博覽會之熱河金亭由過元熙建築師督工監造。 棒〔建〕地點，適當博覽會之要衝，故每日游人如織。 金頂閃爍，標欄輝煌，殿角鈴，風吹作響。 頁十足表現中國建築色彩也。

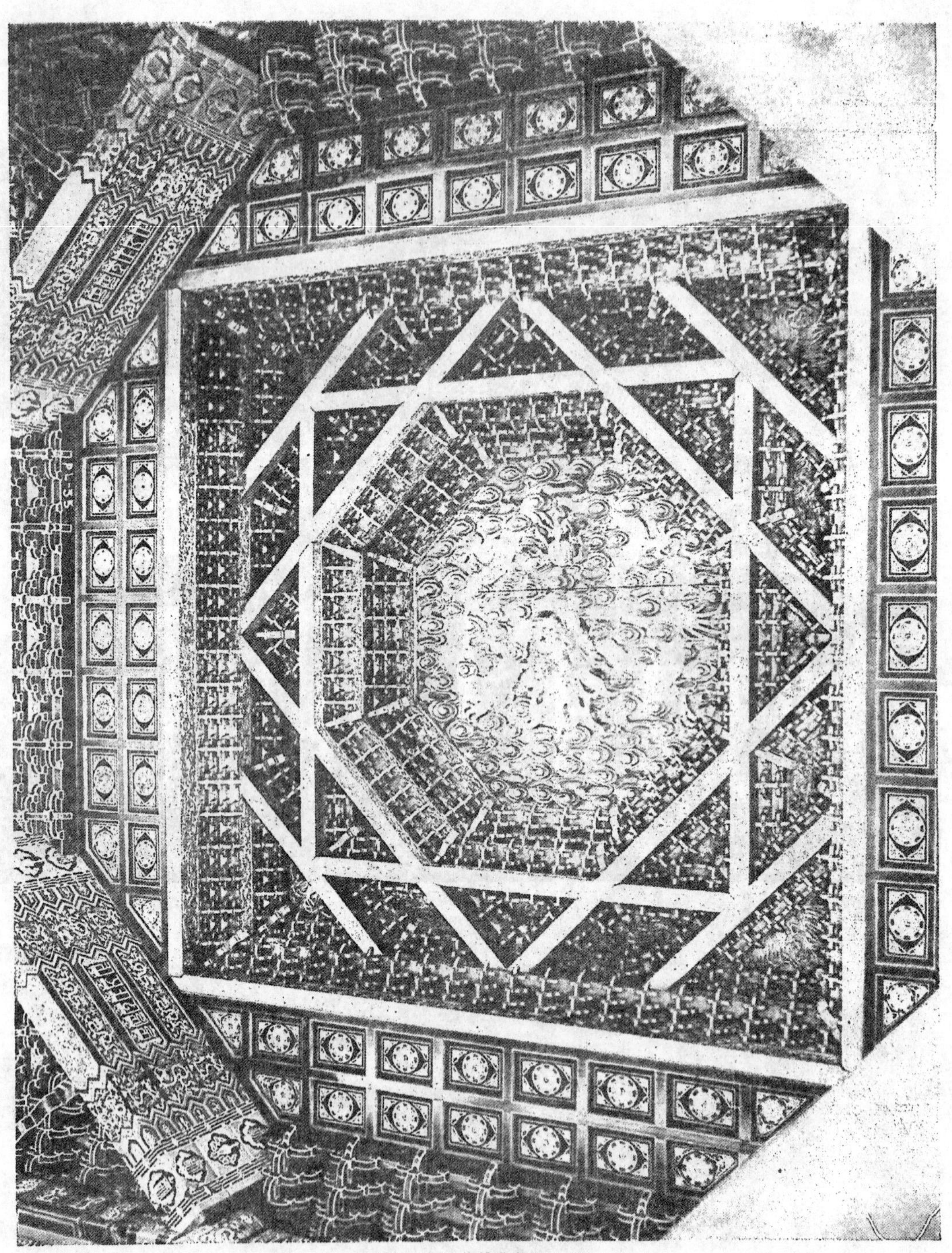

熱河金寺天花板之精細裝飾

熱河金寺內之陳列品

建築中之熱河金亭（一）

熱河金亭建築，地盤每面佔地七十呎，高六十呎。全體鍍銅，金屬雙重層。用三行木柱支架，十足表現中國式建築。

建築中之熱河金亭（二）

熱河金亭營造時，大小用材二萬八千餘方，共裝二百餘箱，由北平輸送入美，開營造未有之先聲。

博覽會陳列各館營造設計之考慮

過元熙

任何博覽會之組織，總有該博覽會之性質，宗旨，及目的。所以對於參加任何國內外博覽會陳列各館之營造及設計，均當先明瞭該會之組織情況，而對於陳列館建造之用材，經濟，及營造方法。更須特別研究，以求儉省，適用，而能發揮參加該會之目的，及代表該參加團體之精神。蓋博覽會爲臨時性質，不若尋常陳列或營業之可以延綏久待，或謀將來繼續發展之機會。故我建築工程界，對於此等陳列館之設計營造，責任綦重。當格外注意，設法爲參加團體謀利益，而於下列諸點，尤當於規劃時期中，深加考慮焉。

一　對於參加團體之經濟狀況，組織內容，及營造預算之資本能力，均須澈底清楚。否則徒縻精力於事無補。譬如此次我國之陳列專館，起初政府預備四十萬元美金，爲籌備營造之用。後官辦改成商辦，延擱四月。而於最後時間，始通知所謂商品協會，僅有一萬五千元美金，爲營造專館之用。故專館之計劃，先則由建築學會方面集謀。後則有 Murphy 之城牆匾樣。余該時適在芝城博覽會場監造熱河金亭，擔任我國參加博覽會籌備設計委員。經上海商會之電託，遂與博覽會方面籌備接洽。當時亦曾精慮，設計一新中國式之專館圖案。限營造費於一萬五千元之內，一切俱備。博覽會方面，業已贊許。而商品協會代表，又另自帶去一套圖案。以要求余於包工開標中增價贈酬不准，遂決用彼所自帶之圖案。其中經過複雜。余以身在海外，未知上海商品協會方面之組織詳情，又不悉代表何權。故始終盡量爲謀。明知有誤，而未能澈底用相當方法改善挽回。以致今日博覽會中之我國專館，設計鄙陋，而營造費則反超出預算九千美金以外。聞今年商品協會方面，尙須設法改造。此種胡鬧，匪特於國外萬衆會場中，有損國體。且亦有礙我國建築界之基礎與聲譽。此均由不明瞭博覽會之性質，宗旨及目的，有以致之也。

二　對於博覽會之地點，建築材料，土產，以及氣候，人民社會之風俗情形，亦須有相當之考慮。此等詳情，有關建設營造實際之成敗。譬如會場地點在北平天津，或在香港上海，或在維尼斯（Venice）荷蘭多水諸城，及歐美高山之區。而開會時期，又在冬季或夏季。則其地點氣候，旣相差霄壤。何能卽沿照舊習，繪一『風馬牛不相關』之陳列專館！又譬如會場在四川，而川地多竹。則建築材料，卽應用土產竹料，設法爲營造之用。南京多山水崖石，則建設應隨天地之勝，取山嶺之高下，而造參差坐落之館宇。如此則氣象得宜，天涯城市，易經營而實現者也。　如此造法，若能設計構造得當，則營造費用，亦反能節省。　至於人民社會風俗之不同，亦有關於陳列館宇建設之進退。　譬如美國科學發達，人民思想進步。　而在彼目光中之中國人，僅有飯店洗衣舖之伙嘶及污穢不堪神祕之『唐人』而已。　則館宇之設計及構造，當應用科學方法，詳加解釋，能代表我國民族文化之建築。　此言廣義者也。　以狹義言，則實際猶如營商一地，必需洞悉該他之風俗情形，及社會之需要，又能講該地之言語。　則方能在該地謀發展生財，遠至國際貿易，推銷國貨，亦何獨不若斯！

三　時間問題，亦一極大要素。　設計者除自有預期準備外，尙須提醒參加團體，以謀如期完工開放。　此次芝城博覽會參加籌備團體之組織，早已發現。　建築學會會員中之盡力策謀者亦復不少。　然而參加團體，『坐待天明』。　有如芝城之博覽會，在美國鵠候我商品協會及政府之參加者！博覽會如此進行，期將延展，或竟將不實現者。　如此情形，余寄身國外，常覺不安，蓋深感有代表同胞在國外爭光之責任。　余憶在去年六月一號，萬國博覽會正式開幕之日。　觀衆二十萬，擁擠於各門，購票待入。　會場內無門不開，任人參觀。　而我國專館，則尙在釘鎚趕造之中；直遲至半月以後，始正式開放。　較之鄰近日本專館之精神，熱河金亭之成績，相差遠甚。　夫籌備參加任何博覽會，應聘約建築師及工程師個人負責，而不當推一團體爲設計之頭目。　蓋團體僅能代表一組織，並不能表現個人之能力責任。　團體中會員人衆，意見紛歧，莫衷一是，反無一人負責進行矣。　尤是建築事務，不在人多，而在有才能負責之人，設計進行。　此亦可作將來之殷鑒者也。

中國專館於博覽會開幕時構造情形之一

中國專館於博覽會開幕時構造情形之二

四　關於館宇圖案之樣式，最易招引辯論。　蓋各人意見不同，有如其面。　設計者，必須思想周密殫精竭慮，從根本上解決此種問題。　使各方面圓滿，則毀譽非所計，成敗自有公論也。

（一）陳列館之式樣，當然要能代表一國或一地之新文化，新精神，及摹寫現代生活，經濟，社會變遷之狀況。　譬如此次芝城博覽會，名爲百年進步盛

日本館與熱河金亭之一角

日本專館大觀

會。以摹寫廿世紀科學之進化，及其供獻。故我國專館之設計營造，自然該用廿世紀科學構造方法。而其式樣，當以代表我國文化百年進步爲旨志。以顯示我國革命以來之新思潮及新藝術爲骨幹，斷不能再用過渡之皇宮城牆或廟塔來代表我國之精神。故其設計方法，當先洞悉該博覽會之性質宗旨，而由現代之思想，實力發揮之，可使觀衆得良好之印像也。

（二）陳列各館之外觀，須卓絕而能引人注意。蓋萬國博覽會場，遊人萬千，範圍廣大。遊人每不能遍遊各館，常有一視館宇之外觀，而止足不前者。亦有因屋宇式樣之陋劣，而始終不能引人注目者。現在國際貿易之競爭，日形激烈。雖此次博覽會，非以競爭爲能事。然其間接商戰之事實尙在。我國若謀推銷國產，求國際貿易之精神。陳列館外觀，固據有重大影響也。

（三）無論參加何種博覽會館宇之營造，當用科學新式，儉省實用諸方法，爲構造方針。以增進社會民衆生活之福利，提倡民衆教育之新觀念爲目的。方能實至名歸，參加博覽會之目的達矣。

總之，任何博覽會之組織。因其宗旨，地勢，天時，社會情形之種種不同，故其陳列各館之設計營造，亦因之而異。果能從根本上澈底解決。則人同此心，心同此理，審美觀念雖有不同，而研醜則有目共賞也。

支加哥博覽會之天橋，誠有驚人之特色。鋼塔兩座，各高六百二十五呎，相距一千八百五十呎，以距水平面二百呎之鍊纜連接之。車載旅客，可經過其上。塔頂上有瞭望台，遊人登台，支加哥四周情形，均可瞭然在望。高速之電梯，可載遊人達於纜香換車而至瞭望台。一塔北於科學館，一館北於電機館。

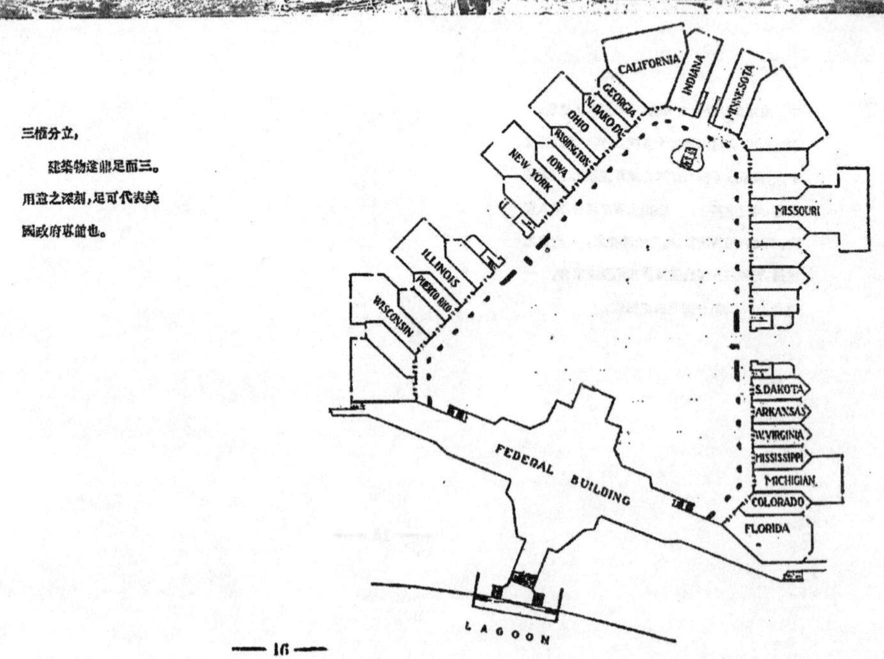

三樁分立，

建築物遂鼎足而三。用意之深刻，足可代表美國政府專館也。

於此維新之辦公室中，將此支城博覽會之圖樣全部輸出。用最新之建築原理，應用於最新式之建築上，其結構遂成世界建築上之好標榜。鋼架盡用鉚釘連結，圍牆造以防火石棉。鋼精作裝飾，爲最有效率之材料。顏色之反襯，在中部施以白色，而兩翼敷以深藍，頗形美觀。

衛公滬大門

電機專館之壯麗，有屋頂花園，鋼鐵作柏，瀑布，噴泉，電力施之。面積長1200呎，寬800呎。右方半圓，包容電之產生電之分派及電之利用等部分，中間之部，則爲電話電報輸送之展覽也。

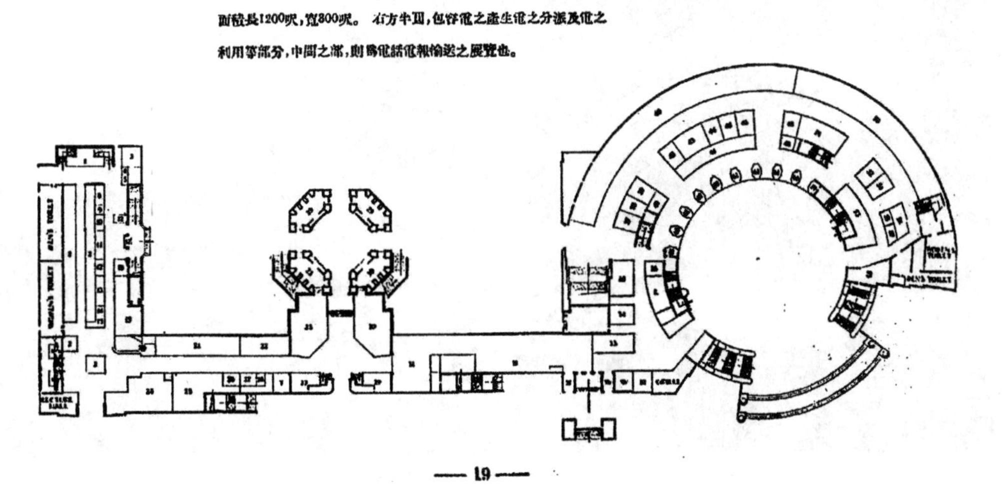

航 氣 館 湖 濱 哥 頂

支加哥博覽會普通展覽專館，亭塔三座，望之偉然。至全部造完將有五亭並列，更為生色。內部陳列，將近代工業發展之情形，表顯無遺。

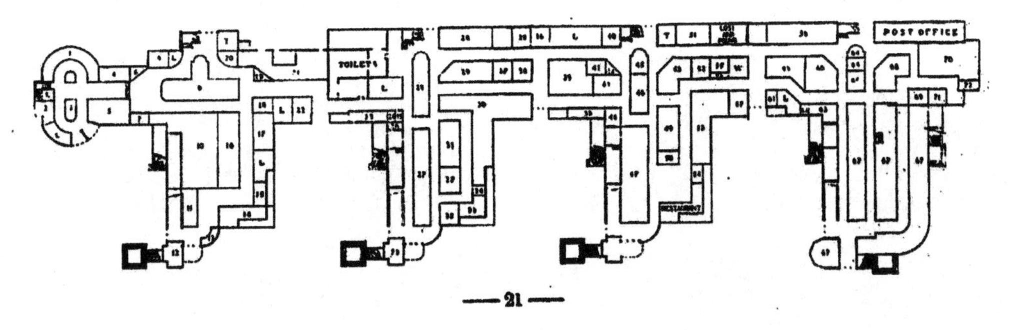

普通陳列館之一部

科學專館，長約七百呎，廣佔四百呎。 平面成U形，三面環閉，造成容八萬人之天井。高塔聳於一角，高一百七十六呎。館面向一美麗之蘇湖，更覺生色不少。 每至深夜，金屬之反光，玻璃之輝煌，均由美麗之洋台射出，倍形燦爛。

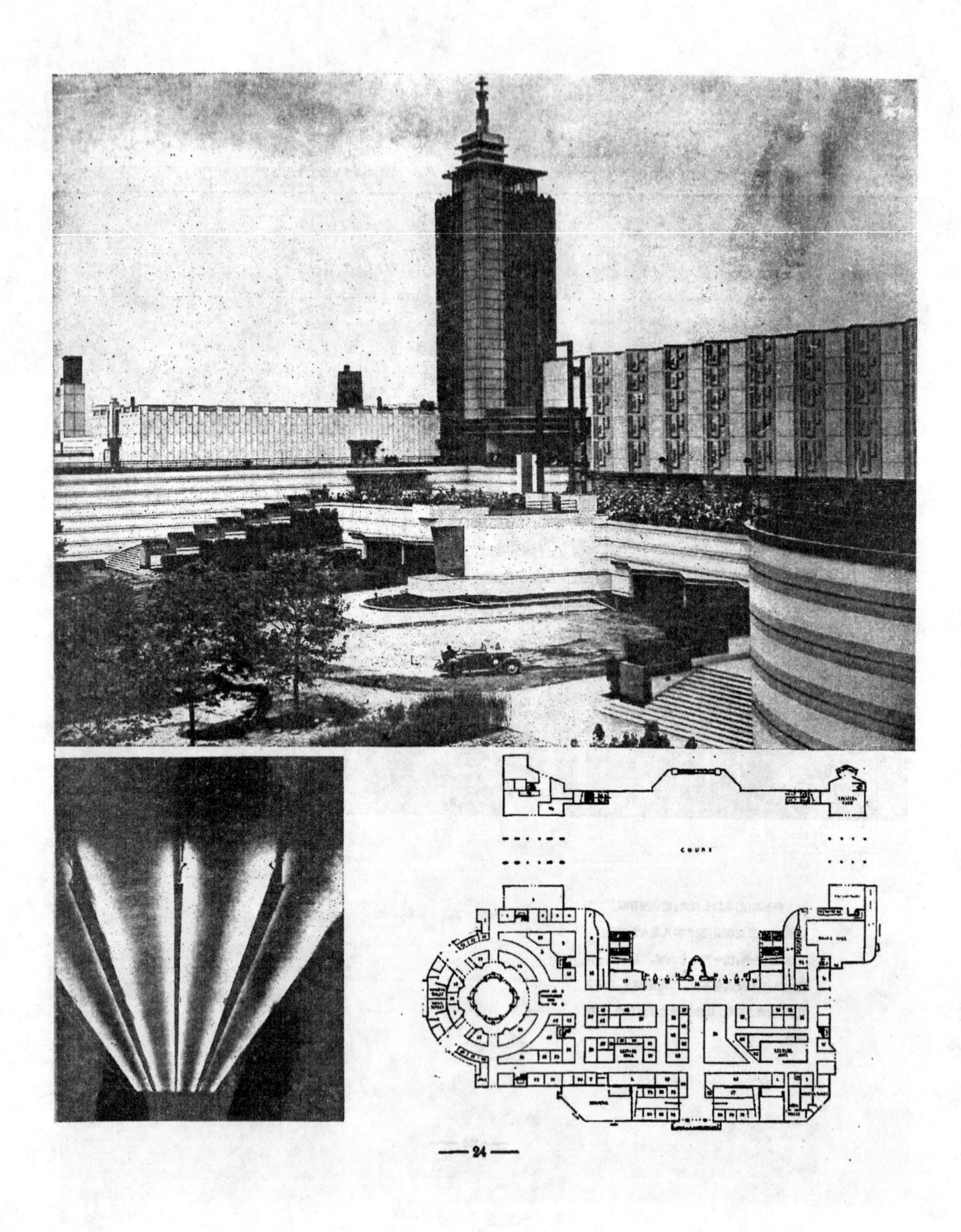

科學館之一部

正在構造中之科學館

運　輸　機　械　東　館

轉運館專描寫運輸事業發展之歷史，下至小車，大至飛機，應有盡有。可見其百年內進步之速也。

轉運館之 Dome 用造橋法，懸造空懸式距地面高125呎，Dia 為810呎，有206呎 Spad 可以展覽。

懸造費反比平常造法便宜。

轉運館穿門裝飾大樓

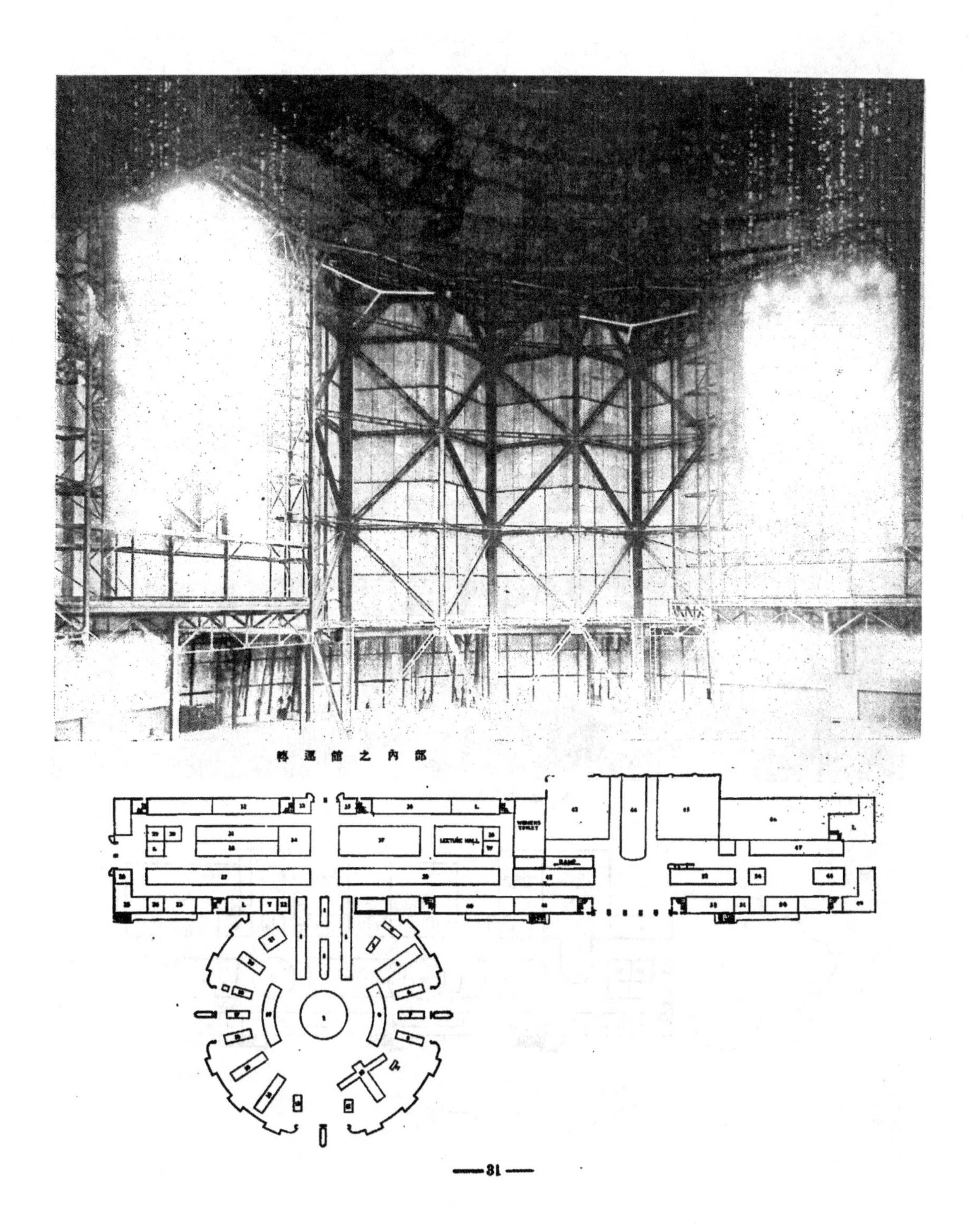

轉運館之內部

農業館之大觀

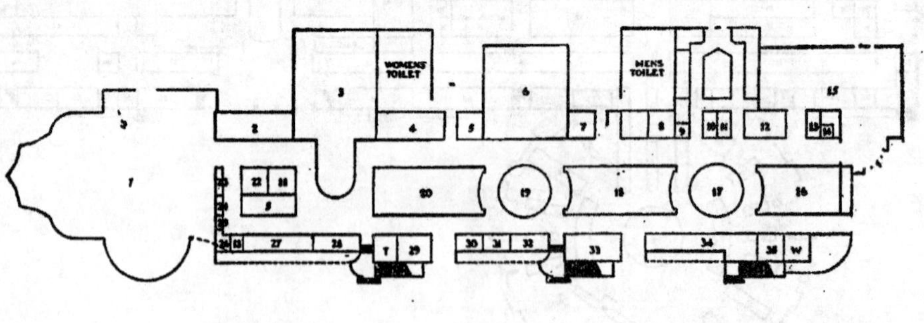

美 學 館 之 內 部

構造中之農學館

東北大學建築系劉致平繪十九路軍抗日紀念牌坊

東北大學建築系鐵廣濤繪十九路軍抗日紀念牌坊

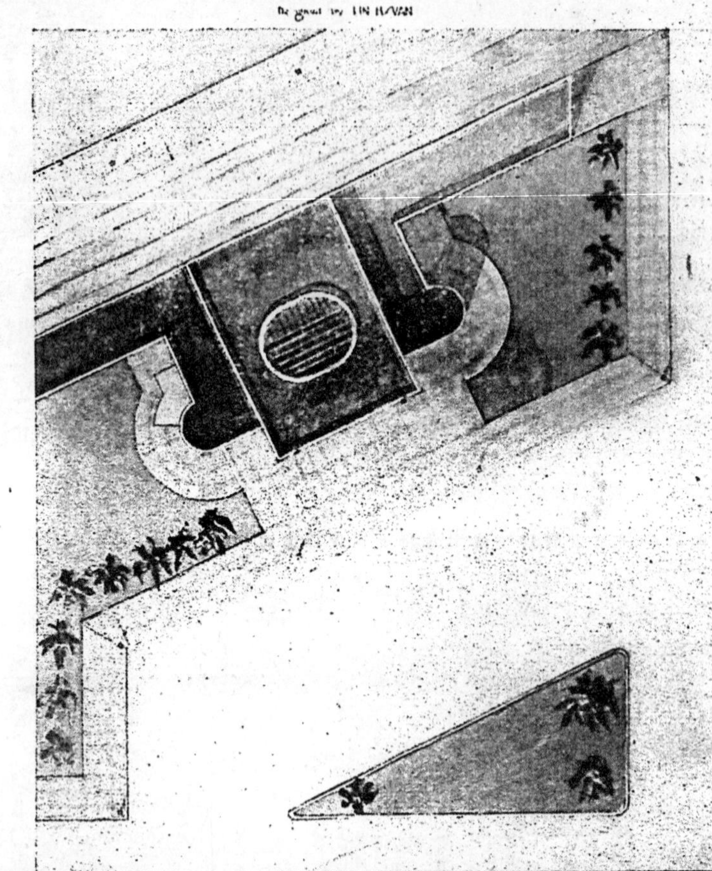

中央大學建築系林宣繪小車站平面及立面圖

小車站習題

在某附城郭之鄉鎮中，人口逐漸增加至100,000，急需要交通之便利，故民衆有感覺建築一現代化車站之必要。

車站所佔面積須400,000平方呎，四周景色之點綴不在此內。

本題需要各條件如下：

一、大門及門廳

二、大候車室一所

三、鐵路飯店

四、辦公室，售票處，厠所等。

比例呎：——

正面圖

$\frac{1''}{8}=1'—0''$

平面圖

$\frac{1''}{16}=1'—0''$

斷面圖

$\frac{1''}{16}=1'—0''$

草圖

$\frac{1''}{32}=1'—0''$

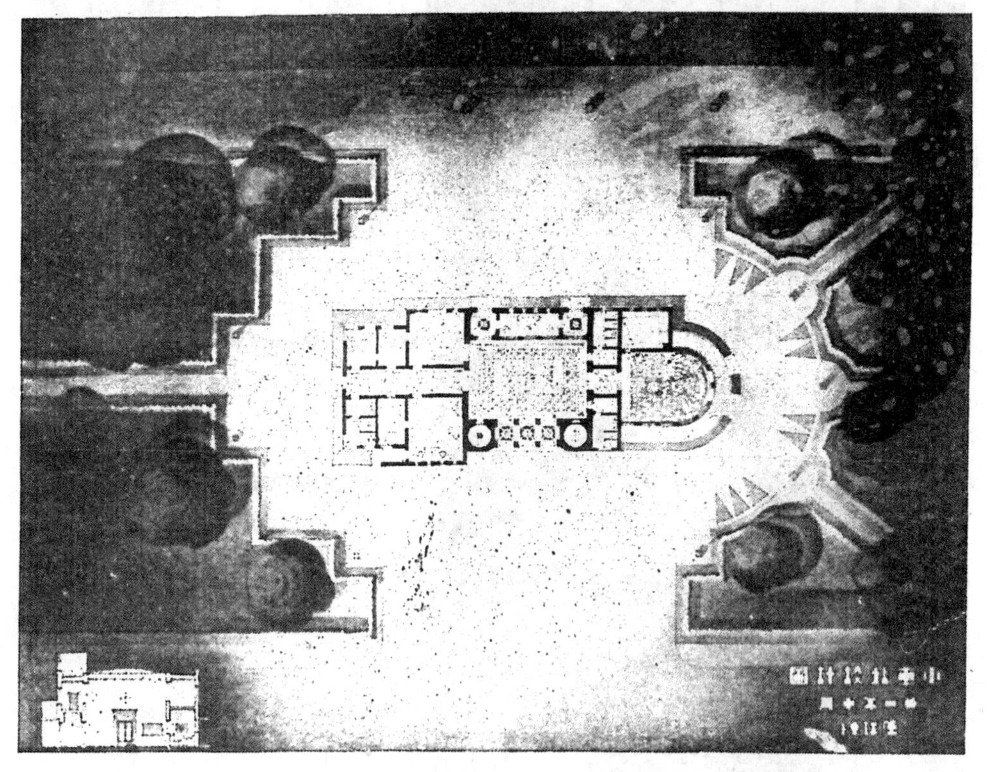

中央大學建築系唐璞繪小車站平面及立面圖

↑

華蓋建築事務所附設夜校葛瑞卿繪紀念碑

「紀 念 碑」

某廣場中有空地一塊，縱橫 60′—0″擬在此地爲某詩人建一紀念碑，以資景仰。

正面立面圖　　　二分之一寸作一尺

斷面圖及平面圖　十六分之一寸作一尺

芃梓鄧

←華蓋建築事務所附設夜校葛瑞卿繪念紀碑

建築正軌

（續）

石麟炳

第三章　草圖

草圖，在英文叫 SKETCH，法文叫 ESQUISSE。學生每解一題，必先作一草圖，以表明個人的主要意思。這種草圖，應在某固定的短時間內作出，普通多為九小時。學生在這短促的時間，不許翻閱書報和雜誌，或請他人加以指導，應完全由作者自己想出。這種辦法，在中國叫自作，在英國叫 IN A BOX 或 IN A BOOTH，法名則呼為 EN LOGE。學生將草圖作成，須送交評判委員會一份。將來作詳確圖樣時，必須按着該草圖的主要特徵而進行。否則於評判時，按其與草圖相差之遠近，以定其應得之懲罰。草圖既如此重要，自不容玩忽視之也。

草圖在心智訓練上，有極大之價值，一習題之主要工作，是使作者意志決定後，受草圖之限制，能盡力保持其原有之意思，庶可免掉心無成竹，徘徊歧路之弊；故作草圖之唯一目的，卽在訓練學者有果斷之能力也。至於將來詳圖上之線條，着墨，塗色及打邊等項，不過為草圖上之輔弼而已。

實在之建築題目，限於固定條件，有限之經費，以及坐落之特點等。作者卽須根據此等限制條件，而求適宜之解決，玆舉一例以明之：

禮拜堂之邊門

某禮拜堂，四面臨街，以建築時經費不足，餘一側面未能與其他部分同時竣工。該禮拜堂為文藝復興式樣，現擬補建未完各部，其中之一邊門，卽為本題之題材。

解此題時，須注意建築上之結構。門寬 8′－0″，為本題之限制。此門亦須用古典式要素。意指孤立柱半露柱，三角頂及雕像等而言。至於別種之發展與處理，則完全委諸作者之分配與解決。但須顧慮全部建築之特徵。此種例證，在法意等國之文藝復興禮拜堂中，幾乎全可看到。

草圖：　平立斷各面，均 $\frac{1}{8}$″＝1′－0″.

詳圖：　平立斷各面，均 $\frac{1}{2}$″＝1′－0″. 有意思之詳圖，至少 $1\frac{1}{2}$″＝1′－0″.（草圖紙為 $8\frac{1}{2}$″×11″，上作一簡單之邊線，作者必須簽字於草圖之左上角，題名亦須註明。）

若想對本題有切近之解決，最好辦法，為先將本題所需要之各項條件，歸納一表：——（一）為一宗教性質。（二）必需為文藝復興式樣建築。（三）為一次要之門，非為正門。（四）唯一之固定尺寸，為門之寬度。

學生猶有應注意者，非但對於詳圖，可以任意選擇，他如禮拜堂之大小，門為方為圓，為某種文藝復興，如意大利，法蘭西，西班牙，英吉利等，均可隨意假定。

因草圖之比例尺甚小，故起草時，無須用再小之比例尺，卽可直接以規定之比例尺，量八呎之寬，然後將力所能想到之各種解法繪出。門之上部可用圓拱，下圍以方框，或門旁有半露柱，上支柱 ，或竟爲方門，上圍一圓拱之裝飾，門之兩旁可置半露柱，半隱柱，或孤立柱，每邊置一柱或兩柱均可，並可一爲半露柱，一爲孤立柱，在柱 之楣上，可有各種不同之處理，旣可上置三角頂，亦可置彫像，卽完全光平亦無不可。

第十二圖　表明本題之各種不同解法。

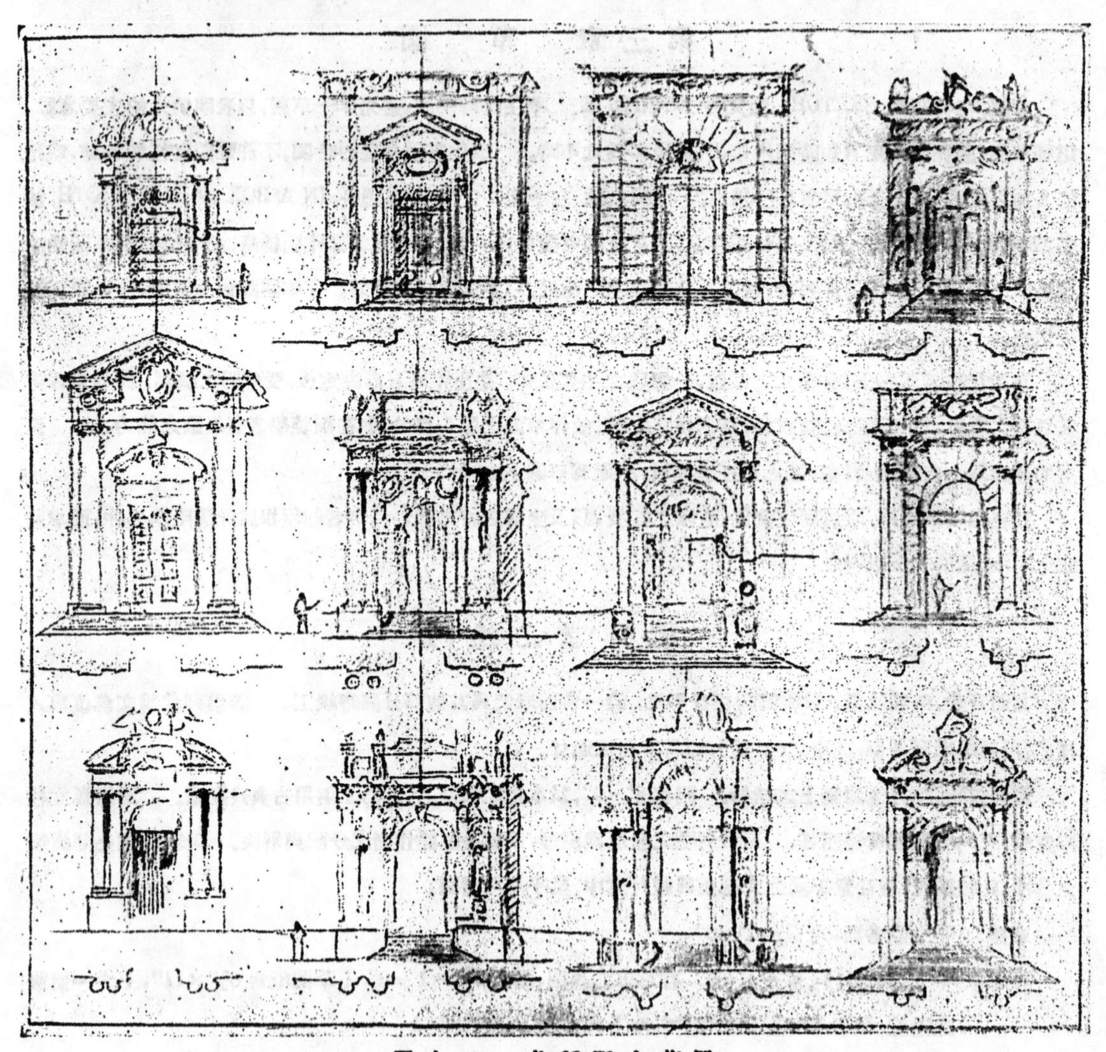

圖十二　各種門之草圖

於紙上畫一橫線，卽爲該門之底邊。於此橫線上，截取該門之寬。橫線上下，作適當之擴展。當第一草圖作完時，置透明紙於其上，再作另一解法，如是可省重量呎吋之麻煩。一粗率之平面草圖，亦應同時作出，因許多設計上之錯誤，爲在立面圖所看不出者，借平面圖可以矯正。 用同樣之比例尺，畫一六呎高之人於門旁，借以比較該門各部之大小。將應有之陰影畫出，借以表現凹凸部分之情形。

在作多數草圖時，萬勿固執於某個已成之草圖，而應當將各個草圖，以力之所及，佈置妥當，然後將習題重新讀誦一遍，考察有無忽略重要條件。 然後於此多數草圖中，檢其意思較遜的，或不中意的按步删去，所餘最後一張，作爲正式草圖。 如欲得有深刻進步這種經過自己評判之步驟，實屬異常重要也。

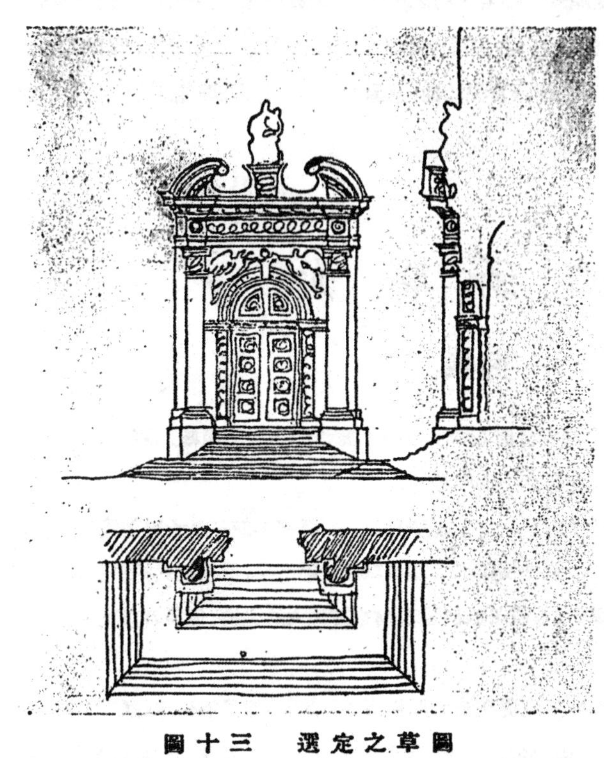

圖十三　選定之草圖

正式草圖選就後，用透明紙按規定紙之大小，鋪於最後所選定之草圖上，將所有重要地方描下，草圖遂告完成。

第十三圖卽爲最後選定之草圖。 所有雕飾，稍加表示卽可，但大小須比例適當。 柱頭亦以同法表示之，門中之方格及各處之雕刻，亦稍加表示卽可。 如此則於繪詳圖時，可以自由選擇各種花紋，式樣。 但作草圖時，有幾項是絕對固定的。門上必須有半圓形之拱，門旁必須列有半隱柱，上支柱壓與斷開之三角頂，三角頂中必須加以某種之雕像。 柱壓及柱頭之各轉角處，必須明白畫出，此爲後來所不能删掉的。 此外關於草圖的事，就是要使他潔淨，精巧，萬勿有狐疑不決處，或兩可處，冀將來之易於任已意而作，此種馬虎草圖，必受評判人之懲罰，正與改變其草圖無異也。

新時代的新建築

戈畢意氏(Le Courbusier)爲近代式(亦稱國際式)建築運動之鼻祖。氏於一九一〇年,即有宏篇巨著。力倡立體式之房屋建築;廢除屋頂,改爲花園與運動場。力主營造工業化;並創蜂窩制之房屋。其他若城市計劃,傢具改善,均有專著。而其所創之說,大抵均於近日實現於世,且風靡焉,是可知並非徒託空言也。此篇卽一九三〇年應俄國眞理學院演稿之一。

盧毓駿謹識

建築的新曙光

科學——詩境

諸位女士,諸位先生:現在我開始畫一條線,拿牠來分開在我們感覺的歷程中物質的領域,日常的事物,心理的趨向,和精神上的反響。在線之下爲物質的,在線之上爲精神的。

我現在從下面畫起,畫三個碟子。第一個碟子把科學二字,放於裏面。這個字面不是太廣泛麽?但是我可以馬上切本題而講,就是材料力學,物理,化學。第二個碟子裏頭我寫社會學三字,我用新式的房屋新式的城市,適用於我們的新時代來說。但一提到這個問題,就叫我們遠看將來有很大的危機,但我可以斷言,將來社會的組織是要均衡的。

第三個碟子我們把經濟學三字放在裏頭。大家知道現在全世界經濟的不景氣,還沒有促醒建築事業的改革,所以建築害了大病,全世界害了建築的大病。標準化,工業化,合理化一天一天的發達,此種現象,並非殘忍,並非刻薄,實在是使一切的事物達到完善捷便,經濟的良法;我的意思建業事業也應當採取這個方針。

話已歸到我所愛說的目的;物質的東西是含有時間性的,常常變換,常常演進;然而變換盡管變換,演進盡管演進,在人類的思想過程中,總想達到能永久的。藝術是永遠有價值的,人類沒有一天不在那裏追求着。

我今天到這裏所要講的,把他畫出來。磚石造的建築,在歷史上到了 Haussmann 時代,其應用可謂登峯造極,可說是最後掙扎。到了十九世紀鐵造與鋼骨水泥發達的今天,磚石造是要變式微了。(要在此聲明一句話,我今天所說的是平民式的房屋,至於貴族的房子,我是不願意提及的。)

磚石房子的造法,地上先畫灰線,開長溝,去找堅實的地盤,做基礎的工程;但是溝側的土,是很容易塌陷的;再講到地下室,那是光線不足,地方有限,潮溼又重。

基礎好了之後,可以起磚或石的牆。第一層的樓板,就蓋在牆上,於是慢慢的第二層第三層蓋上去了,然後開窗,在最後的樓板上更蓋屋面。你想負載樓板重量的牆面開窗,把牆的力量減小,這不是一樁不合理的事情麽?你想牆之作用,一方面負荷樓板的重量,一方面又須不妨礙樓板的光線;二者作用同時需要,自然有限制,有了限制,就生拘束,有拘束,就變畸形了。

我講建築的重要原則，就是『建築房屋要使樓板光線充足』。 什麽理由呢？你想房子內光亮，就想做工，若是黑暗，便想睡覺了。

鋼骨水泥造的房子，可將牆完全取消，可用細小的柱子，並且相隔很遠，來負樓板的重量；只消鑽鑿眼井，埋設柱子於堅固的地盤上，用不着什麽掘土開溝的工夫。 再談到鋼骨水泥或鐵柱子的價錢，那也不貴。 我可以起至離地三公尺的高，而做樓板於他的上面，由是我們於地下層可得許多空地。

於這個空地上，放汽車，植樹木，我們可以想見空氣流暢，與花香宜人的景色。 我做我的第二層第三層的樓板，我不造屋頂。因爲研究嚴寒地方的暖房設備，還要利用融雪的水，設法輸流於屋裏，做水汀的水源呢？吾的屋頂爲平面的，每公尺有一公分的傾斜度，肉眼是看不出的。 再我研究氣候酷熱的地方鋼骨水泥屋面，因水泥富於脹縮性，發生了裂縫，雨水不免要漏，所以主張做屋頂花園。 於熱帶地方，這種公園我已經有了十三年的經驗，覺其能吸收太陽的熱光，而樹木又生長得很快。

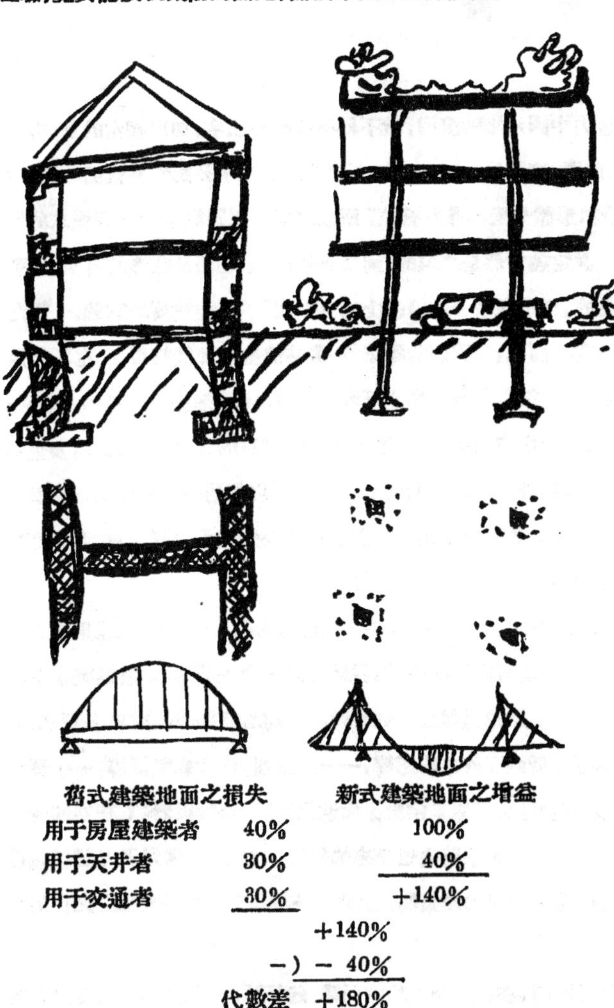

我現在畫兩平面於兩剖面的下面，一層磚石造的，一層鋼骨水泥造的或鐵造的，而他的下層完全爲空地。 但我請工程家注意，此種舊式石造的房屋的梁，和我所主張的鋼骨水泥房屋的梁的不同的地方；材料力學明明的告訴我們，頭一種應力的情形二倍不合算於後一種。

還有就是在鋼骨水泥的房屋的造法，不特用不着什麽牆來負樓板的荷重，還可以於牆的全面積上，盡量的開窗，有的地方不需要玻璃窗也可以用材料填塞牆面，總說之，都是樓板去負這種重量。 與普通習慣太相反，照這樣看起來，不是把房屋是需要樓板光線充足的原則解決了罷！

其他像這樣鋼骨水造或鐵造的柱子，列立在屋面的向裏邊，得很不安心，但你以後可以明白什麽作用。

結果我房子的最下層是空的；屋頂地面是添出的，屋面解放的，由是我的房子就一點也不畸形了。

中國歷代宗教建築藝術的鳥瞰

孫宗文

緒論

我們要從現代層樓高聳的建築中，追索到過去中國建築的演進，就不得不將建築二字，加以相當的解釋。所以本文的開篇，先得將『建築是什麽?』這個問題，來討論一下。 按『建築』是歷來公認爲藝術的一種，並且我們知道，建築是一種有計劃的藝術，牠將綫和形體分配得井井有條，所以建築不單單說是一種機械式的藝術。 假使我們說：「圖畫是施色的藝術」，這一個定義當然是錯誤的；同樣我們說：『雕塑是造形的藝術』，那也是犯了同一觀察上面的錯誤。 因爲我們所說的，祇不過是一種機械上的藝術，而不是牠眞實的意義。 因之所謂機械上的藝術，其目的專爲適應於某一種的需要而已。 我們的建築，不像其他藝術那樣簡單。 也不能用磚頭瓦塊一類的東西，就能將建築專學包括起來，更不能以美術二字來形容建築；那末建築是一種科學，是一種有系統的科學。 牠一方面要遵守科學上的原理；引用現有的材料，以達建築堅固之目的；一方面假圖案及色彩之點綴，以增建築之美觀；更一方面要建築師的學識與經驗，以求建築之合用。 所以說建築是一種藝術而又科學的學問。 藝術與科學，纔能構成現代美觀莊嚴建築物主要原素。 並且我們要知道科學在求眞；藝術在求美，二者果能互相貫通，互相濬發，那末建築就可以達到眞美合一的希望了。

建築在理論方面是如此，而在人生上更負有重大的使命。 原來建築最重要的唯一目的，就是解決人們『住』的一個問題。 所以建築對於人類的生活上，是具有密切關係的，我們從文化史上看來，知道建築事業在時間性上，牠是表現時代特有的精神；在空間性上，牠是顯露整個民族的特性。 前者在過去的歷史上看來，勢力最厚的要算『宗教』。 原因還是建築物的本身，受到了外來的影響，——如通商，傳教或戰征等，——原有建築作風就會轉變。 在建築史上講，從未有完全不受外力影響『宗教』而進化的。 至於後者，（在空間性上而論）牠是人生環境和民族性的結晶，我們看歷史上各種民族所遺留下來的住宅，宮，廟堂以及各種城堡等建築物上，無處不表現出其固有的精神來。 這種遺留下來的建築物，永遠爲各種民族思想的變遷；文化的改進，作一個有力的鐵證。

建築在物質上面講，是需要各種建築材料及工匠等；在精神及思想方面講，建築師在創造之前，須受社會的支配，所以綜合時代環境及民族的特性，那無疑地就是最重要的原則了。 因而建築和歷史關係之密切，遂成很明顯的事實。因爲建築是人類思想和精神的一種表現，於是她的作風之變遷，也就沿着歷代人民思想和精神的不同而迥異，所以建築是在一天一天地變遷着。 我們不能說古代的建築，是比近代的美觀，或者說近代的建築，要比古代的偉大，因爲這是各個時代文化思想的不同；並且人類的審美觀念，隨着時代而異的。 因此，我們就可以從殘存的古代建築物遺跡上面，知道了上古人類的生活情形，並且比較我們從書本上面所得來的學識，更要豐富。 何況書籍記載既容易毀滅，又容易失眞！因此，對於歷代所遺留下來的建築物，大有討論和研究的價值了。

中國建築事業，四千年前已見萌芽。 黃帝造宮室，他把原始時代巢穴生活，搬移到房屋生活了。 嗣後歷代帝王，互相演進，由簡單而複雜。 到漢唐之世已達到建築藝術的高峯，可是到了近代，歐風美雨直接飄灑到中國來，漸次將固有的東方建築藝術，輕輕地湮沒了。 近來關於建築在歷史上的記載，更不多見，致探討無由。關於中國歷代最重要的建築物。牠的類別，可依下列三種包括起來：——

a. 住宅建築， b. 宮殿建築， c. 宗教建築

以上的三種建築物，可說是構成中國建築藝術的主要原素。 但是前二者不是本文所要討論的範圍，姑且不論。 我們中國的建築藝術，其影響最爲重大的，也就是宗教建築。 我們根據歷史的建築事實，追求歷代建築物的重心，知道宗教建築，實佔重要位置。 雖然牠的起源，是在兩漢以後，但是漢代以前的宮殿建築，如果從它的壁畫上觀察，却早已暗藏着宗教的彩色。 即以近代的建築而論，雖然關於純粹的宗教建築物，是絕無僅有；可是他種建築物上，也常常帶有宗教彩色的，像現在我們住宅中所建築的『人』字形屋頂，以及所謂宮殿式的建築，這些就作了一個有力的明證。 的確，宗教影響於建築的作風，是深而有力的。 我們現在要討論到中國歷代宗教的建築，就不得不先將建築作風的變遷期來研究一下，雖然各朝代的建築，錯綜變化，難以分劃牠的明顯界限，但是大約可分成以下三個時期：——

a. 禮治的， b. 宗教的， c. 歐式的，

從上古一直到漢代，此時期中的建築，大都受『禮治』的支配，多作風俗狀況，當時以封建思想的深刻，歷代皇帝的奢靡，便有那華麗宮殿出現。 所以這時期可說是『禮治的』。 到了漢明帝時，佛教東漸以後，那時廟宇塔寺的建築，頗有『濫觴盛哉』的趨勢，直到明清其勢不衰，所以這時期可以說是『宗教的』。 明清以來，歐風東漸，建築上受了極重的影響，作風的改變，眞有霄壤之別。 這一個時期就可以說是『歐式的』了。以後究竟怎樣，那由於歷史的進化，無法可以肯定。 在這三個時期中，『宗教的』時期最爲重要，並且牠的歷史也很久，因而可以記載的資料也豐富。 所以本文在可能範圍以內，將中國歷代關於宗教的建築藝術及其主要的代表作品，儘量介紹，以饗讀者。

(二) 宗教未傳入以前的中國建築

中國宗教建築的起源，係在兩漢以後，從建立白馬寺爲始。 但是在兩漢以前，所謂建築『禮治化』的一個時期中，中國建築早已暗藏着宗教的色彩。 因爲當初中國古代的人類，是極崇尚自然神教的，他們以爲『天』是有知覺。有情緒，有意志，而能直接支配人事的；並且又極崇拜祖先，於是就有祀天祭祖的神殿建築。

我們現在談到了中國的建築歷史溯本求源的講起來，就不得不令人想起太古時代有巢氏構木爲巢的事蹟來，(註一)這可以說是中國建築的濫觴，那麼，有巢氏也可以說是中國建築界的發明家了。後由巢穴進化到廬扇(註二)的建築。直到黃帝，爲建築界又闢一個新紀錄。

黃帝軒轅氏時代，（西元前二千六百九十七年）這時期可說是中國建築術的眞正起源時代，也就是宮室(註三)開始建造的一個時期。並且其他的建築物，如合宮(註四)殿樓(註五)閣樓(註六)以及廟堂(註七)等等，牠的形式，已經粗具規模。到了堯舜時代，文化日有進步，並制定氏姓及祖宗廟祀，於是啓後世宗廟明堂之制。這時代的代表作品，有堯之衢室，(註八)和舜之總章；(註九)因爲此時建築材料之磚瓦尙未發明，故建築方面尙稱簡陋。到夏后氏以蜃灰堊壁(註十)始啟後世之塗壁；(註十一)及後各代帝王興，建築材料也日有發明，烏曹作甎，昆吾作瓦。那時甎瓦的使用，尙不十分簡便，建築多以木料爲骨幹，而甎瓦則用以隔絕風雨而已。牆之外部，飾以紋彩。據考工記上記載：夏時用蜃殼搗成粉末，用以飾牆。周代也沿用此法。漢時此種蜃灰也沿用的，以後才漸用甎瓦。瓦比甎先發明，漢書所謂光武戰於昆陽，屋瓦皆飛。甎則後代發掘的漢甎或可作爲印證。周代的建築盛行一種翬飛式(註十二)的作風，這類建築的形式，其屋頂爲『人』字形，而四面的屋翼檐角，完全向上彎曲，殊爲別緻。即此後歷代所建造的宮殿，其建築作風，也受這樣的影響。又因當時人民崇尙自然神教，崇拜祖先的思想極爲濃厚，於是一切祭祖，祀天的神殿建造，異常發達。周之明堂，就是個很好的例子。明堂之外，又有靈臺的建築。所謂靈臺，就是用來觀察天文的高臺。據詩大雅上面的靈臺篇說：『鄭箋云天子有靈臺者，所以觀祲象，察氣之妖祥也』。並且在東周時，厚葬之風又盛極一時，於是向不被人注意到的墳墓建築，也進化不少。如墓上置的石獸，石人，以及建築華表等……，無一不表現三代時民族的特性，及風土的一斑。當時人類的思想及精神，我們又可在牠的建築物上深深地認識了。當時建築物之受『禮治』的支配，更加一有力的明證，惜乎當時的建築遺物，留到現在的，已屬鳳毛麟角，考察無由了。

明堂爲周朝重要建築之一，用來祀天，祭祖，以及朝諸侯之用，舉凡一切國家重要的大典，俱在明堂中舉行。明堂大都建在廣場的中央，內設斧扆，爲天子之位，外面四周繞以四門。根據月令篇上的記載；在中央建築太室，四方再建青陽明堂，總章主堂，各三室，而明堂係專指南面的一堂而言的，因其闓達向明，天子在夏季則居之；在其中央一室即爲太廟。又據考工記上記載，明堂平列一共有五室，（即古寢廟的制度）。再根據大戴禮的記載：『明堂九室，三十六戶，七十二牖，以茅蓋屋，上圓下方，外環以水曰辟雍，（即古之太學）』。其他如清人汪中，近人王國維，所考定的明堂圖，很可看出當時的式樣來；其明堂係五室制，沿夏殷之舊，而加以獨創的精神，遂爲周代的建築藝術放一異彩。雖然漢制的明堂，比周代的更要偉大和複雜，但是周代能將一座神殿，而象徵宇宙的萬象，那時候的藝術思想，我們應該是驚服的。

到了秦代，建築物更形偉麗了，更是努力於宮殿的建築，所以這時代可說是宮殿建築的黃金時代。在歷史上最著名的當推阿房宮，咸陽宮，以及驪山陵寢等的偉大工程；這類建築物在歷史上，在中國的藝術歷史上，是永留着無上的光榮；而其中尤推阿房宮的建築工程，最爲浩大，當時所謂關中三百關外四百的宮殿(註十三)其偉大也可想而知了。秦代除努力宮殿建築外，對於國防的建築亦很注意，最顯著的當然是萬里長城，此外瑯琊臺及雲明臺，亦爲秦代重要建築。瑯琊臺修於秦始王二十八年，臺高二丈，共有三層，三面環海，故風景極佳。

（詳見史記）雲明臺在拾遺記中記載，始皇起雲明臺，工極巧，有二人虛騰緣木，運千斧於雲中，子時起工，午時已畢，所以雲明臺又有人稱做子午臺。

綜觀黃帝以下歷三代而至於秦，中國建築藝術之進展，已有驚人記錄。　可惜文獻不足，遺跡缺乏，致令後代研究家，無從着手，乃學術界之不幸也。

〔附註〕

（一）構木爲巢　〔綱鑑〕太古之民，穴居野處，與物相友，無有殺傷之心；逮後人民機智，而物始爲敵，爪牙角毒，槪不足以勝禽獸；有巢氏作，構木爲巢，教民居之，以避其害。

（二）廬房　〔古史考〕編槿爲廬，緝葦爲扉。

（三）宮室　〔易〕上古穴居而野處，後世聖人易之以宮室，上棟下宇，以待風雨。　〔白虎通〕黃帝作宮室，以避寒溼。

（四）合宮　〔綱鑑〕帝（黃帝）廣宮室之制，遂作合宮。〔文中子問易〕黃帝有合宮之聽。

（五）殿樓　〔史記〕方士言於武帝曰，黃帝爲五城十二樓，以候神人。〔漢書〕武帝時，濟南公玉帶上黃帝明堂圖，圖作有一殿，四面無壁，以茅蓋，通水圜宮垣爲複道，上有樓，從西南入蓋樓之始也。

（六）閣樓　〔春秋緯〕黃帝坐於阿閣，鳳凰銜書致帝前，其中得五始之文。〔綱鑑〕鳳凰巢於阿閣。

（七）廟堂　〔禮記〕廟堂之上，罍尊在阼，犧尊在西。　〔左傳〕民有寢廟，前曰廟後曰寢。〔綱鑑〕帝（黃帝）崩，其臣左徹取衣冠几杖而廟祀之。

（八）衢室　〔三國志魏文帝記〕軒轅有明臺之議，放勳有衢室之問，皆所以廣詢於下也。

（九）總章　〔禮〕孟秋之月天子居總章左個。〔尸子下〕觀堯舜之行於總章。　〔文選注〕舜之明堂，以草蓋之，名曰總章。

（十）蜃灰堊壁　〔周禮〕夏后氏世室，以蜃灰堊牆，所以飾成宮室。

（十一）塗塈　〔漢書揚雄傳〕㜸人亡，則匠石輟斤而不敢妄斲，服虔云，㜸古之善塗塈者也。　施廣領大袖以仰塗，而領袖不汚，師古曰：塈，卽今仰泥也。

（十二）翬飛式　係周朝盛行之一種建築形式。〔詩小雅斯干篇〕如鳥斯革；如翬斯飛。

（十三）　關中三百關外四百係說秦代宮殿之衆多。　據史記的記載：秦每破諸候，寫放其宮室，作之咸陽北坂上，南臨渭，自雍門以東至涇渭，殿屋複道，周閣相屬，又曰關中計宮三百，關外四百餘。

房屋聲學

（續）

唐璞譯

回聲公式——回聲現象含有之要素，不只上述各情，欲求進一步之明瞭，可研究一普通公式。設室內有一固定聲源，聲波由聲源向外推進，至遇屋界時，則一部分能卽由每一反射時被吸收，少時每秒所吸之能與所發之能相等，卽達平衡狀態，如停止發聲則運動於室內之聲波，卽在一時間內消滅，此時間依牆壁之吸聲力而定。第九圖卽其作用之圖示。

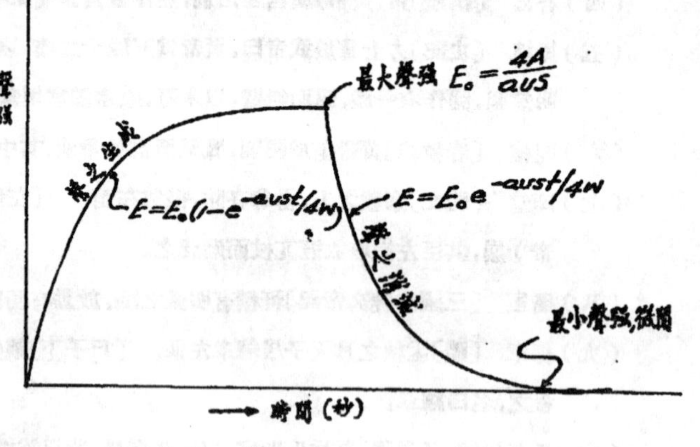

沙氏按前理得一公式：——

$$E=\frac{Ap}{auv}e^{-\frac{au}{p}t}$$

式內 E＝每單位容積之聲能

A＝由聲源每秒發出之聲能

p＝二反射間之平均自由路程(mean free path)

a＝平均吸聲係數

V＝室容積

t＝時間

v＝聲之速度＝每秒 342 公尺約爲每秒1121呎。

其後維也納嘉哲氏 (G. Jager) 得一相似公式，乃假氣體分子之壓縮原理可應用於聲之反射，其公式爲：

$$E=\frac{4A}{avs}e^{-\frac{avs}{4V}t}$$

式中各量與沙氏公式相同，而S爲受到聲作用諸物體之表面面積。此二式遂爲室內聲作用之要律，而引出若干結論，在會堂設計中，均應顧及者也。

因數 $4A/avs$ 可決定室內之聲所達到之最大聲強，A爲發聲體每秒所發之能，as 爲受到聲作用諸物體表面之吸聲力，而 v 爲聲之速度。若聲源，A，爲常數則知最大聲強 $4A/avs$ 之分數值依 as 而定。當 as 加大，則聲強減小，而聲卽弱。室之容積相等時，則吸聲 as 小者，其聲較高。如在一相似而較大之室內，其牆面吸聲加大，卽 as 加大者，其聲必較弱。凡此各情，皆假定爲一致之聲源，並能維持長久，以使聲波充滿室內直至達到平衡。若爲短而斷之演說聲，只能維持一秒之幾分之幾，則不合此種情形。故此種聲能在大容積之室內，不能似理論上所得，可充滿室內各分子。

欲深知變換吸聲因數 as 之實用效力，則應有一詳細解釋焉。此項爲室內各種材料吸聲之和，以方程式表之：——

$$as = a_1s_1 + a_2s_2 + a_3s_3 + \cdots\cdots\cdots\cdots$$

式中表面$s_1 s_2 s_3$－－－－及係數$a_1 a_2 a_3$－－－皆依材料之不同而有異，下列之表，乃伊里諾 (Illinois) 大學禮拜堂之吸聲計算。

此禮拜堂內之各材料之吸聲力大不同，金屬及玻璃只吸收少量之聲。木及粉刷似較重要，然猶不如聽衆之效率大。每一聽衆之吸聲4.7倍於一平方呎之開窗，如聽衆甚多，其吸聲卽加大，而能使普通尺寸之任何會堂，得適意之聲。

第三表　會堂中聲之吸收

材料	面積 (s)	係數(a)	吸收 (as)
木	6928 平方呎	.061	423 單位
粉刷	7440	.033	246
金屬	628	.01	6.3
玻璃	408	.025	10.2
座位	550	.1	55.
			740 單位
聽衆	400 人	4.6	1840
			總計2580 單位

循環回聲或聲之低落可由 $e^{-avs+/4V}$ 項之各因數決定。如欲得美滿之聲則 t 值須小，卽謂分數 $avs/4V$ 在比例上須大。例如，在大容積 V 之會堂中，則分數卽小，而有回聲發生焉。其矯正之法，惟在利用吸聲材料，以增加 as 而改變分數 $avs/4V$，並減少 t 至一適意之值。但進行矯正時，須注意。勿使吸聲太甚，否則將使室內太靜，可由聲強因數 $4A/avs$ 中看出。

由上述聲強及循環回聲之討論，卽知實用上之限制在用吸聲材料，且謀室之優聲時，其容積須知限制。所要求者第一，聲強 $4A/avs$ 須在某極限之間——在廣極限之間爲佳——第二，循環回聲之時間，由 $e^{-avs/4V}$ 決之，須小，使聲令聽者方得一印像後，卽被迅速之吸收，而留餘時以供後來之聲。此二要素中，回聲較爲重要，因實驗上欲謀優聲，只許可小的 t 值，而聲強可隨意變化。第十圖卽室內引用吸聲材料以矯正聲學差誤之二要素圖示。

曲線 1 表示一會堂內具有少量之吸聲材料，而果有可厭之回聲。

曲線 2 表示同一會堂，然用吸材聲料以矯正差誤之聲學情形。曲線 1 所示，其聲強慢慢升到最大，若發聲體停止，則聲強經過長時間之消滅，方至微聞於耳。曲線 2 表示引用吸聲材料之結果，其聲強較前減小，且在短時間內達其最大值，其回聲時間亦少。

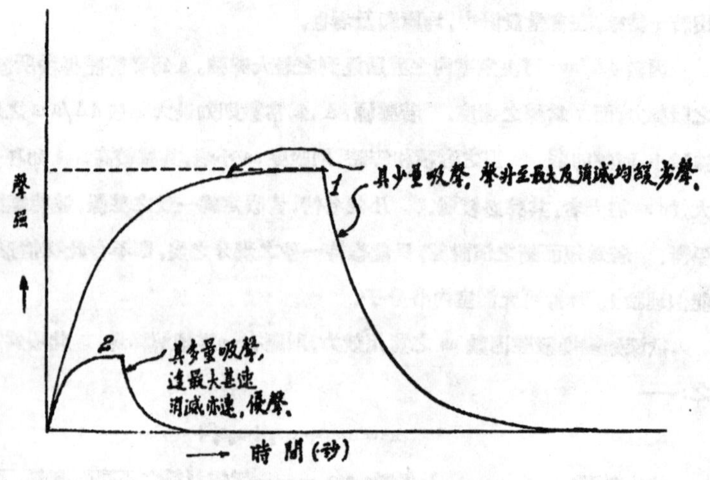

第十圖　圖示吸聲材料如何感及聲強

容積不同之各會堂內之適意回聲時間——在矯正或作會堂之聲學設計時，唯一要素，厥爲回聲時間，求之可得佳果。將受公譽之各會堂之聲學綱領（data）列表，可得概示。關於音樂廳如此研究之結果，如第十一圖所示。以其所有綱領，繪成曲線形。按廳內無聽衆，$\frac{1}{3}$聽衆，及最多聽衆。可求回聲時間。此時間依會堂容積之立方根而變化，假定所有會堂每單位面積之平均吸聲相同，此種關係可由理論推出。今知時間依會堂之尺寸而增加，故大會堂則需較大之時間。圖中之幾種會堂，後文述及之。

第十二圖乃繪一同樣關係，關於音樂演說兩用之會堂。演說之回聲時間，似較少於音樂。因樂聲需要拖長也。詳查此曲線得三要項。第一，任何會堂容積達1,000,000立方呎時，欲謀優聲，須有充分之吸聲材料，按其容積而減其回聲時間至4秒或少於4秒。超過此點則回聲時間之減少，須依特殊情形以取決之。第二項，音樂與演說之回聲時間不甚差異，在許多會堂內二者叠合；故有以一會堂加相當設計而作兩用者。最後一項，聽衆乃一變數，對於回聲時間頗有效力。聽衆既常爲一不定數，因此須竭力使其效力加多。此可以裝被之座及地氈爲之，當另述及。

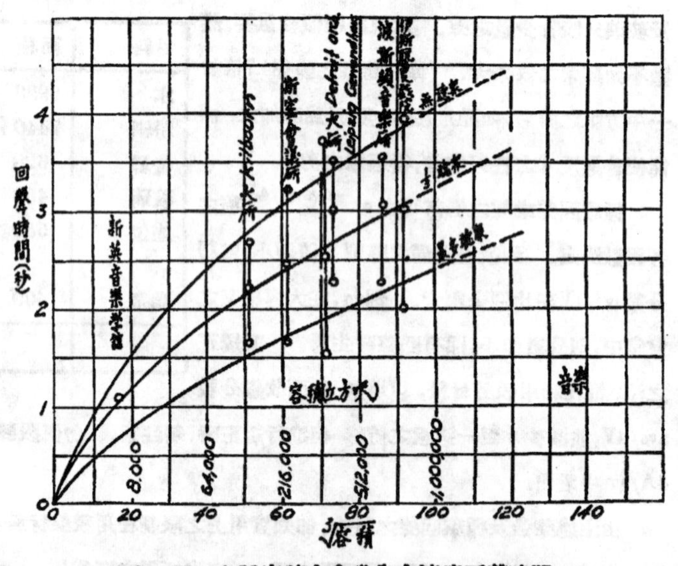

第十一圖　各種容積之會堂內之適意回聲時間

此種曲線不應作最後解法，若將其他若干優聲會堂之結果繪下，加入前者，則曲線似稍有改變，然與所示之值相差無幾，不至發生劣聲。因在相差不過百分之幾之回聲時間中，一般聽衆不能區別也。

會堂大小之適當與聲源之關係——爲求優聲效力計，關於會堂設計之另一問題，卽爲大小問題。此問題之解答，第十三圖詳示之，此圖之曲線，乃連接室之容積與其內所用之聲能者。

此曲線乃由回聲之理論推斷而來，十一圖及十二圖亦然，因數學推演似與本書之旨不合，故謂聲源之能依容積立方根之平方而變化儘可矣.

此曲線與現有之會堂情形比較可知其用. 由十三圖卽知伊斯脫曼(Eastman)戲院容積790,000立方呎需要聲能相當86單位,而伊里諾(Illinois)大學會堂容積較小425,000立方呎,則需要相當聲能約56單位. 為實用起見,宜以樂器代表聲單位. 例如,伊里諾大學會堂內可以56樂器之樂團而得最佳效果時,則在其他會堂內,其樂器數目足以生同等效果者斯密 Smith)音樂廳為38,伊斯脫曼戲院為86,而3360立方呎之音樂室則為2. 若一新會堂欲適合一 70 件之樂隊 (An orchestra of 70 pieces) 時,由曲線上察出,其容積之立方根之平方須7000,卽容積為 $(83.7)^3$ 或 587,000 立方呎. 如欲考定能生最佳效果之各種樂器(絃樂,管樂及銅樂)之數,則另作進一步之研究也.

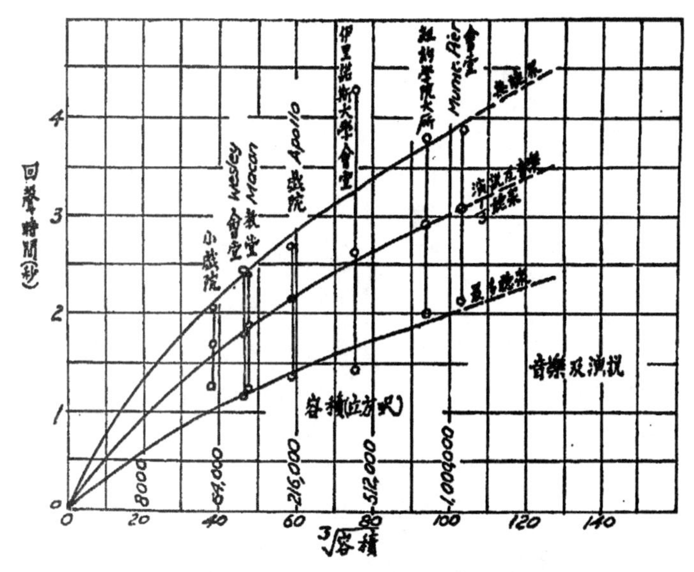

第十二圖 音樂演說兩用會堂之回聲時間

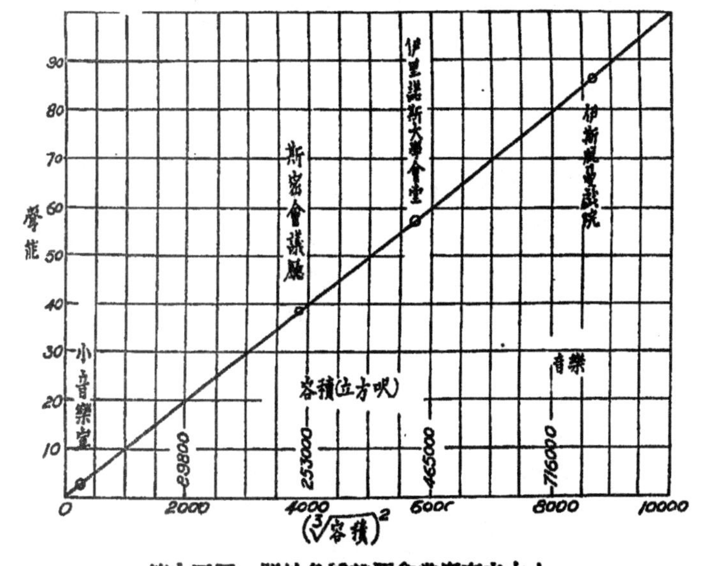

第十三圖 關於各種聲源會堂應有之大小

第十三圖中所示,指假定每容積之樂器數,有最佳之平均效果而言.一較大或較小之樂器數,在合理的限制以內雖不得最佳效果,然仍可使人滿意,因耳只對於顯亮聲強始能覺出也. 按心理家,64件之樂團,其聲之強似為一樂器之六倍. 由此可知,何以同一會堂適用於提琴獨奏而又適用於若干員之樂團. 至關於演說一項,欲謀優聲,則會堂自不可過大.

結論——此章討論之一切,可證明一室之聲學分析,非猜想之事. 算學公式為室內聲作用之正確記述,如合以會堂大小及回聲時間之各曲線,而用於任何會堂時,可得最佳之聲學情形. 以下各章,卽示其應用.

注: 第十一圖及第十三圖內之斯密會議廳應作斯密音樂廳

上海公共租界房屋建築章程

（上海公共租界工部局訂）

王　進譯

30923

第三章　大料

第三十八條　凡大料，桁構，過樑，懸樑以及其他類似之構股，負荷橫載重者，皆稱爲梁。

第三十九條　梁內縱鋼條之最小直徑，（或厚度）不得小於四分之一吋。

第四十條　梁內其他鋼條之直徑或厚度，不得小於八分之一吋。

第四十一條　梁內鋼條與鋼條間之淨距，並排者不得小於一吋，上下者不得小以一吋半。　接筍處及鋼條直交處例外。

第四十二條　梁內拉力鋼條間之淨距，不得大於六吋。

第四十三條　梁內紮鐵用之鐵絲，不得作爲鋼條。

壓力鋼條

第四十四條　梁之安有壓力鋼條，亦猶加大梁之剖面之面積，其加大之面積等於壓力鋼骨面積之十五倍。　惟：

（a）壓力鋼條縱橫，均應用鋼箍妥爲札牢。

（b）鋼箍之中心距，不得大於梁剖面上壓力面之最小一邊，或鋼條直徑之十二倍。

第四十五條　梁內總壓力鋼條面積，不得小於千分之八，或大於百分之五之剖面壓力面積。

第四十六條　受壓力之三和土部份，倘如柱子有鐵環，則其應力，亦猶柱子內三和土之應力；但在鐵環外之三和土部份，不得作用抵壓力之用。

剪力鋼條

第四十七條　第二十八條所稱剪力鋼條應具下列各項條件：

（a）剪力鋼條，應按剪力之大小分配安置，但其中心距不得大於抵抗灣冪之臂長。

（b）剪力鋼條至少須自拉力鋼條之中心起，引伸至三和土受壓力部份上之壓力中心點。

（c）剪力鋼條，應包裹於拉力鋼條之下面，或緊相札牢。

（d）剪力鋼條兩端，亦應灣成鈎形，一若拉力鋼條然。

第四十八條　拉力鋼條之灣起而穿過中和平面及其引伸之深度，等於抵抗灣冪之臂長者，亦得作爲剪力設備之用。

第四十九條　剪力鋼條之合於第四十四及四十六二條之規定者，亦得作爲鋼箍之用。

第五十條　長方形梁之長度，比其最小寬度大十八倍以上者，應有相當設備，以防止灣曲。

第五十一條　近梁之兩端處，其深度可逐漸加大，以加強其抵抗灣冪。

第五十二條　鋼條三和土牛腿，亦猶之懸樑應安有相當之鋼條，以勝任其所承之載重。

平　板

第五十三條　三和土平板之有效深度，應以自該板壓力外緣量至拉力鋼條中心之距離爲準。

第五十四條　平板內鋼條之最小尺寸或厚度，不得小於四分之一英吋。

第五十五條　平板內所有鋼絲網之最小直徑或厚度，不得小於十分之一英吋。

第五十六條　平板內鋼條之淨距，至小爲一吋。接筍處及鋼條直交處例外

第五十七條　平板內所用鋼絲網眼子之大小至少當能讓三和土內之石子穿過。

第五十八條　平板內鋼條之最大距離不得超過十吋或平板有效深度之兩倍。

第五十九條　單向平板除拉力鋼條外，應另安熱度鋼條與拉力鋼條成直角，其最大間距不得大於十二吋。或平板有效深度之四倍；其斷面積不得小平板有效斷面積之萬分之八。

第六十條　平板內扎鐵用鐵絲等不得作爲鋼骨之用。

抗抵灣冪

第六十一條　鋼骨三和土樑股負荷載重後應有之抵抗灣冪，本章第六十二至六十七各條均有公式規定，或按照中國工程師學會，鋼骨三和土研究委員會之報告計算亦可，二者立論之依據皆基於下列各項。

(a)所有拉力應全歸鋼條任之。

(b)每綫內之變位與該綫離中和軸之距離成比例。

(c)在許可應力範圍之內三和土之彈性率常持恆不變。

(d)應力與變位之關係以圖表之應爲直綫。

(f)鋼條上之竹節及灣頭足以使鋼條與三和土二者緊相黏着合作一致。

第六十二條*　(As) A＝拉力鋼條面積，單位爲方吋。

(jd) a＝抵抗灣冪之臂長，單位爲吋。

(M) B＝承荷載重及外力後所生之灣冪。

(b) b＝長方形梁之寬度或T－形梁梁項板之寬度單位爲吋。

(fc) C＝三和土邊綫之許可單位壓力，單位爲磅/方吋。

(t) ds＝平板之總深度。

(d) d＝梁或平板之有效深度，單位爲吋，即自壓力邊綫量至拉力鋼條中心之距離。

(Ec) Ec＝三和土彈性率。

(Es) Es＝鋼鐵之彈性率。

(l) l＝梁或平板之有效跨度。

(n) $m=\frac{Es}{Ec}$＝彈率比。

(kd) n＝壓力邊綫離中和軸之距離，單位爲吋。

(k) $n_1=\frac{n}{d}$＝中和軸比　$n_1d=n$

Pc＝拉力鋼條之百分比。

(Mc) Rc＝依許可壓力計算之大料抵抗灣冪。

* 括弧內號誌係美國所通用者

(Mf)Rt＝依許可拉力計算之大料抵抗灣冪。

(p)r＝A與bd之比卽 $r=\frac{A}{bl}$ 或A＝rbd

$\left(\frac{t}{d}\right)$ S_1＝平板總深與有效深度之比卽 $S_1=\frac{ds}{d}$

(fs)t＝拉力鋼條之許可單位拉力單位爲磅/方吋

$\left(\frac{fs}{fc}\right)$ t_1＝單位拉力與三和土邊緣單位壓力之比卽。

$$t_1=m\left(\frac{1}{n_1}-1\right)$$

W＝重量

(K)Q＝係數　　$R=Qbd^2$

梁及平板

第六十三條　計算丁－形果之抵抗灣冪時梁頂板之寬度不得超過於下列三項中之最小數。

(a)丁－形梁有效跨度之三分之一。

(b)二個丁－形梁間之中心距。

(c)平板厚度之十二倍。

第六十四條　半丁－形梁之寬度不得超過丁－形梁規定寬度之半數。

第六十五條　梁頂板內與丁－形梁或垂直方向之鋼條，應由兩邊平板內鋼條引伸面，通過梁頂板之全寬，不得中斷。

第六十六條　只數拉力鋼條之平板長方形梁及丁－梁之中和軸在梁頂板內(卽丁－梁內之 $r=\frac{S_1^2}{2m(1-s_1)}$)者。

(a)中和軸之位置可用下式求出之：

$$n_1=\sqrt{(mr^2+2mr)}-mr \qquad k=\sqrt{n^2p^2+np}-np$$

$$\text{或 } n=\left[\sqrt{(m^2r^2+2mr)}-mr\right]d$$

(b)三和土中之壓力中數規定爲 $\frac{c}{2}$

(c)抵抗灣冪之臂長：

$$a=d-\frac{n}{3} \qquad jd=d-\frac{kd}{3}$$

$$\text{或 } a=d\left(1-\frac{n_1}{3}\right) \qquad \text{或 } jd=d\left(1-\frac{k}{3}\right)$$

丁－形梁抵抗灣冪之臂長約爲

$$a=d-\frac{ds}{3} \qquad jd=d-\frac{t}{3}$$

(d)每斷面上之拉力抵抗灣冪至少應等於該斷面上因載重而生之灣冪其値可由下列各式中求得之。

$$Rt=tA\left(d-\frac{n}{3}\right)$$

或 $$Rt=tAd\left(1-\frac{n_1}{3}\right)$$

或 $$Rt=trbd^2\left(1-\frac{n_1}{3}\right)$$

$$Rt=Qbd^2 \text{式中} Q=tr\left(1-\frac{n_1}{3}\right)$$

$$Ms=fsAs\left(d-\frac{kd}{3}\right)$$

$$Ms=fs\,Asd\left(1-\frac{k}{3}\right)$$

$$Ms=fspbd^2\left(1-\frac{k}{3}\right)$$

$$Ms=Kbd^2 \quad \text{式中} K=fsp\left(1-\frac{k}{3}\right)$$

（e）每斷面上之壓力抵抗灣冪至少應等於該斷面上因載重而生之灣冪其值可由下列各式中求得之。

$$Rc=\frac{c}{2}bn\left(d-\frac{n}{3}\right)$$

或 $$Rc=\frac{cbd^2}{2}n_1\left(1-\frac{n_1}{3}\right)$$

$$Rc=Qbd^2 \quad \text{式中} Q=\frac{c}{2}n_1\left(1-\frac{n_1}{3}\right)$$

$$Mc=\frac{fc}{2}kbd\left(d-\frac{kd}{3}\right)$$

或 $$Mc=\frac{fckbd^2}{2}\left(1-\frac{k}{3}\right)$$

$$Mc=Kbd^2 \quad \text{式中} K=\frac{fck}{2}\left(1-\frac{k}{3}\right)$$

第六十七條　單面鋼條丁－形梁之中和軸在梁蓋內者卽丁－形梁內"r"之值大於

$$\frac{s_1^2}{2m(1-s_1)}$$

$$\frac{\left(\frac{t}{d}\right)^2}{2n\left(1-\frac{t}{d}\right)}$$

則（a）中和軸之地位可從下式中求得之

$$n_1=\frac{s_1^2+2mr}{2(s_1+mr)}$$

$$k=\frac{\left(\frac{t}{d}\right)^2+2np}{2\left(\frac{t}{d}+np\right)}$$

（b）單位壓力之中數不得大於

$$C\left(1-\frac{s_1}{2n_1}\right)$$

或 $$\frac{cmr(2-s_1)}{s_1^2+2mr}$$

$$fc\left(1-\frac{\frac{t}{d}}{2k}\right)$$

$$\frac{fcnp\left(2-\frac{t}{d}\right)}{\left(\frac{t}{d}\right)^2+2np}$$

（c）抵抗灣冪之臂長＝a

式中 $$a=d\left\{1-\frac{s_1}{3}\left(\frac{3n_1-2s_1}{2n_1-s_1}\right)\right\}$$

或 $$a=b\left\{\frac{s_1^3+4mrs_1^2-12mrs_1+12mr}{6mr(2-s_1)}\right\}$$

或約計之 $$a=d-\frac{ds}{2}$$

$$jd=d\left\{1-\frac{\frac{t}{d}}{3}\left(\frac{3k-2\left(\frac{t}{d}\right)}{2k-\left(\frac{t}{d}\right)}\right)\right\}$$

$$jd=\left\{\frac{\left(\frac{t}{d}\right)^3+4np\left(\frac{t}{d}\right)^2-12np\left(\frac{t}{d}\right)+12np}{6np\left(2-\frac{t}{b}\right)}\right\}$$

$$jd=d-\frac{t}{2}$$

(d)丁一形梁每斷面上之拉力抵抗灣冪至少應等於斷面上因載重而生之灣冪，其值可從下列各式中求得之。

$$Rt = tAa$$

或 $$Rt = tbl_1^2 r\left\{\frac{s_1^3+4mrs_1^2-12mrs_1+12mr}{6m(2-s_1)}\right\}$$

或 $$Rt = Qbd^2$$

式中 $$Q = tr\left\{\frac{s_1^3+4mrs_1^2-12mrs_1+12mr}{6m(2-s_1)}\right\}$$

$$Ms = fsAsjd$$

或 $$Ms = fsbd^2p\left\{\frac{\left(\frac{t}{d}\right)^3+4np\left(\frac{t}{d}\right)^2-12np\left(\frac{t}{d}\right)+12np}{6n\left(2-\frac{t}{d}\right)}\right\}$$

或 $$Ms = Kbd^2$$

式中 $$K = fsp\left\{\frac{\left(\frac{t}{d}\right)^3+4np\left(\frac{t}{d}\right)^2-12np\left(\frac{t}{d}\right)+12np}{6n\left(2-\frac{t}{d}\right)}\right\}$$

(e)丁一形梁每斷面上之壓力抵抗灣冪，至少應等於該斷面上因載重而生之灣冪，其值可從下列各式中求得之。

$$Rc = C\left(1-\frac{s_1}{2n_1}\right)bdsa$$

或 $$Rc = cbdsd\left\{\frac{s_1^3+mrs_1^2-12mrs_1+12mr}{6(s_1^2+mr)}\right\}$$

或 $$Rc = Qbd^2$$

式中 $$Q = Cs_1\left\{\frac{s_1^3+4mrs_1^2-12mrs_1+12mr}{6mr(2-s_1)}\right\}$$

$$Mc = fc\left(1-\frac{\frac{t}{d}}{2k}\right)btjd$$

$$Mc = fsbtd\left\{\frac{\left(\frac{t}{d}\right)^3+4np\left(\frac{t}{d}\right)^2-12np\left(\frac{t}{d}\right)+12np}{6n\left(2-\frac{t}{d}\right)}\right\}$$

或 $$Mc = Kbd^2$$

式中 $$K = fc\frac{t}{d}\left\{\frac{\left(\frac{t}{d}\right)^3+4np\left(\frac{t}{d}\right)^2-12np\left(\frac{t}{d}\right)+12np}{6n\left(2-\frac{t}{d}\right)}\right\}$$

第六十八條　圖樣上應註明各個梁，平板及柱頭所承之載重。

第六章　三和土柱子

第六十九條　本章程所稱柱子包括柱頭，支撑，及一切壓力搆股。

第七十條　柱子長度以橫支持間之距離爲準。

第七十一條　柱子之有效直徑應量至直立鋼條之最外邊。

第七十二條　設柱子上所受之載重，其方向，及地位確於柱軸相吻合者，橫向灣冪可毋需計及，但

(a)柱長與其有效直徑之比不得過二十之數。

(b)柱內三和土之應力不超過其許可單位應力。

(c)柱子之兩端接于搆架之別部，而能使該二端，軸心之地位，及方向維持原狀不少變更者。

第七十三條　柱子內部縱橫二向均應有鋼條之安置。

第七十四條　橫向鋼條(即環)或爲方形或爲圓形。

圓形鋼環應成螺旋形。

第七十五條　直立鋼條之直徑不得小于半吋或大于二吋。

第七十六條　鋼環之直徑不得小於三分，其間距不得大于直立鋼條中最小直徑之十二倍或剖面上最小一邊長度之半數。

第七十七條　柱內直立鋼條之總面積，不得小於柱子剖面上有效面積之百分之一，或大于百分之六。

第七十八條　鋼環之體積不得小於環內三和土體積之千分之五或大於百分之三。

第七十九條　直立鋼條之接頭處應在各層樓板平面上，或其他有橫支持之處。

第八十條　距柱子二端，相當長度內，鋼環之間距不得大於柱子有效直徑之四分之一，該項長度，等於柱子有效直徑之長之一倍半。

第八十一條　柱子，支撐，及其他壓力擠股之號誌。

A＝柱子有效面積，卽鋼環內量至鋼環內邊之面積。

Ab＝鋼環每根之斷面積。

Av＝直立鋼條之面積。

c＝三和土之許可單位壓力。

b＝有效直徑。

f＝係數依鋼環之形式而決定。

g＝囘轉半徑

i＝柱子添置鋼環後之許可應力。

l＝柱長　（參閱第七十八條）

m＝彈率比＝$\frac{Es}{Es}$　（參閱第三十五條）

p＝柱子之許可載重　（照第七十二條之規定）

p＝柱子任一長度內鋼環體積與環內三和土體積之百分比＝100Vb

Pb＝鋼環之間距。

s＝係數以鋼環之間距爲定。

Vb＝柱上任一長度內鋼環體積與環內三和土體積之比。

第八十二條　二端固定之柱子內鋼環包裹之三和土面積上之應力不得超過下列規定。

c＝柱子之用最少數鋼環者。

$i = c(1+fsVb)$

鋼環體積與鋼環包裹中三和土體積之比可從下式中求得之。

$$Vb=\frac{i-c}{cfs} \qquad Vb=\frac{4Ab}{dPb}$$

第八十三條　f_s之值

鋼環之形式	係數f之值	鋼環之中心距	中心距係數s	f_s之值
圓形	1.0	=或<0.2d	32	32
,,	1.0	0.3d	24	24
,,	1.0	0.4d	16	16
矩形	0.5	0.2d	32	16
,,	0.5	0.3d	24	12
,,	0.5	0.4d	16	8

第八十四條　柱內直立鋼條之許可單位應力，不得超過柱內水泥凝土單位應力之m倍。

第八十五條　柱子之合於本章第七十二條之規定者，其許可載重可由下列各式中求得之。

凡柱內鋼環之不任應力者。

$$P=c[A+(m-1)Av]$$

凡柱內鋼環之任應力者。

$$P=i[A+(m-1)Av]$$

第八十六條　凡柱之長度超過其有效直徑二十倍者，其許可單位應力應照下列各式計算。

$$k=\frac{c}{1+0.0001\left(\frac{l}{g}\right)^2}$$

式中　c＝第二十一條所規定之許可單位應力。

l＝柱之長度。

g＝回轉半徑

第八十七條　凡柱子之受偏心，載重或與第七十二條ⓐⓒ二兩項不符者，則柱身任何部份各種應力之和不得超過第二十一，二十二兩條所規定之許可單位應力。

第八十八條　凡拱圈或及他類似之建築，任何部份之應力，總和皆不得超越第二十一，二十二兩條之規定。

第七章　牆

第八十九條　全部用鋼骨水泥構架之房屋內，一切鋼骨水泥外牆之用以承受側壓力者，其最小厚度，不得小於四吋。

第九十條　凡鋼骨水泥牆之受荷垂直載重或側壓力者，其厚度應以不超越本章關於大料，柱子及其他各構股之許可單位應力為準。

第九十一條　鋼骨水泥構架間外牆之用磚砌石砌或純粹水泥三和土砌者，其厚度依照第九十條之規定，皆不得小於八寸半。　外牆之不支持於鋼骨水泥構架上厚度不得小於本局一九一六年西式房屋建築規則第四章各條之規定。

中國建築師學會三月廿六日年會會議紀錄

地點　新亞酒樓

時間　晚七時

到會會員　童寯　陸謙受　奚福泉　趙深　李錦沛　巫振英　張克斌　吳景奇　哈雄文　羅邦傑　陳植
莊俊　楊錫鏐　浦海

新會員　伍子昂

主席　董大酉

報告　(一)會長董大酉報告一年來會務狀況

(二)書記報告一年來本會對外往來文件撮要

(三)理事長莊俊報告一年來本會發展情形

(四)會計陸謙受報告一年來會計狀況

(五)各委員會主席報告一年來各委員會工作狀況

討論　(一)趙會員深提議取消仲會員案

議決暫不取消

(二)趙會員深提議本會大陸商場會所開支浩大而對於會務進行毫無裨益擬行取消案

議決會所准取消另籌設通訊處

(三)楊委員錫鏐提議章程中加添委員會一條文如下：

（本會會務工作如有認爲應另設委員會專司其事之必要時得隨時由常會議決設委員會辦理之委員會由委員若干人組織之除臨時性質之委員會於工作完成時隨即取消外其永久性質之委員會任期一年在每年年會時改選之）

議決通過編列章程第九條原章程第九條與第十條相併

(四)童寯會員提議本年以前所有一切委員會皆宜佈解散俟常會時另行組織案

議決通過

(五)理事會提議凡會員無故不到會繼續至三次以上者得於年會時報告大會通過取消其會員資格案

議決通過

(六)理事會提議會員欠繳會費前曾議決限期六個月內繳清否則暫行停止其會員資格在案現限期已滿應否執行案

議決請會計通知各欠費會員限一月內如數繳清屆期再不繳清即實行停止會員資格至繳清時恢復之

(七)理事部提議常會定每二星期一次執行部理事部聯席會議定每月舉行一次

議決通過

改選新職員　執行部　會長莊俊　副會長李錦沛　會計奚福泉　書記童寯

理事部　董大酉　趙深　巫振英　陳植　楊錫鏐

中國建築

THE CHINESE ARCHITECT

OFFICE:

ROOM NO. 405, THE SHANGHAI COMMERCIAL AND SAVINGS BANK BUILDING, NINGPO ROAD, SHANGHAI.

中國建築第二卷第二期

編輯及出版	中國建築雜誌社
發行人	楊錫鏐
地址	上海寧波路上海銀行大樓四百零五號
印刷者	美華書館 上海愛而近路二七八號 電話四二七二六號

中華民國二十三年二月出版

中國建築定價

零售	每冊大洋七角	
預定	半年	六冊大洋四元
	全年	十二冊大洋七元
郵費	國外每冊加一角六分 國內預定者不加郵費	

廣告索引

"IDEAL" HEATING

Do you exercise as much care in the selection of heating equipment as you do in the selection of food?

Such care is well worth while, for HEATING AND COMFORT during winter months also greatly depend on your heating system.

"STANDARD" PLUMBING FIXTURES

FOR EVERY TYPE OF BUILDING—STRICTLY MODERN IN DESIGN—SURPRISINGLY LOW IN PRICE

"Standard"

"STANDARD" VITREOUS CHINA

Vitreous China does not craze, possesses great strength, is unaffected by acids, is smooth, easy to clean and non-absorbent.

The development of modern manufacturing makes it unnecessary to accept anything inferior.

GUARANTEED QUALITY

AMERICAN RADIATOR & STANDARD SANITARY CORPORATION

Sole Agent in China

ANDERSEN, MEYER & CO., LTD.

SHANGHAI AND OUTPORTS

C.S.
振蘇磚瓦公司
上海靜安寺路六八八弄二號
電話三一八六〇號
本公司營業已十有
餘載廠設崑山南鄉
自建最新式德國窰
兩座近因出貨供不
應求特設第二分廠
於吳淞港北岸更添
購機械聘請留德技
師監督各種機製紅
磚空心磚青紅機製
平瓦及德式筒瓦質
料細軔烘製適度是
以堅固遠出其他磚
瓦之上且價格低廉
交貨迅速久為各大
建築公司營造廠家
所贊許推為上乘爭
相購用信譽昭著茲
將曾購用敝公司出
品各戶台銜略舉一
二以資備考其他因
限於篇幅不克一一
備載諸希鑒諒是幸
如承賜顧請與上
海總公司接洽可也
振蘇磚瓦公司附啟
百樂門跳舞場 愚園路
麥特赫司脫公寓 靜安寺路
金城銀行 江西路
大陸銀行 九江路
國華銀行 北京路
證券交易所 漢口路
大陸商場 南京路
德士古火油棧 定海橋
光華火油棧 高橋
申新紗廠 宜昌路
永安紗廠 吳淞
公益紗廠 曹家渡
公大紗廠 軍工路
裕豐紗廠 楊樹浦
華生電氣廠 周家嘴路
天廚味精廠 菜市路
大生紗廠 南通
富安紗廠 崇明
寶五洋棧 甘肅路
茂昌堆棧 十六浦
豫康堆棧 光復路
華華中學 愚園路
中央研究院 亞爾培路
動物研究院 愛文義路
榮金大戲院 康悌路
北火車站 界路
四明別墅 愚園路
靜安別墅 靜安寺路
金城別墅 靜安寺路
模範邨 福煦路
四明邨 巨籟達路
綠楊邨 康腦脫路
大陸新邨 施高脫路
古拔新邨 古拔路
和合坊 霞飛路
天樂坊 斜橋路
鴻運坊 愛多亞路
來安坊 新閘路
愚園坊 愚園路
聯安坊 愚園路
鄉室坊 福煦路
福煦坊 福煦路
愛文坊 愛文義路
慕安坊 同孚路
興業里 霞飛路
永安里 北四川路
興業里 天主堂街
同福里 靜安寺路
均益里 界路
德仁里 浙江路
福綏里 天津路
百祿里 大西路
正明里 赫德路
蘭威里 湯恩路
恆豐里 施高脫路
恆德里 赫德路
四達里 施高脫路
大通里 白克路
多福里 福煦路
恆茂里 八仙橋
CHEN SOO BRICK & TILE MFG.CO.
BUBBLING WELL ROAD, LANE 688 NO. F2
TELEPHONE 31860

沈金記營造廠

Sung King Kee

Contractor

本廠承造鋼骨水泥房屋堆棧以及橋梁道路涵道等

事務所

上海法租界貝禘鏖路鉅興里七號

電話 八三四八八號

褚掄記營造廠

廠址 上海臨平路二一號 電話 五〇四四四號

本廠專門承造一切大小建築鋼骨水泥工程工場廠房以及碼頭橋棧等迅速經濟堅固如蒙委託無任歡迎

THU LUAN KEE

CONTRACTOR

21 LINGPING ROAD. TEL 50444

行將落成之華業大廈
全部鋼窗鋼門由本廠承辦
本廠為國貨鋼窗廠中最先製造者歷年出品成績卓著為建築界所稱許茲刊左圖以資證明
中國銅鐵工廠
上海寧波路四十號
電話一四三九一號
電報掛號一〇一三
名建築師李錦沛設計
潘榮記營造廠承造

炳耀工程司

南京 中山路新街口　上海 白利南路三十號　天津 法租界基泰大樓

承裝

上海市中心區辦公大樓

（工務局　社會局　衛生局　教育局　土地局）

全部煖汽衛生自來水工程

◀各大商埠煖汽衛生冷風等工程列下▶

南京

- 歷史言語研究院
- 中央大學圖書館
- 中央醫院水塔及自來水
- 中國銀行
- 中央醫院
- 國府行政院
- 中央農業處
- 全國運動場
- 中央實施試驗處
- 中央軍校游泳池
- 外交大樓
- 汪院長公館
- 宋部長公館
- 陳部長公館
- 孫部長公館
- 中央醫院化糞池
- 全國運動場游泳池

天津

- 基泰大樓
- 中國銀行貨棧
- 信中公司
- 光明社大戲院
- 勸業商場
- 中原公司
- 南開大學圖書館

遼寧

- 瀋陽電影院冷熱風工程
- 遼寧總站
- 長官府辦公大樓
- 張長官公館
- 長官府衛生室
- 同澤女子中學游泳池
- 公大樓及宿舍
- 東北大學文法科
- 圖書館寄宿舍
- 東北大學運動場
- 東北大學水塔

北平

- 北平清華大學圖書館
- 北平居仁堂
- 鹽務署

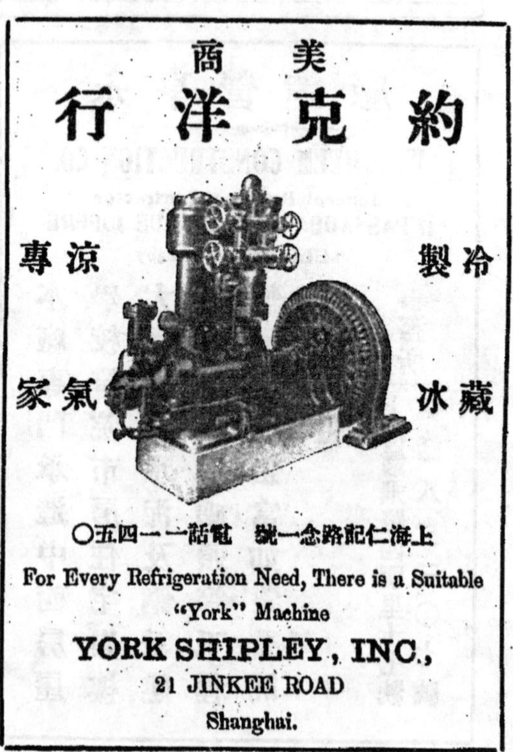

時代的建築必須配以時代的燈罩

無論國貨自製歐美舶來均屬精美新頴實用堅固適合時代潮流

SLOANE·BLABON

司隆百拉彭

印花油毛氈毯

此爲美國名廠之出品。今歸秀登第公司獨家行銷。中國經理則爲敝行。特設一部。專門爲客計劃估價及鋪設。備有大宗現貨。花樣顏色。種類甚多。尺寸大小不一。司隆百拉彭印花油毛氈毯。質細堅久。終年光潔。既省費。又美觀。室內鋪用。遠勝毛織地毯。

美商 美和洋行

上海江西路二六一號

本公司之馬牌藍晒圖紙顏色鮮麗品質優良歷久不致走光晒洗後加蓋紅叠水線可不化早經各建築師證明兼售各種臘紙臘布圖畫紙等價格均極廉宜外埠函購由郵局寄奉倘蒙 賜顧不勝歡迎

馬江公司謹啓

地址上海虹口外虹橋堍婁倫路平安里四十五號

電話 四二七二七

開灤礦務局

地址上海外灘十二號　　電話一一〇七〇號

本局製造之面磚色彩鮮明五光十色深淺咸備尺寸大小應有盡有用以鋪砌各種建築物既美觀又堅固洵建築之現代化也

THE CHARM OF FACE-BRICKS

Adds little to the Cost, but greatly to the value

MAKES OLD BUILDINGS LOOK NEW

SUPPLIED IN A LARGE VARIETY OF COLOURS

THE KAILAN MINING ADMINISTRATION

12 THE BUND　　TELEPHONE 11070

THE CHINESE ARCHITECT

中國建築

內政部登記證警字第二九五五號
中華郵政特准掛號認為新聞紙類

民國廿三年三月出版

DEMAG
DUISBURG

台麥格電吊車
用于起重機上

各種裝貨運貨設備
及鍋爐進煤設備

台麥格

最經濟最迅速電力吊重及運送機器
吊重能力自半噸至十噸可裝置于起重機作起重機關

獨家經理 謙信機器有限公司

上海江西路一三八號 電話一三五九七號

Sole Agents in China:

CHIEN HSIN ENGINEERING CO. G. M. B. H. LTD.

138 Kiangse Road, Shanghai Telephone: 13597

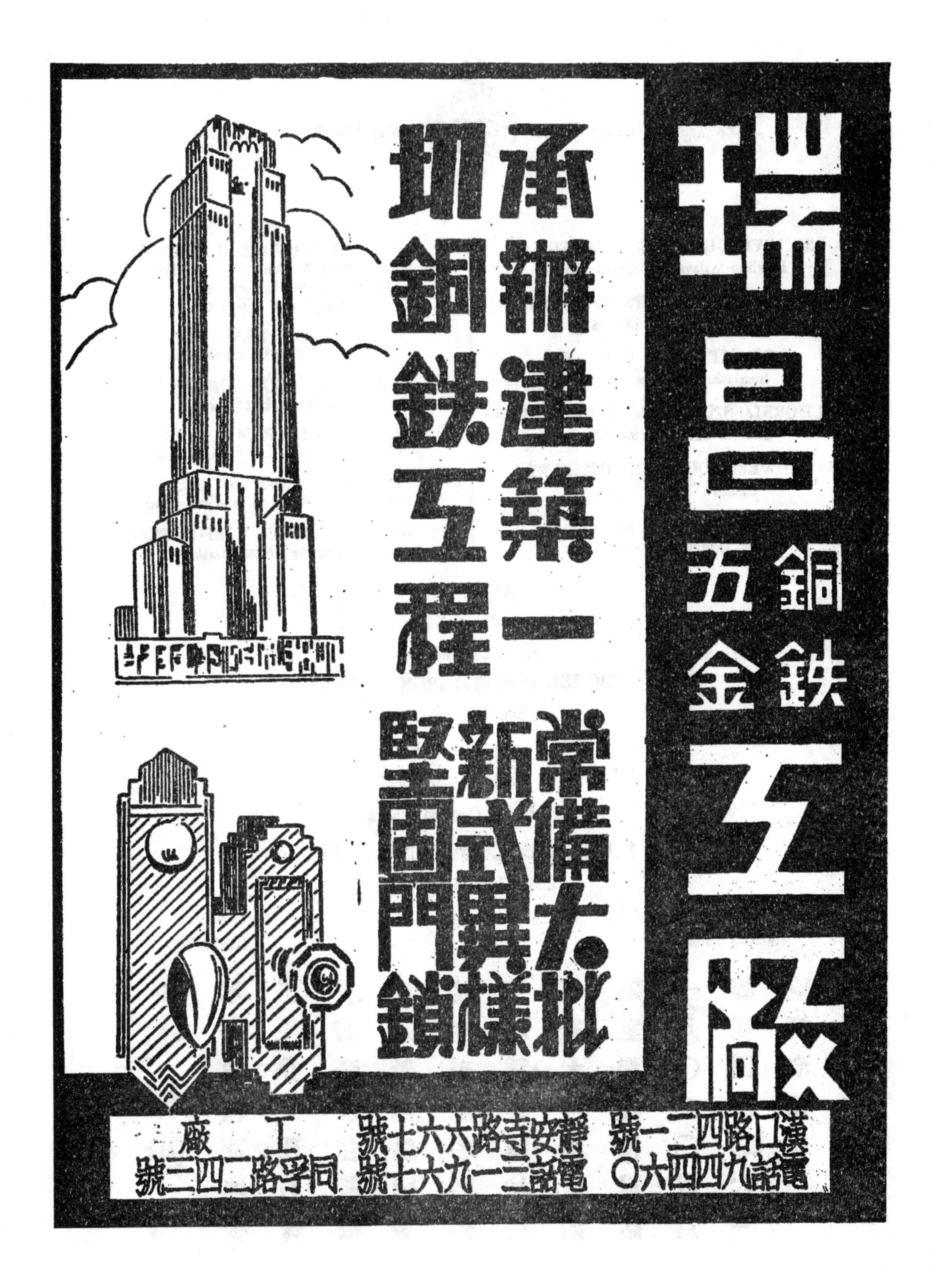

瑞昌
銅鐵五金
工廠
承辦建築一切銅鐵工程
常備大批新式異樣堅固門鎖
漢口路四二一號
電話九四四六〇
靜安寺路六六七號
電話三一九六七號
工廠
同孚路二四三號

Hong Name  "Mei Woo"

BRUNSWICK-BALKE-COLLENDER CO.,
Bowling Alleys & Billiard Tables

CERTAINTEED PRODUCTS CORPORATION
Roofing & Wallboard

THE CELOTEX COMPANY
Insulating & Accoustic Board

CALIFORNIA STUCCO PRODUCTS COMPANY
Interior and Exterior Stuccos

MIDWEST EQUIPMENT COMPANY
Insulite Mastic Flooring

MUNDET & COMPANY, LTD.
Cork Insulation & Cork Tile

NEWALLS INSULATION COMPANY
Industrial & Domestic Insulation
Specialties for Boilers, Steam &
Hot Water Pipes, etc.

RICHARDS TILES LTD.
Floor, Wall & Coloured Tiles

SCHLAGE LOCK COMPANY
Locks & Hardware

SIMPLEX GYPSUM PRODUCTS COMPANY
Plaster of Paris & Fibrous Plaster

TOCH BROTHERS INC.
Industrial Paint & Waterproofing Compound

WHEELING STEEL CORPORATION
Expanded Metal Lath

ARISTON
Steel Casement & Factory Sash
Manufactured by
MICHEL PFEFFER IRON WORKS
San Francisco

Large stock carried locally.
Agents for Central China

FAGAN & COMPANY, LTD.
261 Kiangse Road

Telephone
18020 & 18029

Cable Address
KASFAG

美商

美和洋行

承辦屋頂及地板工程并經理石膏粉石膏板甘蔗板避水漿鋼絲網鋼窗磁磚牆粉門鎖等各種建築材料備有大宗現貨如蒙垂詢請接電話一八〇二〇或駕臨江西路二六一號接洽為荷

中國建築

第二卷　　第三期

民國二十三年三月出版

目　次

著　述

插　圖

卷頭弁語

本刊每期出版，內容總有一兩篇新的建築文學發現。 足見讀者諸君，對於本刊有了良好的印象，纔能夠耗費心血來給我們寫這難能可貴的文章。 如上期（二卷二期）孫宗文君的「中國歷代宗教建築藝術的鳥瞰」將中國歷代宗教建築，參考到那樣詳明，描寫到那樣細緻。 戈畢意氏演講的「建築的新曙光」，却是深深的了解了建築的正義。 這都是於我們建築界老大幫忙，我們不能不注意的。 本期的新文章有夏行時君翻譯的隔熱用之鋁箔和朱枕木君的建築用石概論，這些在建築工程上有很大的關係，也值得注意的。 至於長篇的房屋聲學，建築正軌等篇，仍是按期刊登着。 工程方面的長篇鋼骨水泥房屋設計，因上期出版太促，未容校對完竣，特於本期多刊數頁以饗讀者。 以後讀者諸君如肯寫些關於建築上可作參考的文章來光榮本刊，那是十二分歡迎的。

本期建築設計有莊俊建築師設計的青島交通銀行，應用古典派建築式樣，作設計之標準。 有華蓋建築師事務所趙深陳植童寯三建築師設計的大上海戲院及金城大戲院的內外景影攝，都是依着國際式建築脫化出來的新建築式樣，很值得我們作參考的。 雖是僅有管中的一角，難窺全豹，却也看得出來設計上的巧妙和新穎。 可惜因為時間上的關係，未能將全部設計工作，供獻讀者，這是十分抱歉的。

上海公共租界房屋建築章程，以上期排印者所排頁數太多，致本期未能譯出。 下期當繼續刊登，尚望讀者見諒是幸。

上期全部圖樣，已將支加哥博覽會的情形描寫盡致。 全套照像，都是過元熙建築師的供給，本社同人們，特於此致謝。

編者謹識二十三年四月二十五日

中國建築

民國廿三年三月　　第二卷第三期

建築循環論

麟　　炳

圖　一

人是好奇的動物，無論作那件事，差不多都是喜歡推陳出新以謀瑰異。　可是今天的新，勢必成爲異日的舊，往日的陳，十百年後又變爲當代的新了。　譬如穿衣服，今天尚長的肥的，不久卽改短而瘦的，或繼續又改瘦而長的，再進行也許又循環到長而肥或短而瘦的了。　歷程雖不一定有如此規矩，可是事物之演進，往往循有軌道的。

我們現在談到建築藝術，也會按這種過程進行的。　原始時代的建築，是簡單的，是直率的。　時代稍爲進化，建築也隨着有了變遷，在上古時代的中國建築，雖然沒有遺留下殘蹟可以稽考，可是西洋建築史中的希臘派 (GREEK STYLE) 建築（圖一）已演進到很複雜了，到中古時代，更趨向於繁難，如僞羅馬式建築（ROMANESQUE STYLE）那是多麽繁雜，一個門上圓栱的雕作，差不多已耗盡心血去作（圖二）一個柱頭的安裝，又不知消費多少時日去修（圖三）凡難能而費事之工作，不厭其詳。 及到巴羅克（BAROQUE）時代的建築家又以爲直綫不美感了，曲綫建築乃風靡一時（圖四）雖説後起建築家對於巴羅克建築，多不表同情，可是當時的建築家未始不以爲是推陳出新以啓後昆之大發明呢！

圖 二

圖 三

中國漢唐時代的建築，在斗栱一部分上看來，不過是一個簡單的坐斗，加上兩三個升子而已（圖五）。 到了宋元時代，就嫌牠太簡單了，加上很多的附屬品，所謂井口枋，正心枋，挑檐枋，拽枋，螞蚱頭，昂子，瓜栱，萬栱……等類的東西，都鋪張到斗栱上，遂把斗栱打扮到十分複雜（圖六）可是演到近來，繁雜的建築物又看的不耐煩了，所以提倡什麽國際式建築運動。 將複雜的建築，又恢復到簡單。 外部力求其平滑，省工，不加點綴，不倚曲綫。 内部亦不嫌其直率，不厭其簡單。 我們說這是復古麽？這並不是復古，乃是天演公例，物歸循環，想不久有人把簡單的建築看厭了，又要提倡向複雜之路，往前開步走！

圖 四
巴羅克時代之一窗

圖 五

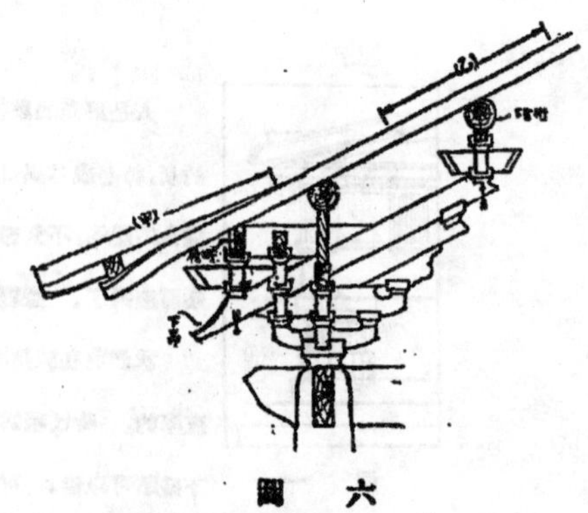

圖 六
元嵩山少林寺初祖庵之斗栱

青島交通銀行建築始末記

青島交通銀行，位於中山大馬路，交通便利，爲自己購地興建。由莊俊建築師設計繪圖，採純粹古典派樣式。起建於民國廿一年，歷程約十月，卽告完成。全部工程採用防火材料，門窗盡用鋼質，外部面樸採用上等芝蔴石。全廈共五層，地下層爲鍋爐房及庫房，計分大庫，小庫，與保險庫等。第一層爲營業室，二層爲會計室會議室及待客室等，以上二層則作出租之寫字間。造價及設備，計費國幣二十二萬元。在規模較大之建築物中，可稱十分經濟。全部工程由申泰興記營造廠承造；水電及暖氣爲祝禮德洋行設備，電梯部分則爲沃的斯電梯公司安裝。至於內部家具盡屬美藝公司設計，完全採用新式圖樣，新穎家具與古派建築映照起來，亦別具風味也。

編　者　識

新派建築也好，

古派建築也好，

建築目的，

所爲的不過是適用與堅牢；

費用十分經濟。

業主豈不更道好！

會議廳中，

陳設華麗。

有廣大之鋼窗，

有鮮潔之空氣。

室內一桌一椅等，

均出至名手設計。

青島交通銀行營業部

莊俊建築師設計

營業室的設備，

看起來勢本平淡。

不過面積的佈置，

都感覺十分踈適。

足見建築師曾費過思索！

青島交通銀行待客室之設備

莊俊建築師設計

古曲式的房屋，
裝飾了摩登派的家具，
說者或謂他不倫不類；
可是新古相襯，
反顯着十分風光。

大上海大戲院設計經過

大上海大戲院位於上海西藏路，興建於民國二十一年十月，於二十二年十一月竣工。全部式様，由華蓋建築事務所趙深陳植童寯三建築師設計繪圖。營造費用計十八萬元左右，水電及暖氣設備計費四萬三千元，冷氣二萬二千餘元，鋼鐵及椅子約二萬七千元。總共計費二十七萬餘元。所用材料，面樑多採用玻璃以增其壯麗。內部用隔聲紙板，使放音機所發出之聲音異常準確而清晰。爲大上海生色不少。

大上海大戲院透視圖　　　　華蓋建築事務所設計

大上海大戲院的外表，可說是一座匠心獨運的結晶品。「大上海大戲院」幾個年紅管標識，遠遠的招徠了許多主顧，是值得提要的。正門上部幾排玻璃管活躍的閃爍着，提起了消沈的心靈，喚醒了頹唐的民衆。下部用黑色大理石，和白光反襯着，尤推醒目絕倫也。

編者誌

大上海大戲院夜景

一剪梅

昔日荒涼人怨愁，

車似水流，

馬似龍游。

銀花火樹解千愁，

燈光裊裊，

樂聲悠悠……。

何時開設效籌謀？

一觀壯樓，

再領境幽，

莫等白了少年頭，

歲不重秋，

空嘆荒邱。

編者誌

大上海大戲院茶室大門

大上海大戲院右壁，茶室獨闢，以供遊客品茗。外部建築，異常壯嚴，可與戲院相襯。

編 者 誌

上海大戲院內部之奇異結構

曲沂的牆面，

微燈閃爍着，

爭加多少遊人的情緒！

隔音的紙板，

音機吶喊着，

爭加多少聲音的效率！

舒適的座位，

影片放映着，

提高多少觀衆的靜思！

吁！靡費消耗；

不無補益。

編 者 誌

大上海大戲院內部

冷有暖氣，

熱有冷氣，

造物破人何所忌！

燈條輝煌，

映於銀色暖氣管，

更稱燦爛而華麗。

編 者 誌

90000
太平搬場公司
SAFETY
HOUSEHOLD
REMOVING
CO.

金城大戲院面樣

北京路衢，貴州路口，新式之影戲院兀立，即金城大戲院也。 按金城戲院，於最近日完工，圖樣爲華蓋建築事務所設計，採用最新式。 除入口上部開闢高大之窗數行外，另則設小窗幾點而已。 其餘部分，則施之以極平粉刷，不倚雕飾，爲申江別開生面之作。

編 者 識

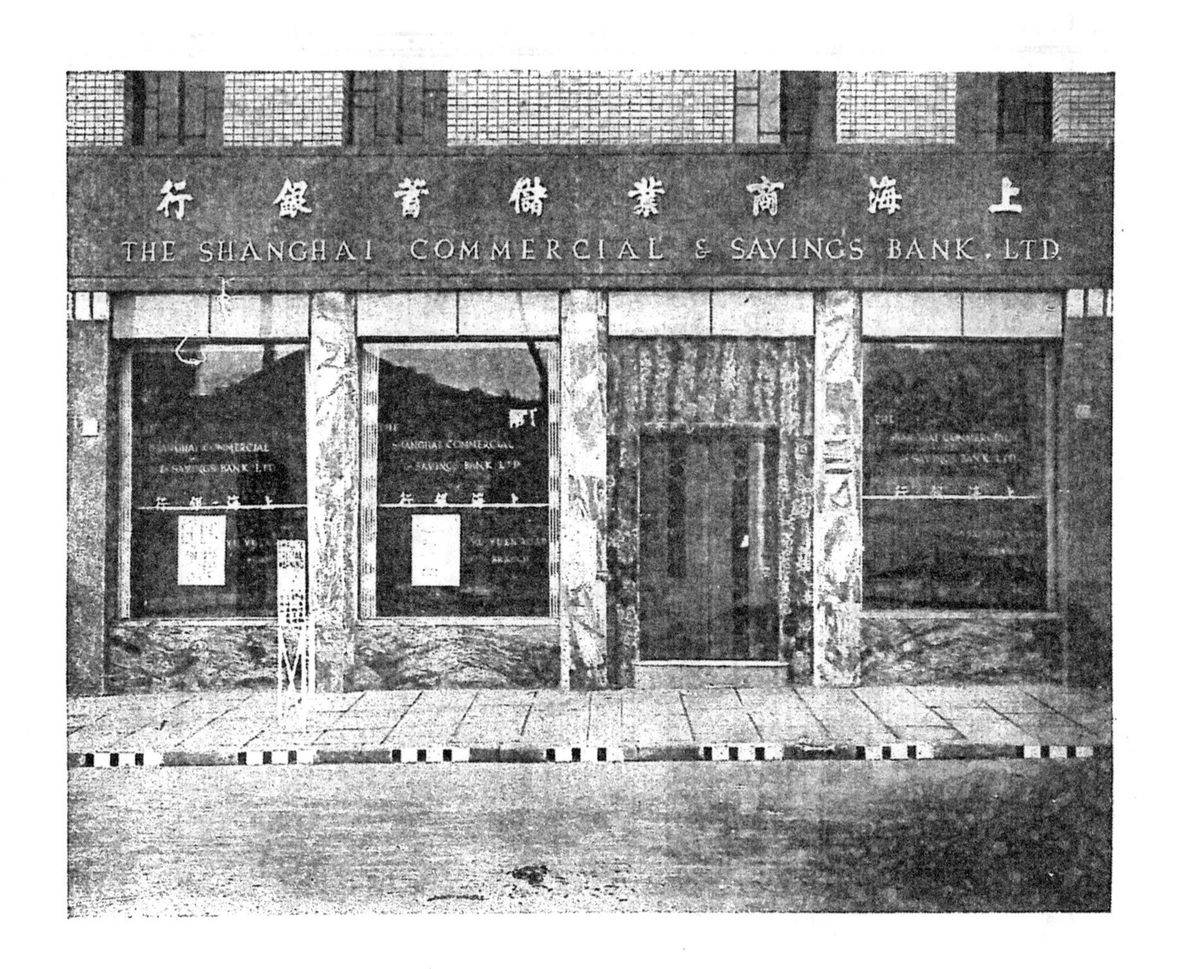

上海銀行西區分行

上海銀行鑒於滬西商業日益發達，乃於西區特設分行，位於百樂門大飯店之地平層，適靠愚園路，為滬西交通之要道。　所用材料，表面廣採大理石，卽內部櫃台，亦用大理石裝設，頗形莊嚴華麗。

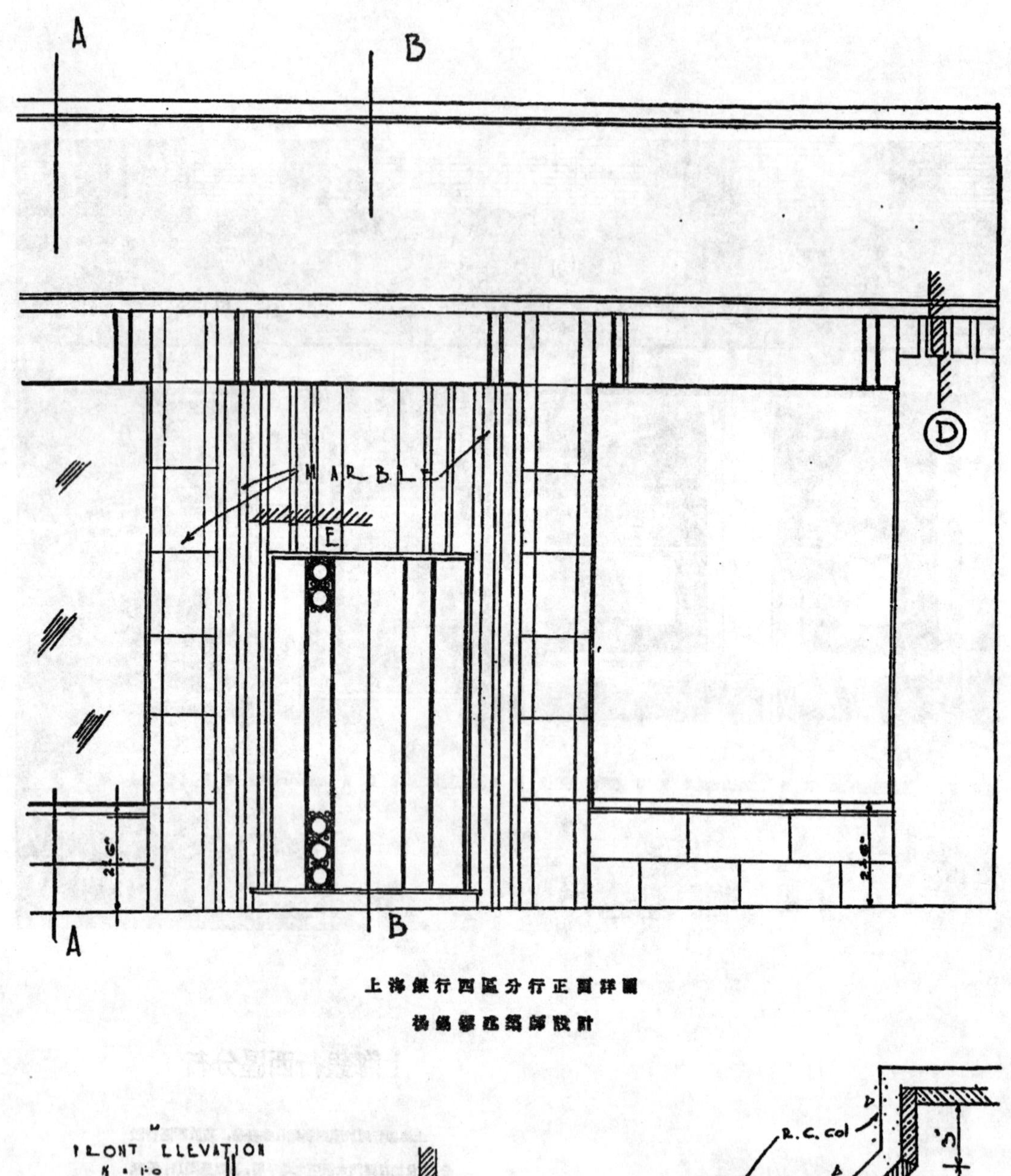

上海銀行西區分行正面詳圖

楊錫鏐建築師設計

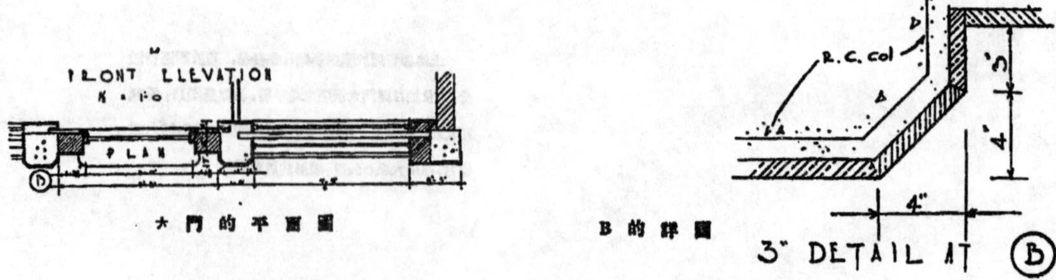

大門的平面圖

B的詳圖

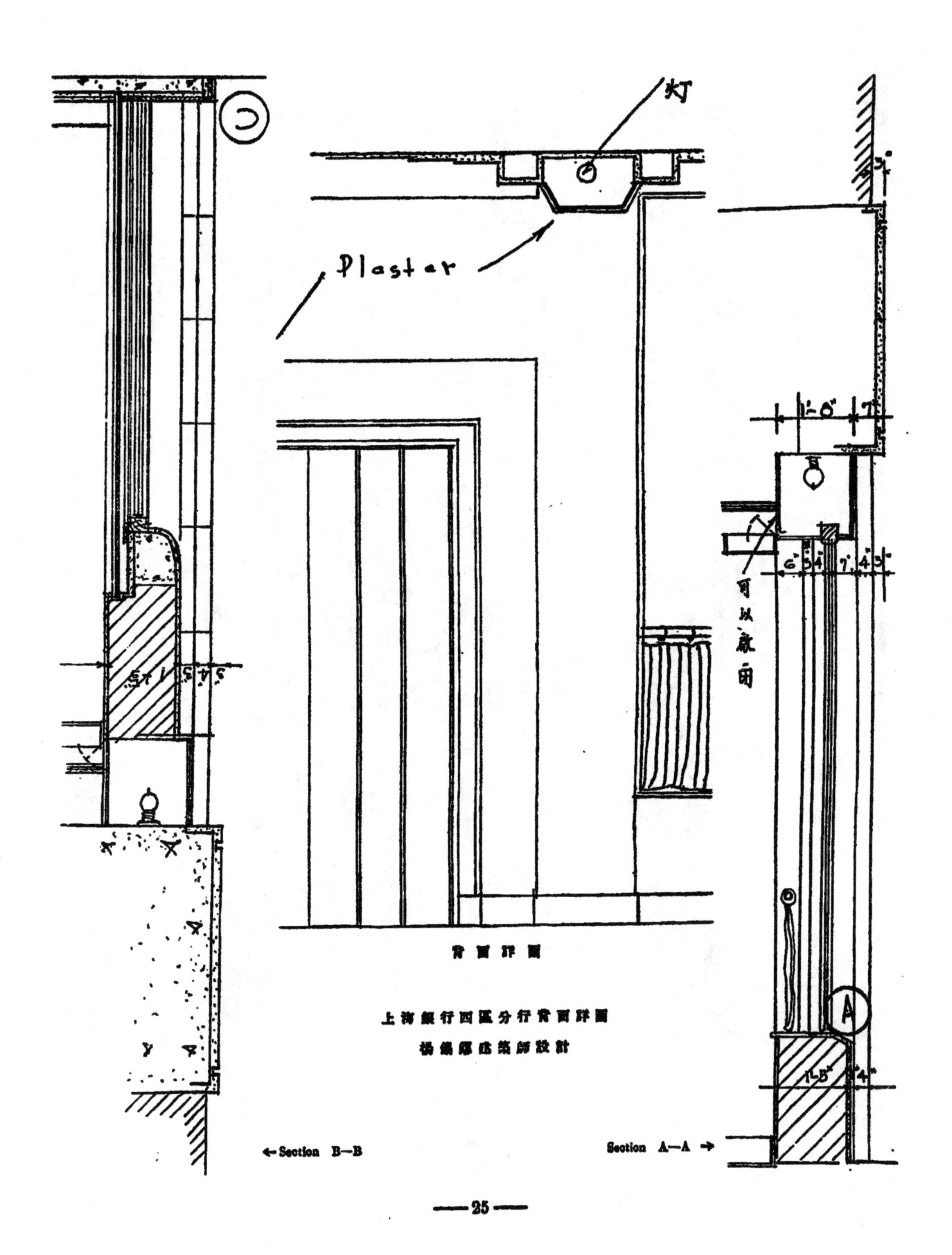

背面詳圖

上海銀行西區分行背面詳圖

楊錫鏐建築師設計

上海銀行四區分行大門全部

東北大學建築系學生圖案習題

(一) 燈 塔

某港務局擬於航輪要衝，山嶺突起處，修建燈塔一座，以便往來船隻有所標誌。 塔之高度不限，頂上須有瞭望室，可以遙望四方航船來往。燈塔附近處設辦公室，四人臥室，廚房飯廳及廁所等。 務需採用純粹中國式樣。

(二) 汽 油 棧

某商擬於三角形地皮上，建造商用汽油棧一所。 該地基除前面可通光線外，其餘兩面均有鄰房相接。 計需儲藏室一間，辦公室一間，男女廁所各一間。 汽油筒四座，須設於汽車來往便利處，使汽車裝油完畢，卽直接開出站外，而不妨礙他車往來爲限。

東北大學建築系梁思敬繪燈塔設計

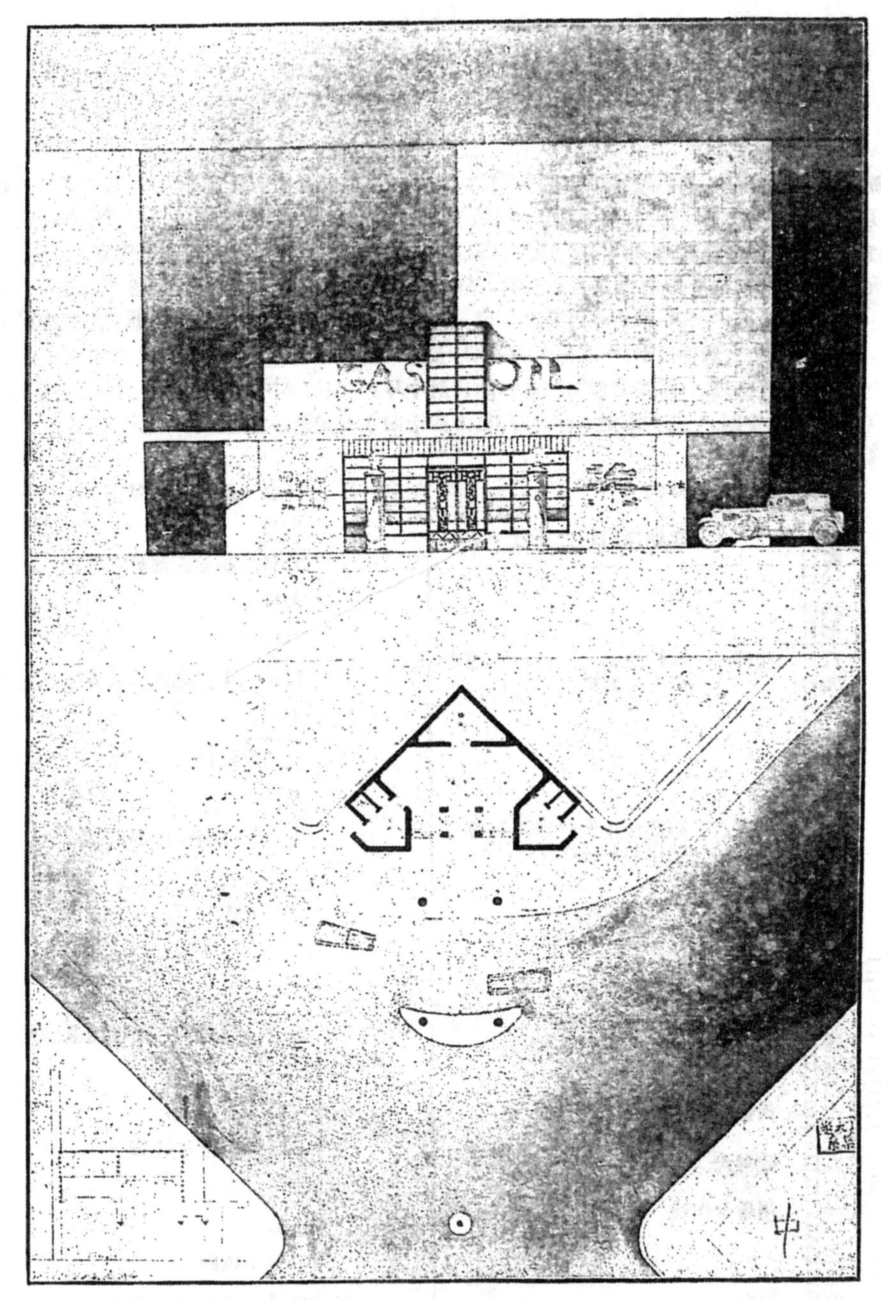

東北大學建築系石麟炳繪汽油站設計

建築正軌

（續）

石麟炳

第四章　鑒定與列表

在研究繪圖進行以前，我們先要知道兩種步驟。　第一是要將圖中需要鑒定明白，其次就是將題中要目列成一表，以備將來時間上有了把握，不致臨時慌促。　譬如我們的草圖在禮拜六已竟決定，在此決定後一二日內，須加意思索題目中之綫索，並無需在紙上隨意亂塗，以混亂心思。　這種辦法，就是鑒定。　目的既立，然後將設計所需要的時間列成一表，按表進行。　例如某一 ANALYTIQUE 題目，限時五星期繳卷。　草圖比例呎爲1/8"作一呎，詳圖爲3/4"作一呎，我們就可列表如表一。　如某題目限制時間三星期，我們就須斟酌情形列表如表二。　從表一和表二，看得出來，「着色」的時間，五星期繳卷的題目和三星期繳卷的題目毫無差別，「最後繪圖」的時間亦相差無幾。　時間之差全在題目的探討中耳。　至於 ANALYTIQUE 之佈置，須按各人之意志而決定，但亦有相當準則。　茲特舉瀆水池之設計，（圖十四）及紀念亭之設計，（圖十五）以作參考。

表一

月	日	星期	事項
三月	一日	禮拜六	草圖
	二日		
	三日		起始探討1/8"之圖樣
	四日		
	五日		
	六日		
	七日		
	八日	禮拜六	作1/4"之圖樣及排列圖樣在紙上之組織
	九日		
	十日		
	十一日		
	十二日		
	十三日		
	十四日		
	十五日	禮拜六	以最後比例呎作圖一3/4"；並作 ANALYTIQUE
	十六日		
	十七日		
	十八日		
	十九日		
	二十日		
	二十一日		
	二十二日	禮拜六	作微細詳圖，作外形及合度之裝飾，並用炭筆作全圖之佈置於透明紙
	二十三日		
	二十四日		
	二十五日		
	二十六日		
	二十七日		最後繪畫開始
	二十八日		
	二十九日	禮拜六	
	三十日		
	三十一日		用墨水作綫
四月	一日		
	二日		
	三日		
	四日		投影
	五日	禮拜六	着色
	六日		
	七日	禮拜一	上午十時繳卷

表二

月	日	星期	事項
三月	一日	禮拜六	草圖
	二日		
	三日		起始探討1/8"之圖樣
	四日		
	五日		
	六日		作1/4"之圖樣及圖在紙上之佈置
	七日		
	八日	禮拜六	
	九日		
	十日		以最後比例呎作圖
	十一日		
	十二日		作 ANALYTIQUE
	十三日		
	十四日		
	十五日	禮拜六	最後繪圖開始
	十六日		
	十七日		
	十八日		用墨水作綫
	十九日		
	二十日		
	二十一日		投影
	二十二日	禮拜六	着色
	二十三日		
	二十四日	禮拜一	上午十時繳卷

↑
圖十四　東北大學建築系劉鴻典繪濆水池

圖十五　東北大學建築系王先澤繪紀念亭→

中國歷代宗教建築藝術的鳥瞰

（續）

孫宗文

（三）混交時代中國宗教建築藝術之奇蹟

建築史上最光榮時代，就是混交時代。 以外來文化的侵入，與其國特殊的民族精神互相作調劑的結合，而生出異樣的光彩。 中國自漢代以前，因爲印度佛教尚未傳入，所以中國的建築，還未受到佛教的洗禮，故一切建築物，是絕對不帶任何佛教色彩的。 自從漢代以後，佛教思想漸漸流入，故此時中國建築藝術，也呈露特殊的作風。 所以漢代我們稱爲中國建築藝術的混交時代。 在此時代，『禮治』和『宗教』混和了，建築作風，遂生出特別一種式様出來。

前面已講過，周代的明堂，其建築已有可觀。 但是漢制的明堂，更要偉大和複雜。 當漢武建元的元年，要議立明堂，詔天下儒人，擬建制方案，那時有一個濟南儒人，託說據黃帝時的明堂，擬成一個方案說：

明堂方百四十四尺，法坤之策也；方象地。 屋圓楣徑二百一十六尺 法乾之策也；圓象天。 室九宮，法九洲。 太室方六丈，法陰之變數。 十二堂，法十二月。 三十六戶，法極陰之變數。 七十二牖，法五行所行日數。 八達象八風，法八卦。 通天臺徑九尺，法乾以九覆六。 高八十一尺，法黃鐘九九之數。 二十八柱，象二十八宿。 堂高三尺，土階三等，法三統。 堂四向五色，法四時五行。 殿門去殿七十二步，法五行所行。 門堂長四丈，取太室三之二。 垣高無蔽日之照，牖六尺，其外倍之，殿垣方，在水內，法地陰也。 水四周於外，象四海 法陽也。 水闊二十四丈，象二十四氣也。

我們看了這一個方案，漢制明堂的複雜，已可測度。 其實漢代明堂也無可詳考。 這個方案祇可當做漢人理想中的建築物，牠將一座殿堂而象徵宇宙的萬象，那時候的藝術思想，是值得我們所驚服的。 並且在這上面，我們也可以看出當時古代人是怎樣的崇尚自然神教，和崇高美感了。

漢代高臺的建築，亦很努力；其最著名的當推通天臺和柏梁臺。 通天臺在今陝西淳化縣西北甘泉山（即古甘泉宮）中，臺高約三十丈；據三輔黃圖中的記載說：通天臺離地百餘丈，（但是據漢舊儀中的記載祇有三十餘丈），望雲雨悉在其下，武帝時祭太乙，令人升通天臺以候天神。 上有承露盤，仙人掌，以承雲表之路。 柏梁臺爲武帝時所造，其臺的建築，用香柏爲梁，是以爲名。 在其上立一捧承露金盤的仙人銅象，廣七圍，高二十丈，此乃宗教建築上的特色。 又有雲臺，亦是當時偉大工程之一。 淮南子上記載說：雲臺之高，墮者折首。 後漢書上也曾記載着： 永平中，顯宗追感前世，乃圖畫二十八將(註十四)於南宮(註十五)雲臺。 此外建築物最合有神秘性的，則推『神屋』的建築，根據漢武故事的記載，摘錄如下：

『上起神屋，鑄銅爲柱，黃金塗之，赤玉爲階，椽亦以金刻，玳瑁爲禽獸，以薄其上，椽首皆作龍首銜鈴，流蘇懸之，鑄銅爲竹，以赤白石脂爲泥，椒汁和之，以火齊薄其上，扇屏悉以白琉璃作之，光照洞徹，以白珠爲簾，箔玳瑁壓之，以象牙爲牀，以琉璃珠玉明月夜光雜錯天下，珍寶爲甲帳，其次爲乙帳，甲以居神，乙上自御之，前庭植玉樹，珊瑚爲枝，以碧玉爲葉，或青或紫，悉以珠玉爲之，子皆空其中如小鈴，鎗鎗有聲，甍標作鳳凰，軒翥若飛狀』。

由上一段記載看來，當時的『神屋』，建築材料完全以珍品爲之，這終究是一件理想的故事，事實上怎麼樣我們over無從查考了。漢代的壁畫也很盛，宮殿方面有甲觀畫堂(註十六)有明光殿，用胡粉塗壁畫古代烈士的圖像，後漢有魯靈光殿(註十七)的壁畫。這些畫壁，也大多數含着宗教彩色。

自周到漢，建築物上的裝飾稍可稽考的：屋頂上的屋翼，飛簷，及屋脊兩端的瓦獸；漢時的門環則多用銅製，刻成獸頭銜狀。屋內的天花板上，也施以鳥獸的圖形。石砌的牆壁上，多飾以雕刻花紋。語石上說：漢時公卿墓前皆起石室，而圖其平生官跡於四壁，以告後來；蓋當時風氣如此。漢時陵廟的壁上，刻君臣侍從的畫像，或是禽獸神怪的畫像，這是明證。漢代的建築遺物，當以享堂爲主，所謂享堂，即墓上所建立之石造祠堂，以供展墓享奠之用。故享堂又稱爲甚麼；可是這些大作品沒有傳下。現有的孝堂山祠(註十八)與武梁祠(註十九)在漢代建築藝術史上，占有極重要的位置，孝堂山祠在山東肥城縣，石刻共有十壁，其畫概爲陰刻；並且所刻的人物景像以及鳥獸等都很靈活生動，其取材多爲歷史的事蹟，及當時的傳說，如胡人被氈鼓蠡彎弓赴戰的狀態，神仙怪獸的事情，這是前漢末年的作品。武梁祠在山東嘉祥縣南紫雲山下，是武氏的祠廟，爲建和初年的作品，近祠有三墓分立墓前立有二石柱，高有二丈五尺左右，方徑二尺有餘，一面刻字，三面刻畫像。石柱後有石室四處，藏石刻畫像數十件，盡是陽刻，刻歷代帝王的畫像，自伏羲以下而至周秦。此外聖賢，忠臣，孝子，烈士以及節婦等的事蹟和畫像，各有文辭歌頌他們的豐功偉業。其圖像上人物的動作，又各各不同。在二祠的雕刻技巧上看來，雖不免粗陋，而那種圖形的結構，却早已暗示後代建築藝術發展的徵象了。

〔附註〕

(十四)二十八將　後漢光武帝定天下有功臣二十八人，明帝永平三年，就圖於南宮雲臺。所謂二十八將爲：鄧禹、馬成、吳漢、王梁、賈復、陳俊、耿弇、杜茂、寇恂、傅俊、岑彭、堅鐔、馮異、王霸、朱祜、任光、祭遵、李忠、景丹、萬修、蓋延、邳彤、姚期、劉植、耿純、臧宮、馬武和劉隆等。

(十五)南宮　漢代宮殿之一，在今河南洛陽縣東故洛陽城中。

(十六)甲觀畫堂　〔漢書〕甲觀畫堂，宮殿中通有彩畫之堂室。

(十七)魯靈光殿　〔文選〕有魯靈光殿賦。

(十八)孝堂山祠　〔水經註〕平陰東北巫山上有石室，世謂之孝子堂。

(十九)武梁祠　〔元豐類藁〕漢武都太守漢陽河陽李翕西狹頌稱，翕嘗令澠池治崤嶔之道，有黃龍白鹿之瑞，其後治武都，又有嘉禾甘露木連理之祥，皆圖畫其像刻石在側。

(四)一座最初佛教建築物—白馬寺

佛教最初傳到中國，約在東漢初時，漢哀帝元壽元年，博士弟子秦景憲，從大月氏王伊存口授浮屠經。時大月氏已盛於中亞，崇奉佛教，秦氏往受經，不得謂無因。後漢明帝夢金人以爲佛，遣蔡愔等求佛經於天竺，偕沙門攝摩騰竺法蘭東還洛陽，乃爲釋迦之像，明帝命畫工圖佛置於南宮清涼台上和顯節陵上。（略見魏書釋老志）西域佛教之傳入，自漢明帝始，是無疑義。當時宗教唯一的結晶品，就是白馬寺。（圖一）

圖一　白馬寺之一部

白馬寺在現今河南洛陽城東二十餘里。建築時代，在東漢明帝永平十一年，因爲當時有印度僧摩騰竺法蘭，自西域白馬馱經來，於是翌年在雍門外敕建佛寺，安置經像，及僧來於寺內，卽用白馬二字以取寺名，後印度僧摩騰竺法蘭死，就將他葬在寺後的空地上，（現在尚有他的墳墓存在）所以白馬寺也可以說是中國僧寺的鼻祖。不過現在已經破舊不堪。據高僧傳上面記載白馬寺的故事說：

漢明帝於城門外立精舍，(註二十)以處摩騰焉，卽白馬寺也。名白馬者，相傳云：天竺國有伽藍(註廿一)名招提，(註廿二)其處大富；有惡國王利於財，將毀之，有一白馬繞塔悲鳴，卽停毀。自後改招提爲白馬，諸處多取此名焉。（白馬寺詳文請參閱本刊一卷五期戴志昂君的白馬寺記略）

漢代以後，到了三國。三國時代以干戈四起，國無甯日，建築遂成絕無僅有，不過自從北魏入主中國，奉佛教爲國教後，當時社會陷於混亂狀態，拜神佛的風氣漸漸地擴張起來，佛寺的建築，便勃然而興了。洛陽伽藍記(註廿三)所載：自漢末年晉永嘉時爲止，有佛寺四十二所，到了北魏而京城內外竟有千餘所。這時代的建築材料多尚磚砌，大約是因爲建築進步以後，土築既認爲不堅固，石砌又嫌費事，於是磚砌工程，乃形擴大。

三國以後，歷晉而到南北朝，在此時間，可說是中國宗教建築上的黃金時代；這時中國的南方盛造寺塔，中國的北方極努力的建築石窟。石窟的建築也可以說是中國宗教建築藝術上的一大發明。此時代中國南方的寺塔，牠的建築藝術更和印度的藝術發生了密切關係；因爲中國從三國而到兩晉的期間，又通於關龜茲等西域地方，中國宗教建築藝術，又得了外來的新思潮，而充分發育，遂造成中國建築藝術史上一頁光榮奇蹟。

〔附註〕

（二十）精舍　卽佛舍，係佛所居的地方；據晉書孝武帝紀上面的記載說。帝初奉佛法立精舍於殿內，引諸沙門以居之。所以從前之精舍，卽近日之佛寺。

（二十一）伽藍　佛寺的別稱，梵語爲僧伽藍，其意義爲衆比丘之園。

（二十二）　招提〔唐會要〕官賜額爲寺。私造者爲招提蘭若。〔僧輝記〕招提者，梵言拓鬭提奢，唐言四方僧物，但傳筆者訛拓爲提，去鬭奢留提字，故爲招提。所以招提卽現今之佛寺。由此說來，精舍，伽藍，和招提，完全係爲現今所謂佛寺，名稱雖三者不同，但實際上牠的意義，是一樣的。

建築的新曙光

（續）

戈畢意氏演講

盧毓駿譯稿

現在概括的做個比較：

磚石造的房子：

蓋房子地面——失去的地面——差不多占全市40%＝損失40%

天井的保留約爲30%

交通的保留約爲30%

鋼骨水造或鐵造的房屋：——

爲城市和房屋交通的地面100%

平屋面所得的地40%

共得地面＝140%

代數差：180%

都是交通所得的地面了。

我們於大城市的裏面若是碰着交通和衞生問題難解決的時候，你不要忘記剛纔的算盤。

我現在研究磚石造房屋的平面，和鐵或鐵骨水泥造的平面，二者的好壞：

磚牆的房屋——地下室：厚牆的礎，祇得有限的用地，和薄弱的光線，花費了貴的建築費。

地平層與地下層的牆同厚，在同一地位，按有限的開進門口，客廳，飯廳，廚房等都設在這裏。

第一層——與下層同厚之牆在同一的地位。

第二層第三層——和地平層的臥室和客廳食堂廚房差不多大小相同，這是一點也不合理。

屋根室——僕役住在這裏，夏天非常熱，而冬天非常冷，未免刻薄待人。

讓我細看我的平面圖，我自己覺得這樣建築配置，實在可憐的很，爲什麼浴室和廚房一樣大，主人的房間和會客廳一樣大？一個食堂和一個臥室，他的形狀配置光線大小等等問題，應該有什麼同一的要素？可說到現在止，都是隨便的，都是暴殄的，而沒有標準的；結果費了所應有的造價，而建築家往往塞責而言曰：「我是沒有辦法的，我的窗要開，我的牆要載重等等……」。我要大聲疾呼，這是浪費，這是不經濟，這是畸形。

鐵造或鋼骨水泥造：

地下室完全取消了，只有時於房子的小面積，按照老法，開掘個煤窟與個鍋爐間。暖房設備我研究得個非常滿意的解決。

地平室——改換爲樁架式，高出地面約四或五公尺，房子的進門就在這裏，一個樓梯，（有時安電梯）一個進門，還有汽車間，並且顧及汽車間的前面留有適宜的地位，風雨不侵，安放汽車，便於洗滌和檢驗，至於這廣闊乾潔雨蓋的樁架式的場所，不消說是小孩遊憩的最好地方呢！

這種列架式的房子架空，陽光和空氣充布於房子的下層，多少難得的好處！前者有前園後園的分別，現在變做了整個的花園，增加了許多遊憩的地方，增加了許多好處！像這種的建築藝術多麽純潔多麽高尚啊！

第一層在我們的眼前，只有二十至二十五公分徑的圓形或方形的列柱，四週的光線用之不竭，叫吾人發生住機的感想，就是云供居住的機器。所有的房子隔法，可以隨我們所好做去，因爲我們已經不用牆，只用隔堵壁，用板條或用草泥或用木花，或用其他的新材料做的，這種隔堵壁沒有什麽重量，直起於鋼骨水泥樓板上，可以做一半的高；或直或曲，隨心所欲；還有我們可以看房間的性質，來定大小和形狀。

第二層樓——吾們現在將會客廳食堂等都做在這裏，避開所有塵囂；至於廚房就放在上面，避免臭氣的侵入，並使這種臭氣由屋面而去。

用精敏的配置，我們可以設法把客廳與屋頂花園相聯通。佳菓滿園，奇卉遶徑；舖水泥的板塊，以備草生長於其縫隙。或則以美麗的卵石做地面，更有雨蓋的地方，給我們午睡；浴日的地方，增進我們的健康。夜間用無線電留聲片，來跳舞。空氣新鮮，樂音抑揚，景色幽遠，市聲隔離，仰矚霄漢，豁然開胸，是多麽合理化的建築。這不是盡反前者屋面只給貓和麻雀言情的處所麽！

於這房屋圖上我可寫，解放的平面，解放的面樣，這可算是建築的大改革，磚石造時代而進入於鋼骨水泥和鐵造的時代，這可算新時代的收穫。

但於未講他事之前，我再來述一下：

我畫迄今城市的地面

我開掘四尺深的地，而搬運這土到城外，這種浪費金錢，實在可憐。

次則屋面蓋瓦我們當記得這個數目：

建蓋的地面積（可算損失的地面）	40%
保留爲天井的地面	30%
保留爲交通的地面約占	30%

但是我現在新式城市的地面

一條線：所有地面，除少許的樹木外，一點也沒有損失。

城市架空建于列柱的上面。

於城市被建築之面積的地面，尙可做屋頂花園。

100%的面積供給行人和重載輕載的交通；40%的面積，多出來可以供給遊憩的花園，這樣纔是新式的城市計劃。

不要忘記！這椿架式的房屋建築，可講是現代科學的大成功。但是守舊的頭腦，甚爲可怕，國際聯會主席對我說，因爲我這椿架式的房屋建築的圖案，弄到失助了國聯會議廳的競選。但俄國國民政府圖案，經勞農政府的研究，決定採取我的圖案，以表示新俄工程的新生命。

在勞農政府民食委員會的圖案。須設計能容二千五百職員同時進出，並須預備有大場，所以容這般民衆冬天來的時候，混身都是雪。進口亦極便利。但是所有汽車，只能停留于某狹小的街道。設計一椿架式的建築，于全地面上。所有辦公廳由第一層樓起架空而建，在下面則交通便利，由多處小地方匯通于一大地方。供給由兩進口成個大場所，在這個大場所設升降機或捲鏈式升降機，或立較大螺綫式的扶梯，以增加散人的速度。我們于房子底下開應開的門，太陽光可以隨我們的喜歡。這種房子實際上合有兩個時間。第一個時間在地平面時，人羣的肩摩踵接，彷彿一個湖子。第二個時間，大家應用最新的交通法，都到了辦公的地方，又彷彿江河之流。

交通二字，我在這裏常常提到，我的心目中以爲房屋建築的第二原則；應當以解決交通爲原則。請稍稍沉思，便明白老式的建築法，已宣告破產，只讓椿架應運而生了。

我前面已經講過：建築是要以樓板光線充足爲原則。

現在我畫窗的沿革，就拿這個東西，來表建築史。在前面我已經說過，既以牆來負樓板的重量，又于牆面開窗，來供給樓板的陽光，這是不便宜不合理的事。就這一端可以看出過去建築者的所有能力和本領，與夫建築的藝術的地位。

這裏是古昔的小窗。其次就是崩沛的大孔窗，尙沒有窗框的。羅芒式美窗。又還有峨特式的窗（卵形式）算向光明之路走。精明力學的原理，應用斜楔。Flamunde de Gand, de Lourain, de la Grande Place de Bruxelles 等。泥于古法，造其玻璃色片窗，裝于石造的框上。吾人至今尙在賞識他。再後就是復興時代，用石造十字格于窗上，盡量的放大窗的尺寸。次則魯易十四，可稱日王，要讓他的老板太陽進其屋內，以照他們的隆盛。由是石造建築的藝術，可說是定局。在魯易十五魯易十六時代，趨于苟安，建築沒有什麽變化。窗樣當然是抱殘守缺。但在 Haussmann 的時代，可說是登峯了，不能再開多闊大了，不然，房子要塌呢！所以要盡大量的開窗來充足樓的光線，這個問題只待科學新進步的今日。

請注意路易與效時猛時代石造房屋的外觀，可說是不許再有奢望了。牆面開了有規則的窗孔，而牠的距離是盡量的接緊；圖案好像是庸笨，但要知道石造的本領只能如此。

各位女士各位先生，我現在稍爲講快些。請你回頭看先前鐵或鋼骨水泥造的縱面和平面圖。我現在畫橫窗，沒有限制的，可長到十公尺百公尺千公尺而沒有間斷的。所有柱子則向裏距離屋面約一・二五或二・五〇或三公尺。而于這樣的窗做可以滑動的。

至于分別上下層樓橫窗長條的牆面，他的重量還是樓板去負荷，我已經講過了。

這樣的改革，甚合于經濟的原則。而且盡變從前因襲老舊的美術眼光。打倒了古典的主義，達到了屋內光線十二分充足，而可以隨便隔開房間。

我研究前面的剖面圖，我叫做革新建築的剖面圖。又發生許多的意見，我造了不少的橫長窗。對于窗盤和窗蓋，我尚嫌他不澈底。尚覺得浪費，雖然同樣的用處我式的房子比舊式的房子已經便宜多了，但是我還嫌他不便宜。我的朋友 Pierre Jeuneret 比我還要講經濟，既要經濟還要舒適。有一天發現這個眞理：『窗的作用是在透光而不在通風』要通風還是用電扇。再則：窗算是房子中最貴的東西，于木料之外，須配五金，須有好工手我們可以乾脆一點，提倡廣窗，而把窗來專爲透光。

細看吾所例的剖面圖，發見還有幾條三十公分高的水泥，若是再進步一點做法，我們用鐵造懸梁，懸着直鐵線網，距水泥條前面二十五公分遠，而鐵線網內外而配商業尺寸之玻璃，造成了整個玻璃幅牆。但是一個房子沒有必要四面都是玻璃，我們可以一兩面是玻璃幅牆，而一兩面爲磚石造，或其他人造石的幅牆。就混合來用也可以的。

這種思想我在一九二五年萬國展覽會已經發表過，在一九二六——二七年，我設計國際聯盟會祕書廳，用雙行橫長窗於辦公室，單行的橫長窗於走道。至於大廳之牆已經是玻璃幅牆。（厚玻璃）在一九二八年在莫斯科設計房屋的難題，就是：二十四度的冷；二千五百人在於強風呼呼的窗後，又要貫澈廣窗的運動，採用玻璃幅窗，把他封塗甚密，至於通氣的問題，自然另有辦法。

我現在達到了邏輯的途徑，我已經握定緊要的原則；建築家這個名詞變了新的解析，且聽我後面的話，

我不願意你們稍有一點的懷疑，我敢說橫長窗比直立的窗光明的多。我拿照相的道理來講，更容易證明。

於同一的玻璃藥片，在橫窗的房間裏面受光，有兩個的光域；光域(1)是特別的亮。光域(2)也很亮。若是一個房間用兩個直立窗來透光，那片上就有四個光域。光域(1)特別光亮（兩個小扇形）光域(2)也亮得很（一個小扇形）光域(3)不大亮（大扇形）光域(4)就暗了（大扇形）上面的道理就是講在第一個房間裏面拍影受光的時間可減少四倍於第二個房裏頭。

各位女士，各位先生，我請你細觀建築和城市計劃的現狀。我是反古派Vignole之叛徒，離去了 Vignolisés 的岸，古典主義之峯——放夫中流，咱們沒有誕登彼岸，不要分手的。

先講建築：

椿架式的房子架空而建，房子的外觀，不同凡俗。可按建築地面的方數，而定柱子所負的大小比例。建築組成的重心向上提高，不像舊式磚石造的房子，其建築組成的重心在下。

屋頂花園可說是很可愛的新工具，平面內部的各分間，可以翻改新樣，就這兩點已得住者的歡迎，至於橫長窗，玻璃隔墻，完全與前此的窗不同。應用玻璃幅牆而使舊建築藝術都動搖。建築的組合這樣新奇，看來彷彿縮小到沒有建築組合可言，眞是叫人家驚駭歎賞。

科學新進步給吾人以孚的新解析，並很自然的，不可避免的會喚起我們的新思潮。

現前的莫斯科應當採取如何的新建築的方針，人家要見現代科學的新勝利，利用一下。房子要做到効用的，最大的，最善的，這就是我們所說建築藝術的新解析。

房屋聲學

(續)

唐璞譯

第四章 會堂之聲學設計

欲詳明會堂聲學分析之步驟,與採定最佳效果之方法,須自簡單情形之會堂始,乃推至較爲複雜者遞述若干。其討論之點有二種情形:第一,會堂之在建造以前卽設計聲學性質者;第二,會堂之在完成以後發覺劣聲始需要矯正者.

聲學設計之利益——如聲學在設計會堂時已有計劃,則規定之材料及構造,在建造時卽可設施。按建築師之經驗,此種計劃可免除對於聲學效果上之懷疑及恐懼,而其結果常可避免浪費。另一利益則爲免除會堂完成後,發覺聲學上之不合。例如伊里諾大學會堂,如不涉及建築形式,則曲面之牆,勢不能作直。故在此種情形之下其聲學之矯正不能毅然成功也。

聲學設計中之三要項——會堂聲學設計中有三要項應加考慮。第一,室之容積須與其中所生聲強成比例。如爲隊樂合奏,則容積須頗大,使有充足之空間以分佈聲強。反之,在戲劇方面,其聲強被聲固定,若欲使聽講得最佳效果當以較小之室爲宜.至於音樂演說兩用之會堂,則當擇一中庸容積,其準確尺度則依特別情形而適合之。第十三圖卽因此而示。

第二項,在設計時應考慮者,爲牆之位置及形狀須處理得當,使免除或減少回聲之可能。設計者當作一室總切面之幾何的研究,繪其由各牆反射之聲跡,而特記其聲波之集中點。此卽判斷牆之效力之一輔助也。平面牆及矩形者較佳,因曲面牆及圓頂已證明其不合。至於求形狀最優之另一輔助,則爲在會堂模型內取波之照像,如第四圖所示.

屋之大小及形狀規定以後第三重要問題,則爲循環回聲,卽吸聲於短時間內所需之材料種類及數量。此項察所示各情卽明瞭也.

其他事物應加考慮者如通風,由箱及凹室 (Alcoves) 發生之可能共振,以及台口形狀等。但與屋之大小,形狀及循環回聲較之常爲次要。因會堂常依不同之關係而異,各有可考慮之特別問題,但其各種形之解法,則所以必述之原理爲根據。下節爲若干會堂之記錄,均經設計壇上之研究,內含優聲之構造及設備.

音樂廳之聲學設計——伊里諾大學音樂館內之音樂廳祗作音樂之用。 由懷特教授 Professer James M. White 及來特先生 Mr. G E. Wright 協同研究其合於優聲之各項選擇。 第十四圖及第十五圖示內部照像(略)

廳之容積——廳之容積因此廳本為音樂之用，故需較大之容積，聽衆之多寡及有用地位之大小，尙另為一事則最後容積之選定為231,000立方呎。

回聲——回聲室內其他形體使之甚需要矩形之音樂廳。 又因需要樓廳以容更多座位之故，而回聲之惟一可能來源，卽為平頂。 可裝置吸聲材料或以深刻之格板 (Coffering) 破其面以避免之。 此法終於決定，並以一部面積開作通風孔。

循環回聲——如此大小之音樂廳其適意之循環回聲時間可由第十一圖中察出。 首須計算容積之立方根(等於61.4)而後按三分之一聽衆卽 350人察出相當之時間為 2.4秒，於是由沙賓公式計算吸聲材料之數量為：

$$a=.05\times231,000\div2.4=4812\text{單位}$$

室內吸聲材料列下：

粉刷……23,300平方呎於 .025＝582單位

木材……15,448平方呎於 .061＝942單位

通風口……455平方呎於1.00 ＝455單位

玻璃……616平方呎於 .025＝15 單位

裝被之座位……1,042平方呎於1.5 ＝ 1563單位

3557單位

聽衆……350人[2]於(4.7－1.5＝3.2)＝ 1120單位

4.77單位

聽衆……1.042人於3.2＝3340＋3557＝6897單位

循環回聲時間為：

t (無 聽 衆) ＝.05×231,000÷3557＝3.25秒

t ($\frac{1}{3}$ 聽 衆)＝.05×231,000÷4677＝2.47秒

t (最多聽衆)＝.05×231,000÷6897＝1.67秒

欲得佳果，須加以等於4812與4677之較或135單位之吸聲材料數量。 為補足此數起見，原擬在甬道及台上鋪設地氈，並在兩側牆上嵌置大塊之毛氈，惟此種材料尙未設置，而廳內乃時生循環回聲頗甚。 提琴與獨唱尙佳，但聲強較大之音樂則頗有影響，而演說亦呈不利，故增加所計算之吸聲材料，當作未雨綢繆也。

基波恩 (Kilbourn) 廳——與前述情形稍有不同之另一音樂廳為基波恩廳。 此廳為伊斯特曼音樂學校(Eastman School of Music) 之一部為伊氏 (George Eastman) 捐於紐約羅忠斯特城 (City of Rochester) 者。建築師為戈登氏 (Gordon) 及蓋伯氏 (Kalber) 而馬啓謨 (Mckim) 米德 (Mead) 及懷特 (White) 三氏為聯

(註) 1. 用公尺制之計算列於附錄

2. 以3.2代4.7者因座位1.5已算在內

合建築師，輕室內音樂獨唱及授課等一年之用。 據報告「聲學上甚佳」廳之形狀爲矩形，其地板向後高起甚劇，平頂上之可能回聲已用天格井（Coffering）及通風花欄（Ventilation Grills）減徵矣。

玆得其聲學常數列於下表：

廳之容積＝140,000立方呎

木……………………………………………………9533平方呎於 .061＝582單位

人造石………………………………………………3365平方呎於 .02 ＝ 67單位

地氈…………………………………………………2546平方呎於 .15 ＝382單位

帷簾…………………………………………………780平方呎於 .6 ＝168單位

玻璃…………………………………………………200平方呎於 .027＝ 5單位

通風口………………………………………………669平方呎於 .5 ＝335單位

座位…………………………………………………506平方呎於1.7 ＝ 860單位

無聽衆時之總吸聲……………………………………2699單位

聽衆…………………………………………………170人於3.0 ＝ 510單位

3209單位

參閱第十一圖，三分之一聽衆（170人）之時間（容積之立方根＝52）爲2.2秒，所要之吸聲單位，其計算爲：

$$a = .05 \times 140,000 \div 2.2 = 3180\text{單位}$$

此數據與3209單位相合，無須再加調理矣，即無聽衆時，循環回聲亦不太過。 且當有少數人時，對於講述亦有佳效。 人數最多時尤佳，其容積之小正適合輕樂如獨唱獨奏，亦宜於室樂但不合於重樂隊。 室內木作之面積甚多，頗能感應到樂質而加強各調。

衛斯力（Wesley）會堂——此會堂在伊里諾大學之 Wesley Foundation Social Building 內，爲豪萊伯氏（Holabird）與羅士氏設計。 原擬作演說之用，惟亦不免口唱及鋼琴樂，但無重樂。 後數經研究，乃知平頂上爲吸聲木髓板（Wood-pulp board）其計算如下：

粉刷…………………………………………………3260平方呎於.025＝ 82單位

木材…………………………………………………10600平方呎於.061＝ 647單位

混凝土………………………………………………3790平方呎於.019＝ 72單位

髓板…………………………………………………3000平方呎於.4 ＝1200單位

帷簾…………………………………………………200平方呎於.1 ＝ 20單位

座位…………………………………………………500平方呎於.1 ＝ 50單位

2071單位

聽衆…………………………………………………170平方呎於4.6 ＝ 782單位

2853單位

聽衆…………………………………………………500於4.6＝2300＋2071＝4371

隔熱用之鋁箔

John Hancock Callender 著

夏行時譯

（原文載 The Architectural Forum. January 1934號）

鋁之用以隔熱，其原理卽在鋁能反射輻射之熱（Radiation heat）。空氣對于阻止藉傳導（Conduction）而輸佈之熱，較任何隔絕物爲強。但除非特別審愼處理，大量之熱仍可藉輻射（Radiation）與對流（Convection）穿過空氣。故在隔熱之設備中，除與以空氣之間隔而外，另須加一種能阻抗輻射熱與對流熱之特殊設備，此項特殊設備，平常通稱曰隔絕物（Insulating material）將空氣間隔爲若干窩室，可使對流熱減少。將空周圍用一種熱放射率（Thermal emissivity）較低——卽不易吸收及發放熱——之材料包裹之，可使輻射熱大致消滅。

高度磨光之金屬物，能反射最大部分之輻射熱，爲隔熱之最適用之材料。但同時金屬物之熱傳導率（Thermal conductivity）甚高，故用作隔熱之金屬物，其厚度必須減至極薄，使傳導輸佈之熱得以阻免。

高度磨光之鋁片爲反射力最強之一種材料，且與大部分之磨光金屬物不同，能在靜大氣情狀下保持其反射力而不致挫減。其厚度可展至 0.00023吋，成薄箔，適于隔熱之用。

此項鋁箔（Aluminum foil）可塗貼于建築材料上以阻熱，或夾釘于隔板間以間隔空氣。鋁箔之塗貼于建築紙板，隔絕板及鋼絲網紙板上者，市上已可購得。若用以間隔空氣，則可將數層鋁箔用木製骨架或縐紋紙板或石棉或卽摺縐鋁箔之一部分，使鋁箔分層間隔之。若僅須將空氣隔爲二層或三層，則將鋁箔黏于厚紙板上，釘于灰板牆夾檔柱子，擱柵或椽子間卽可。各種方法之性質及比較，另詳于后。

隔熱性——鋁之傳導率甚高，靜空氣在通常溫度下之傳導率爲 0.175B.t.u./hr./Sq.ft./°F（註一）（華氏每度每平方呎面積每小時之熱單位）較任何隔絕物爲低。以用鋁箔間隔之空氣之傳導係數（Conductance）與用其他材料間隔之空氣之傳導係數相比較，卽可鑑別鋁箔對于隔熱之性能。

但在獲得此項比較之先，鋁箔間最適當之間隔距離，必須先爲決定。梅孫氏（Mason）（註二）求得通過兩鋁箔間單空氣室之最小傳導係數，產生于當兩鋁箔相距 0.6吋許時，（Dickenson 及 Van Dusen 兩氏定爲 0.63

吋,見 Am. Soc. Ref. Engrs. Jan. 1916 號)。 在固定寬度之空間欲得最大之隔絕——此爲工程上常遇到之問題——則可藉鋁箔層數之增加,而減低其傳導係數。 但層數增加至距離減小至0.3吋以下時,則傳導係數之減低,不甚顯著。 故專家大都規定0.3吋爲最小間距。 Gregg(註三)氏定平箔之間距爲0.5吋,縐箔之間距爲0.33吋。

熱之放射率係數係依照理論的"黑"爲標準而言,(因"黑"能吸收及放射全部所射着之熱)大多數建築材料之放射率約爲0.95,但高度磨光之鋁之放射率爲0.04—0.06,卽有百分之94—96之輻射熱不能吸收放射而反射。(參第一表)

鋁面對于熱流之阻力較大都數建築材料爲大,此卽謂鋁與周圍之空氣及物件之溫度差較其他材料爲大。普通建築材料之熱之移轉(Transfer of heat)係數平均爲1.34—1.65 B.t.u./hr./Sq.ft./°F,而鋁則平均祇有0.7或以下。

鋁箔藉木架或堅牢之隔絕板分隔者爲最有效之隔絕方法。 特殊之設計,可使對流之熱消滅,輻射之熱減少至極小數量,傳導率減至幾與空氣之傳導率相等。(參第二三兩表),比較其傳導係數,可知此類有空氣間隔之鋁箔較其他之隔絕材料爲佳。 箔之厚度以0.005—0.00023吋爲適當。 更薄者雖可略減低傳導係數,但應用不甚方便。 爲攜取安全起見,外層之箔可貼于厚地板上,此僅略微損減些隔絕效力。 分隔鋁箔,可用縐紋紙代木架;因木質較紙易脆碎,故在某種情況下,紙板較木適用;但其傳導係數則較高。 縐紋石棉亦可應用爲分隔物,且能防火,但對于熱之阻力則更較弱。

漢諾佛 Dr. E. Dyckerhoff 博士發明一種鋁箔摺釘方法,將鋁箔摺縐而留一部分摺轉伸出,使次層鋁箔不藉木架分隔而能自留適當之距離。 此種因兩層接觸所致之傳導損失,據說甚微。 且空氣已隔爲小間,對流熱亦可忽略不計。 縐箔之傳導係數較用堅架分隔者略高,但猶較其他隔絕物爲低。 此法用于彎曲及不規則之面上,如管,水塔及運輸舟車上最爲適宜。

摺縐之工作,在裝用時爲之。 摺縐後長度約減少十分之一。 工作時應注意勿使縐摺過甚,致效率降低。柏林德國國家材料試驗所試驗謂平置之縐箔,雖經劇烈之震盪亦不致平伏(註四)。

另一種木架屋用裝置簡易之隔絕鋁箔爲在克拉夫紙(Kraftpaper)之兩面塗鋁箔,捲筒裝起,寬17吋,兩邊挖有線痕,使易彎摺釘于夾檔柱子,擱柵或椽子上。 但此法欲在2"×4"之柱上分隔成兩個以上之空氣間隔則不甚適用。

應用——鋁箔之貼于建築紙板,灰泥板及鋼絲網上者,市上可購得。 應用此種材料時,切記鋁箔之後者無空氣間隔,則鋁箔全無隔熱之價值。 雖箔在防止透風上較紙板爲佳,但在隔熱之目的下則爲浪費。 惟用于望板或外牆之雨踏板(Siding)下者,因已有充分之空間,足令其隔熱之作用仍復有效。 鋁箔用于蓋板(Sheathing)或灰板條之裹面時,其一層之隔熱價值可當于半吋厚之隔絕板(Insulating board)鋁箔可用于其他隔絕物上,例如貼于用作蓋板之隔絕板上或隔絕毛氈之兩面等。 鋁箔非惟可增牆壁之抗熱能力,且可防止隔絕物之被潮溼腐爛及火(註五)之侵害。(參第三表),但應切記者,當鋁箔塗貼于另一材料上時,僅使利用箔之一半之反射力而已。

空氣透入普通之木石磚牆爲失熱之最大源由。普通之隔絕材料無止風之價值；在每平方呎40磅之壓力下，空氣透過1½吋軟木板，每小時可423立方呎；透過½吋隔絕板，可174立方呎；透過克拉夫紙，鋁箔，及瀝青爲0.00。故鋁箔施用于較劣之建築紙上，釘于蓋板之內面，可增防風之力量（註一）。

利——如上所示，特殊設計之隔熱鋁箔，在隔熱材料中佔效率最高之地位。其價格亦比較的最適合。而尤其顯著之利點爲重量之異常輕微。一磅鋁箔（0.003吋厚）可蓋2.25平方呎。縐紋鋁箔每吋厚三層者，每立方呎重¼磅。故在運輸上或重量爲重要條件之情形下，鋁箔之應用爲必需之事。某商船報告曾移去380噸之軟木及鎂之隔熱物而代以4噸之鋁箔。每輛冷藏車上，用鋁箔可省去1—2噸之載重（註六）。

鋁箔受熱至其溶點1200°F時，亦可毫無損失。其摺縐成各種式樣之便利，使蒸氣管，牛乳箱，軍艦上之炮塔，柴油機之排洩門等，俱得普遍之應用。

弊——有數專家懷疑鋁箔反射力之永久性。關于此層，因尚無可靠之實證，頗難下一斷語。但據幾個此方面之工程專家宣稱，反射力之消失，在普通情形下，不致逾百分之二至三，故可忽略不計。當鋁養化時，面上結成一層透明之薄模，此模阻止更甚之養化。在惡劣之腐蝕情形下，若施塗一層薄漆于鋁箔上，則腐蝕可免。梅孫氏（註二）曾作此項塗漆鋁箔之試驗，謂塗漆鋁箔之傳導率僅較未塗漆者略增稍些。（參第三表）

鋁箔有一顯然之弊點爲箔張之過薄，難于攜取。欲免撕碎，大張之摺縐，拉伸，剪釘，均須特別審慎。但此層困難，若在鋁後襯以克拉夫紙或其他堅韌之材料，則自可避免。

其他式樣——鋁漆之放射率爲.30—.40，故亦有隔熱之價值。此項鋁漆，可用以塗蓋空心牆中空氣四周之邊緣，及粉刷內外牆之表面等。（參第三表）熔化之鋁亦可用作噴漆，成薄層無光之鋁衣。若需要高度之光澤，則以用鋁箔爲適當。熔鋁之放射率與鋁漆之放射率約相同，但傳導率較高，因其厚度較大故也。熔鋁亦曾被施于烘前之陶器 Terra Cotta 上，當烘時鋁質鎔化，即現極度之光彩。

薄張(24號，或0.025吋)之鋁箔黏于膠木及標準隔熱板上者，市上可購得。"磨光"鋁面之放射率爲0.20—0.25，此項材料施于外露之牆面上者，應使其厚度能保護自身不致碎裂及風蝕火灼爲要。鋁施塗于金屬材料上則無甚效力，因金屬材料自身之傳導率甚高也。

（註一） American Society of Refrigerating Engineers, Refrigerating Data Book, 1922/23。

（註二） Mason, Ralph B., Industrial & Engineering Chemistry, March, 1933, page 245。

（註三） Gregg, J. L., Product Engineering, May, 1932。

（註四） American Society of Heating & Ventilating Engineers' Guide, 1933. Chapter III。

（註五） Chemical Age (London), August 27,1932—"Aluminumas Heat Insulation Material"。

（註六） Breitung, Max, Refrigerating Engineer, July 1933 及 January, 1932。

（註七） Svenson, E. B., Amercian Builder—September 1932。

第二表　一吋厚之各式材料之熱傳導率。

材料	B.t.u./hr./sq.ft./°F.
空氣	0.175
高度眞空	0.004
混凝土	8.0
玻璃	5.0
磚	4.0～5.0
黃松（Yellow Pine）	1.0
灰泥	2.32～8.8
石一平均值	12.50
石棉板（Asbestos board）	0.48
Cabot's quilt	0.25
甘蔗板（Celotex）	0.32
軟木板（Cork board）	0.27
Dry zero	0.23
Flaxlinum	0.30
Masonite	0.33
Thermax	0.46
Torfoleum	0.26
Mineral wool	0.26
鋁箔——每吋三張——骨架釘法	0.20～0.22
鋁箔——每吋三張——夾在縐紋紙間	0.254～0.275
鋁箔——每吋三張——夾在石棉間	0.298～0.443
鋁箔——每吋三張——骨架釘法——箔面塗層薄漆	0.227
鋁漆於紙——每吋三張——骨架釘法	0.270
摺縐鋁箔——每吋三張	0.289～0.311

（鋁之傳導率數值，大部分取自 Gordon B. Wilkes 教授之試驗結果）

第一表　各種面上之熱放射率係數——以"黑"之熱放射率為1.0

"黑"	1.0
混凝土	0.97
磚	0.935
屋頂紙 (Rooting Paper)	0.975
灰泥 (Plaster)	0.93
玻璃	0.95
鋁漆 (Aluminum Paint)	0.30～0.40
鋁——市上出售之"磨光"	0.20～0.25
黃銅 (Brass)	0.24
銅——略微磨光	0.17
鋁——高度磨光	0.04～0.06
銅——高度磨光	0.06
銀——高度磨光	0.06

第三表　各類牆壁用各式材料隔絕之傳導係數差別

材　　料	B.t.u./hr./sq.ft./°F.
雨踏板，紙，1"蓋板，2"×4"夾檔柱子，木灰板條及灰泥	0.25
½"隔絕板 (Insulating Board)	0.19
1"隔絕板	0.15
1½"軟木板 (Cork board)	0.11
2" 軟木板	0.095
Flake Gypsum Fill	0.093
Rock Wool Fill	0.066
½"氈	0.17
鋁箔，裏面單面	0.193
鋁箔，夾檔柱子間釘一張	0.134
鋁箔，夾檔柱子間釘二張	0.108
鋁箔，夾檔柱子間釘三張	0.077
鋁箔，夾檔柱子間釘四張	0.074
鋁箔，在½"氈之兩面	0.108
鋁箔，摺縐——每吋三張	0.067

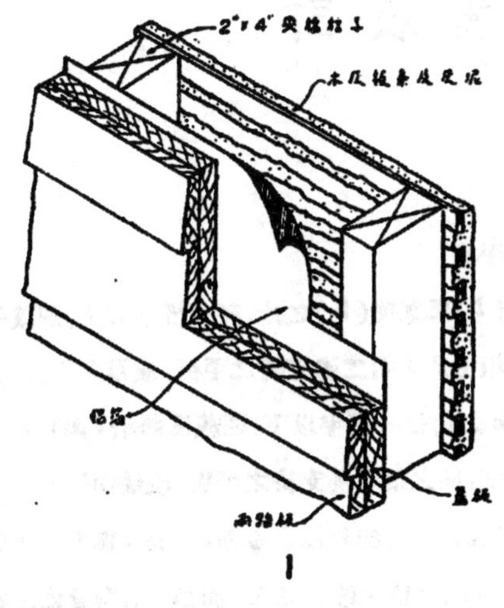

1

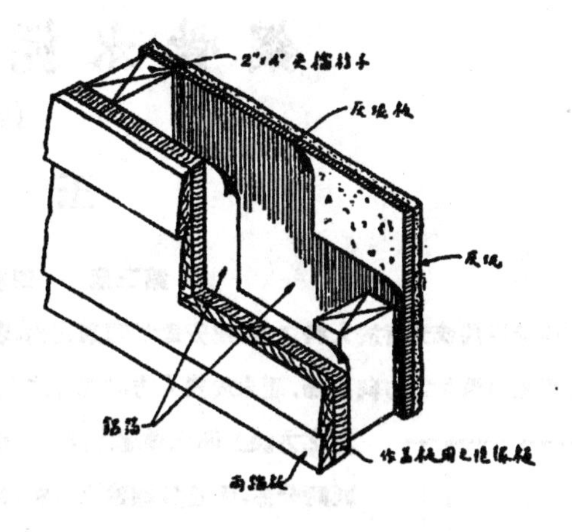

2

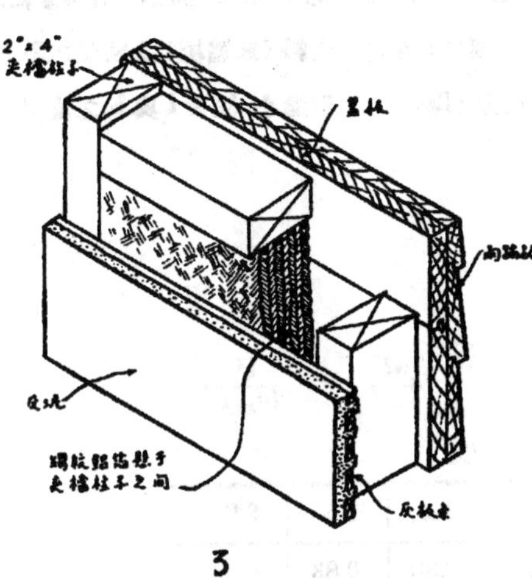

3

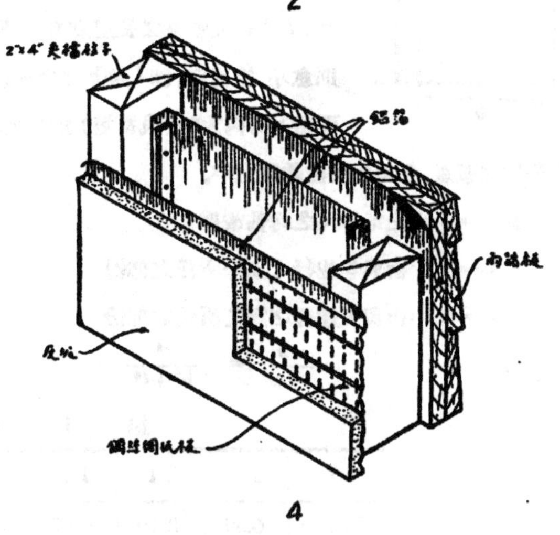

4

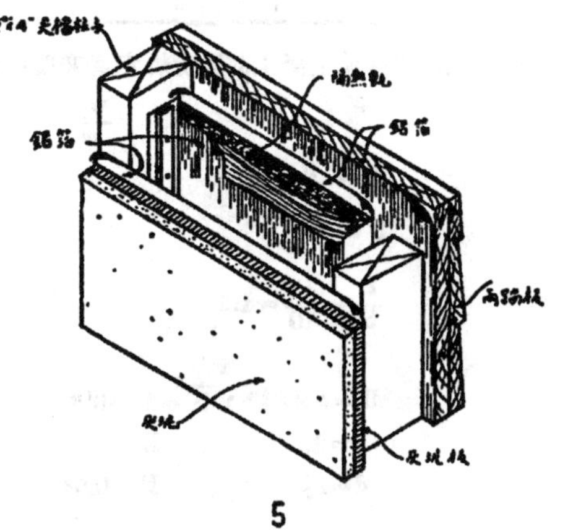

5

上圖示各種鋁箔之應用方法。 1.貼在紙上，釘在蓋板上。 2.一張釘在灰泥板上，一張釘在絕緣板上。 3.縐紋鋁箔多張，懸於夾柱之間。 4.一張釘在夾檔柱之間，一張釘在蓋板上，一張釘在襯鋼絲網之紙板上。 5.一張釘在蓋板上，一張釘在灰泥板上，兩張裹于隔熱氈之兩面，釘於夾檔柱之間。

鋼骨水泥房屋設計

(續)

王　進

第三節　四邊支持之平板

平板四周或支持於大料之上，或安置於磚牆之內，若其長度(l)與寬度(b)之比，在一倍半以上，則該平板上之載重卽沿 b 之方向散佈，而止於與 l 方向並行之大料，或牆垣上是之謂二邊支持之平板，或單向平板，其計算之方法上節已詳述之矣。但若 l 與 b 之比在一倍半以下，則載重將沿 l 與 b 兩方向同時分佈，而止於四邊之大料，或牆垣上矣，是之謂四邊支持之平板，或雙向平板。

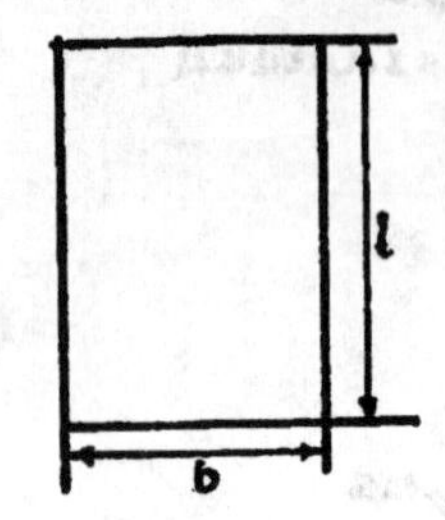

雙向平板上載重，其向 l 方向分佈與其向 b 方向分佈之多寡，全恃 l 與 b 之比例爲定，l 之長度較 b 之長度爲愈大時則沿 b 方向分佈之載重愈大，而沿 l 方向分佈之載重則愈小，換言之，卽 l 與 b 之比例愈大，則沿 l 方向之大料(或牆垣)上所受之應力愈大，而沿 b 方向大料(或牆垣)上所受之應力(Reaction)則愈小，假若 l 與 b 之值相等，則兩向分佈之載重，各爲平板總載重之半。

設 w＝平板上每方尺之均佈載重

wb＝w 中由與 b 並行之鋼條所任之部份

wl＝w 中由與 l 並行之鋼條所任之部份

則　$\frac{wb}{w}=\frac{l^4}{b^4+l^4}$　　　$\frac{wl}{w}=\frac{b^4}{b^4+l^4}$

第十五表

l/b	1	1.1	1.2	1.3	1.4	1.5	2.0
w_1/w	0.50	0.59	0.67	0.75	0.80	0.83	0.80

上列公式最爲普通上海工部局所規定者亦卽依此但亦有用下列公式者

$$\frac{w_1}{w}=\frac{l}{b}-0.5$$

例:

$l=12'-0''$

$b=10'-0''$

$\frac{l}{b}=\frac{12}{10}=1.2$

L. L.＝70

D. L.＝56

w＝126

wb＝126×.67＝84.5

wl＝126×.33＝41.5

$Mb=\frac{1}{8}\times84.5\times\overline{10}^2=1.060'\#$

b＝12　　　K＝87

$d=2\frac{1}{2}$　　　P＝0.54　　　$A_s=0.226\square''$

用$\frac{5}{16}''\phi$@4″ØØ

$Ml=\frac{1}{8}\times41.5\times\overline{12}^2=750$

$b=12$　　$K=61$

$d=3\frac{1}{2}$　　$P=0.382\%$　　$A_s=0.16□''$

用$\frac{5}{16}''\phi$@$5\frac{1}{2}''$ØØ

第二章　鋼骨水泥大料

第一節　公式

欲明計算鋼骨水泥大料或樓板之原理，非先解普通等質（Homogeneous）梁之內部應力不可。

一梁內部之應力（Internal Stress）可分三種，一曰拉力，（或引力）（Tensile Stress）一曰擠力（或壓力）（Compressive Stress）一曰剪力（Shearing Stress），其各個應力之性質摘述如下：

（一）梁上任何縱斷面上之應力，可分垂直的（Perpendicular）與正切的（Tangential）二種分力，垂直分力，與該縱斷面相垂直是為拉力或擠力，正切分力與該縱斷面相平行是為抵剪力。

（二）任何縱斷面上之剪力由正切分力而由，任何縱斷面上之轉灣量由垂直分力而生。

（三）經過任何縱斷面之重心者謂為中和軸（Neutral Axis）

（四）縱斷面上任何一點上垂直分力之大小，與其離中和軸之遠近成比例，凡一點，其離中和軸愈遠則該點上之垂直分力亦愈大，至該斷面之極外緣（Extreme Fibre）而為最大，其相互間之關係可用公式表出之如下：

$$f=\frac{My}{I}$$

式中　$f=y$點之纖維應力（Fibre Stress）單位為磅/□''

$M=$轉灣量

$y=y$點離中和軸之距離

$I=$惰性率(Moment of Inertia)

（五）縱斷面上任何一點之單位剪力（Unit Shear）(v)可用公式表出之如下：

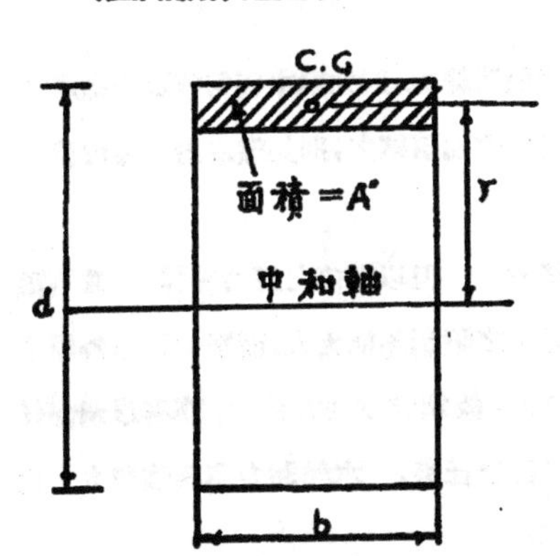

$$v=\frac{VQ}{Ib'}$$

式中　$V=$縱斷面上之總剪力單位為磅

$Q=A'$面積對於中和軸之轉灣量

$I=$惰性率(Moment of Inertia)

$b'=$梁之寬度(單位為吋)

上式中　$Q=A'r$

$$\therefore \quad v=\frac{VA'r}{Ib}$$

式中b為一定數（Constant）而Q之最大值為當 $A=\frac{bd}{2}$ 故v之最大值當在中和軸上。

（六）f之值為最大當M之值為最大，v之值為最大當V之值為最大。

任何斷面上之橫剪力（Longitudinal Shear）與縱剪力（Vertical Shear）皆相等。

任何斷面極外層之剪力爲零，而中和軸上之單位剪力則爲 $\frac{3}{2}\cdot\frac{V}{bd}$，其分佈之情形，可以下圖示之。

（七）在中和軸上，拉力與擠力並存，其量皆與剪力相等，而二者之方向，皆與水平綫成四十五度角。

（八）轉灣量最大之處，剪力爲零而拉力與擠力，皆與水平綫平行。

（九）縱斷面上，斜力 (Inclined Shear) 之值爲。

$$t=\frac{1}{2}f\pm\sqrt{\frac{1}{4}f^2+v^2}$$

式中 f＝纖維層應力 (Fibre Stress)

v＝橫剪力或縱剪力

該項斜力與中和軸所成之角度可以下式表之：

$$\tan 2K=\frac{2v}{f}$$

式中K爲斜力與中和軸所成之角度。

（十）單梁 (Simple Supported beam) 中最大應力之方向如下圖所示。

（圖 Hool Johnson P. 274）

（十一）普通 (Flexure Formula) 所示之單位應力，只在轉灣量最大之處及梁斷面上之極外緣，最爲正確，蓋該二處之剪力皆爲零故也，倘任何一處上之剪力並不等於零，則斜力立生故 Flexure Formula 所示者只其水平分力 (Horizontal Components) 耳——按卽纖維層應力。

普通大料公式之原理之論據：

（一）梁中任何縱斷面，在未承載重之前爲一平行，在已承載重而生轉灣量之後仍爲一平面（納復氏原理 Navier's Hypothesis）

（二）Stress與Deformation 成比例（霍氏律 Hook's Law） 由第一律而演釋之，則知梁中任何斷面上纖維層之單位變位 (Deformation) 與該纖維層距中和軸之距離成正比。 由第二律而演繹之，則知纖維層之單位應力亦與該纖維距中和軸之距離成正比。（按卽公式 $f=\frac{My}{I}$）

在鋼骨水泥大料之中，水泥與鋼條緊相凝固，鋼條任拉力，水泥任擠力。 但以鋼條之應力發揮，至其極限爲度，過此則水泥與鋼骨間卽行滑脫，而水泥皆龜裂。 大料大小或以地位之限制不能太大，而擠力面極外層之應力超過水泥之所能勝任，乃不得加置鋼條於擠力面以對抗此過大之應力，故鋼骨水泥大料中，亦有以鋼條任擠力者。 但殊不經濟蓋擠力面鋼骨，尚未發揮至其極限，而水泥已不復能勝任矣。 水泥應力與鋼條應力之比例爲 n，n 之值普通爲十二與十五，上海工務局與工部局之規定，皆爲十五。

長方形大料 (RECTANGULAR BEAM)

符號： fs＝鋼條之單位纖維應力$\frac{\#}{\square''}$

fc＝水泥之單位纖維應力$\frac{\#}{\square''}$

l_s ＝鋼條單位纖維應力爲 fs 時大料之單位引伸

l_c ＝水泥單位纖維應力爲 fs 時大料之單位引伸

E_s＝鋼條之彈性率（MODULUS OF ELASTICITY）

E_c＝水泥彈性率（MODULUS OF ELASTICITY）

$n = E_s/E_c$

T ＝某斷面上鋼條之總拉力

C ＝某斷面上水泥之總擠力

M_s＝由鋼條應力而定之大料抵灣冪

M_c＝由水泥應力而定之大料抵灣冪

b ＝大料寬度

d ＝大料之深度

p ＝某斷面上鋼條面積與該斷面總面積之百分比率

A ＝某截面之總面積

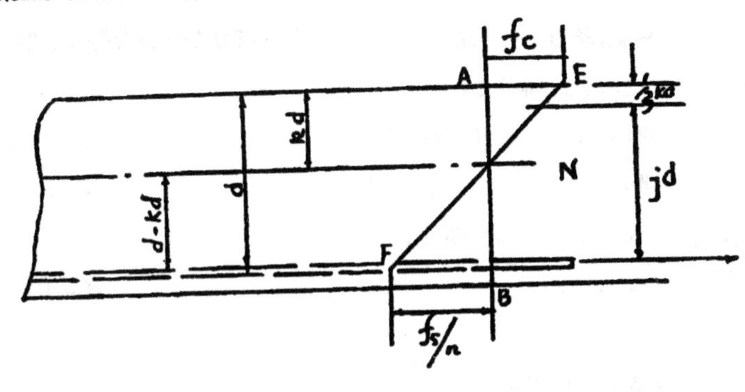

論據（GENERAL ASSUMPTION）

上圖爲大料某縱斷面上因轉灣量而發生之應力之分佈情形，N爲中和軸，N以上之部份受擠力，N以下之部份受拉力，擠力之最大值爲 fc，N以上部份擠力之平均值爲 $\frac{1}{2}$fc，而N以上部份之擠力總值爲 $\frac{1}{2}$fcbkd＝C，鋼條之單位拉力爲 fs 而其總拉力則爲 fs As＝T，T 旣必等於 C 則該斷面上之抵灣冪卽爲 Tjd ＝ Cjd 無疑，式中 j 之值，視NEN面積之重心爲定，而該重心之地位，又轉視N之地位爲轉移，中心軸之所在全恃鋼條之比例與夫鋼條及混凝土間彈性率 Modulus of Elasticityp 相互之關係而決，故旣得N之所在，又知 j 之值幾何，則大料之抵灣冪可立得矣。

公式求得（Derivation of Formula）——中心軸及 Arm of Resisting Couple 之決定：——

力學定理纖維層之單位 Deformation（變位）之變化與其離中心軸之距離成比例，（卽雷氏律）故 l_s/l_c＝(d－kd)/kd

但　　$l_s = f_s/E_c$,　　$l_c = f_c/E_c$　　所以

$$\frac{fs}{nfc} = \frac{d-dk}{kd} = \frac{1-k}{k} \qquad (a)$$

但 $\quad T = C$

故 $\quad fsAs = \frac{1}{2} fc\ bkd \qquad (b)$

解(a)(b)兩聯立方程式而代 $\frac{A}{bd}$ 以 p 即得

$$k = \sqrt{2pn+(pn)^2} - pn \qquad (1)$$

從(1)式可知中心軸之定,只須預知鋼條之百分率及 $n = Es/Ec$ 之值即可一計而得,再Es爲一常數,故n之值胥視混凝土之性質如何而定奪。

N以上部份總擠力之施力點(POINT OF APPLICATION)在AEN面積之重心上,故其離擠力面之距離爲 $\frac{1}{3}kd$ 因之抵抗灣冪之臂長 arm of resisting moment $jd = d - \frac{1}{3}kd$

或 $\quad j = 1 - \frac{1}{3}k \qquad (2)$

fs與fc及其與抵轉灣量之關係

安全抵轉灣量(Safe Resisting Moment)之或以fs爲定,或以fc爲定,胥賴所用鋼條面積之多少,而定取捨故欲得知一大料之安全抵轉灣量,應由鋼條及混凝土之安全,單位應力上分別求得其各個之抵轉灣量,而後兩者相較孰者爲小,即爲該大料之安全抵轉灣量。

$$Ms = Tjd = fs\ Asjd = fspjbd^2 \qquad (3)$$

$$Mc = Cjd = \frac{1}{2}fcbkdjd = \frac{1}{2}fcjkbd^2 \qquad (4)$$

式中j之平均值爲 $\frac{7}{8}$,k之平均值爲 $\frac{3}{8}$ 故約計之。

$$Ms = fs\ As\frac{7}{8}d \qquad (5)$$

$$Mc = fc\ \frac{1}{6}bd^2 \qquad (6)$$

轉灣量與其相當之單位纖維應力之關係

由上列(3)(4)兩式可脫化而出下列二公式:

$$fs = \frac{M}{Ajd} = \frac{M}{pjbd^2} \qquad (7)$$

$$fc = \frac{M}{\frac{1}{2}jkbd^2} \qquad (8)$$

并可從而求知fs與fc間相互之關係如下:

$$fc = \frac{2fsp}{k} \qquad (9)$$

代入 $j = \frac{7}{8}, k = \frac{3}{8}$

則 $\quad fs = \frac{M}{\frac{7}{8}Asd}$

$$fc = \frac{M}{\frac{1}{6}bd^2} = \frac{16}{3}\ fsp \qquad (10)$$

大料斷面大小及鋼條百分率之決定：——

大料除丁－形大料外，可約分爲下列四種：

(甲)BALANCED

(乙)UNDER-REINFORCED

(丙)OVER-REINFORCED

(丁)DOUBLE-REINFORCED

倘大料之大小與所用鋼條之面積，並無如何之限制，則以採用甲種大料爲佳，蓋鋼條與混凝土之承力，已皆發揮至其極限。（按照上海通用慣例）即混凝土之應力爲600%"，鋼條之應力爲18 00%"）故最爲經濟，但若大料之大小或以地位之關係，或因他種之限度，不能自由選擇，則不得不採用乙丙二種甚則丁種之大料。

在乙種大料中混凝土之面積大而所用之鋼條面積則小，換言之，即鋼條之應力高至18000%"而混凝土之應在600%"之下。

在丙種大料中其斷面較甲種爲小而鋼條面積則較大，故混凝土之應力高至600%"而鋼條之應力則在18000%"以下茲舉例以明之：

(甲)BALANCED BEAMS

今有單梁一根，其跨度爲20'—0"上承均佈載重每尺1000#，欲求其相當之斷面大小及鋼條面積幾何？

假定　$fs=18000$%"　　$fc=600$%"

$u=100$　　$v=60$(無Web Reinforcement)

$v=120$(with Wed Reinforcement)

解：

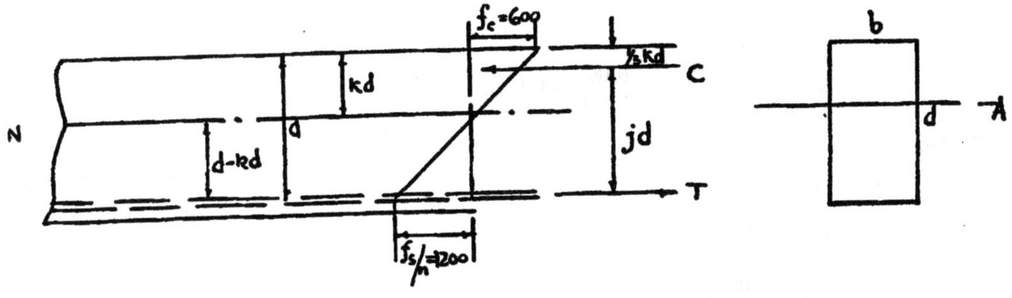

圖中N－A爲中和軸

(a)轉灣量：

均佈載重＝ 1000
本重　＝ 400
w ＝ 1400

設　Mb＝因載重所生之轉灣量

Mc＝混凝土之抵轉灣量

Ms＝鋼條之抵轉灣量

則 $M_B=\frac{wl^2}{8}=840,000''\#$

(b)定大料斷面之大小

圖中 $\frac{kd}{fc}=\frac{d-kd}{fs/n}$

$\therefore\quad k=\frac{fc}{fc+fs/n}=\frac{1}{1+\frac{fs}{nfc}}$

$\because\quad fc=600\#/□''\qquad fs=18000\#/□''$

$\therefore\quad k=\frac{1}{3}$

$jd=d-\frac{1}{3}kd=8/9$

$Mc=cjd=\frac{1}{2}fc\ kdbjd$ (1)

或 $Mc=\frac{800}{9}bd^2$

$\because\quad Mc=M_B$

$\therefore\quad 840000=\frac{800}{9}bd^2$

設 $b=12''$ 則 $d=28''$

大料之總高爲28″+2″=30″故大料本重爲$\frac{30\times12}{144}\times150=375\#/''$此值較400#/″爲小,故無須更改,但若大料之實際本重較所假定爲大,則所有轉灣量等值皆應加以修改。

(c)求鋼條之面積

第一法——

$T=C=\frac{1}{2}fckbd=100bd$

$\because\quad fsAs=T$

$\therefore\quad As=\frac{T}{fs}=\frac{\frac{1}{2}fckbd}{fs}=\frac{100bd}{18000}=1.866□''$

第二法:——

$\because\quad Ms=Mb$

$\therefore\quad fsAsjd=Ms=Mb$

$As=\frac{Mb}{fsjd}=1875□''$

第三法:——先求p之值而後再定As之值

$\because\quad p=\frac{As}{bd}$

$\therefore\quad As=pbd$

但 $C=T$

即 $\frac{1}{2}fckbd=Asfs=pbdfs$

31002

$$\therefore \quad p=\frac{\frac{1}{2}f_ck}{f_s}$$

或以k之值代入得

$$p=\frac{\frac{1}{2}}{\frac{f_s}{f_c}\left(\frac{f_s}{nf_c}+1\right)}$$

$$\therefore \quad p=\frac{1}{180}=1.866□''$$

(乙)UNDER-REINFORCED 大料

照上面所求得之鋼條面積應爲 $A_s=1.875□''$ 假若所用之鋼條爲四根 $\frac{3}{4}''\phi$ 則 A_s 之值只 1.77□" 該項大料勢不能勝任此1000磅之載重矣,故非加大料之斷面不可。

今設 M_b 仍爲 840.000"#

而 $b=12''$ $d=30''$

欲求其相當之鋼條面積 A_s 之值

解:

照 BALANCED 大料計算 $k=\frac{1}{3}$, $j=\frac{8}{9}$ $p=\frac{1}{180}$

而 $M_c=Rbd^2=\frac{800}{9}bd^2$

假若 M_c 大於 M_b 則該項大料卽爲 UNDER-REINFORCED 反之若 $M_c<M_b$ 則該項大料卽爲 OVER-REINFORCED

今 $M_c=\frac{800}{9}\times12\times\overline{30}^2=960.000''\#$

卽 $M_c>M_b$ 故此項大料乃爲 UNDER-REINFORCED

而非 OVER-REINFORCED 是以 $f_s=18000$ 磅/□" 而 f_c 則較 600磅/□" 爲小

$$\frac{f_c}{kd}=\frac{\frac{f_s}{n}}{d-kd}$$

或 $$f_c=\frac{\frac{f_s}{n}k}{1-k}=\frac{1200k}{1-k}$$

$$M_c=cjd=\frac{1}{2}f_ckdbjd$$

$$\because \quad M_c=M_b$$

$$\therefore \quad M_b=\frac{1}{2}\left(\frac{\frac{f_s}{n}k}{1-k}\right)kbd^2\left(1-\frac{k}{3}\right)$$

卽 $$840.000=\frac{1}{2}\times\frac{1200k}{1-k}\times k\times\overline{30}^2\times12\times\left(1-\frac{k}{3}\right)$$

因之而得 $k=0.315$ $kd=9.45$

$$f_c=\frac{1200\times0.315}{1-0.315}=552\text{磅/□}''$$

$$C=\frac{1}{2}fckbd=31.298.4^{\#}$$

$\because$ $fsAs=T$

$T=C$

$$\therefore \quad As=\frac{c}{fs}=\frac{31298.4}{18000}=1.74\square''$$

(丙)OVER-REINFORCED大料

上題中假若大料之大小改爲12″×27″則

$$Mc=\frac{800}{9}\times12\times\overline{27}^{2}=777.600''^{\#}$$

此處　Mc<Mb故非有較多之鋼條之足以禦此強大之轉灣量Mb故fc=600#/□″而fs則爲未知數

(a)求k之值

$$\because \quad Mc=cjd=\frac{1}{2}fckjbd^{2}$$

$$Mc=Mb$$

$$\therefore \quad \frac{1}{2}fckbd^{2}\left(1-\frac{k}{3}\right)=Mb$$

或

$$\frac{1}{2}fck\left(1-\frac{k}{3}=\frac{Mb}{bd^{2}}\right)=K$$

$$\therefore \quad k=\frac{3}{2}\pm\frac{1}{20}\sqrt{900-4k}$$

$$=0.364$$

$kd=9.83$　　　$jd=27-3.28=23.72$

(d)求fs之值

$$\because \quad \frac{fc}{kd}=\frac{\frac{fs}{n}}{d(1-k)} \qquad 卽 \quad fs=\frac{nfc(1-k)}{k}$$

$$\therefore \quad fs=\frac{15\times600(1-0.364)}{0.364}=15.725\#/\square''$$

(c)求As之值

$$\because \quad T=Asfs=c=\frac{1}{2}fckbd$$

$$\therefore \quad As=\frac{fckbd}{2fs}=2.25\square''$$

$$p=\frac{As}{bd}=\frac{\frac{fckbd}{2fs}}{bd}=\frac{fck}{2fs}$$

—待續—

31004

第 三 表

L. L.=70#/□'

SPAN	d	TOTAL d	D.L.	M	K	p	As
4'—0"	2"	3"	38#/□'	173'#	43.3	0.270%	0.065□"
5'—0"	2"	3"	38	270	67.5	0.422%	0.102
5'—3"	2"	3"	38	298	74.5	0.465%	0.112
5'—6"	2"	3"	38	326	81.5	0.510%	0.122
5'—9"	2½"	3½"	44	377	60.4	0.378%	0.113
6'—0"	2½"	3½"	44	410	65.6	0.410%	0.123
6'—3"	2½"	3½"	44	445	71.2	0.445%	0.134
6'—6"	2½"	3½"	44	481	77.0	0.480%	0.144
6'—9"	2½"	3½"	44	520	83.6	0.523%	0.157
7'—0"	3"	4"	50	588	65.5	0.410%	0.148
7'—3"	3"	4"	50	632	70.3	0.440%	0.159
7'—6"	3"	4"	50	675	75.0	0.470%	0.169
7'—9"	3"	4"	50	720	80.0	0.500%	0.180
8'—0"	3"	4"	50	768	85.4	0.533%	0.192
8'—3"	3½"	4½"	56	860	70.3	0.440%	0.185
8'—6"	3½"	4½"	56	910	74.4	0.465%	0.195
8'—9"	3½"	4½"	56	965	79.0	0.494%	0.208
9'—0"	3½"	4½"	56	1020	83.3	0.520%	0.218
9'—3"	3½"	4½"	56	1080	88.0	0.544%	0.261
9'—6"	4"	5"	63	1200	75.0	0.470%	0.226
9'—9"	4"	5"	63	1265	79.0	0.494%	0.237
10'—0"	4"	5"	63	1330	83.0	0.520%	0.250
10'—3"	4"	5"	63	1400	87.5	0.547%	0.262
10'—6"	4½"	5½"	69	1530	75.5	0.472%	0.255
10'—9"	4½"	5½"	69	1605	79.2	0.495%	0.267
11'—0"	4½"	5½"	69	1680	83.0	0.520%	0.281
11'—3"	5"	6"	75	1835	73.5	0.460%	0.276
11'—6"	5"	6"	75	1920	77.0	0.480%	0.288
11'—9"	5"	6"	75	2000	80.0	0.500%	0.300
12'—0"	5"	6"	75	2090	83.6	0.524%	0.315
12'—3"	5"	6"	75	2175	87.0	0.544%	0.326
12'—6"	5½"	6½"	81	2360	78.0	0.488%	0.322
12'—9"	5½"	6½"	81	2460	81.4	0.508%	0.335
13'—0"	5½"	6½"	81	2550	84.3	0.527%	0.348

第　四　表

L. L.=75#/□

SPAN	d	TOTAL d	D.L.	M	K	p	As
4'—0"	2"	3"	38#/□'	181'*	45.3	.283%	.068□"
5'—0"	2"	3"	38	282	70.5	.440%	.106
5'—3"	2"	3"	38	311	78	.487%	117
5'—6"	2"	3"	38	341	85.5	.535%	.128
5'—9"	2½	3½	44	391	63	.391%	.118
6'—0"	2½"	3½"	44	428	68.5	.428%	.129
6'—3"	2½"	3½"	44	465	74.5	.465%	.140
6'—6"	2½"	3½"	44	503	80.5	.503%	.151
6.—9"	2½"	3½"	44	543	87	.543%	.163
7'—0"	3"	4"	50	612	68	.425%	.153
7'—3"	3"	4"	50	656	73	.456%	.165
7'—6"	3"	4"	50	703	78	.487%	.176
7'—9"	3"	4"	50	750	83.5	.520%	.187
8'—0"	3"	4"	50	800	89.0	.556%	.200
8'—3"	3½"	4½"	56	890	73	.455%	.191
8'—6"	3½"	4½"	56	945	77.3	.483%	.203
8'—9"	3½"	4½"	56	1005	82	.512%	.215
9'—0"	3½"	4½"	56	1060	86.5	.540%	.227
9'—3"	4"	5"	63	1180	74	.462%	.222
9'—6"	4"	5"	63	1245	78	.487%	.234
9'—9"	4"	5"	63	1310	82	.512%	.246
10'—0"	4"	5"	63	1380	86.2	.540%	.259
10'—3"	4½"	5½"	69	1510	74.6	.466%	.252
10'—6"	4½"	5½"	69	1590	78.5	.490%	.265
10'—9"	4½"	5½"	69	1665	82.3	.514%	.277
11'—0"	4½"	5½"	69	1740	86	.537%	.290
11'—3"	5"	6"	75	1895	76	.475%	.285
11'—6"	5"	6"	75	1985	79.5	.497%	.298
11'—9"	5"	6"	75	2070	83	.518%	.311
12'—0"	5"	6"	75	2160	86.5	.540%	.324
12'—3"	5½"	6½"	81	2340	77.5	.485%	.320
12'—6"	2½"	6½"	81	2440	80.5	.503%	.332
12'—9"	5½"	6½"	81	2540	84	.525%	.346
13'—0"	5½"	6½"	81	2635	87	.543%	.360

31006

建築用石概論

朱枕木

第一節　緒言

石之爲用甚廣，然用於建築者不外下列三者。（一）建築大廈，水閘，乾塢，橋脚等所用之大形石塊。（二）房屋裝飾用之美觀石皮；及（三）屋頂用之石版。故本篇範圍以上述三者爲限，它若板石及碎石非所及焉。

建築用石岩之類別——凡爲礦石，無不可用作建築材料者，即如水成岩石，亦以其產源之普遍，採取之便利，因之價格極廉，採用較廣。價值較高之石類，則首推火成各種花岡石類；其次則變質岩中亦間用之者、無論其石之類別何屬，其選用作建築材料也，必以質重而堅韌者爲可貴，間或有脆而鬆者，則採用之時不可不究，務須細心挑剔，免致肇禍。故本篇於各種石料之性質，無不詳加列述，庶採擇者知所取舍也。

建築用石岩之選擇標準——選擇建築用之石類，其所作爲標準之要素者有三：曰成本價格。曰顏色花紋。曰堅固耐用是也，玆分別概述之如下；

成本價格　建築用石成本價格之昂賤，一視（一）出產豐富與否；（二）開採之容易與否；（三）運輸之簡捷與否；（四）質料之純潔與否；（五）體積之龐大與否；（六）石坑之工作效率如何；（七）石坑之地位如何……等項而后方能估定之。

顏色花紋　是項標準，建築師最爲重視，良以其有關於建築之美觀者至重且大，普通則以淡色石較深色者爲受人歡迎，蓋以其外觀上比較鮮明潔淨之故；至花紋美麗之石類，則有大理石，蛇紋石及縞瑪瑙等。

堅固耐用　夫石類之用於建築，除純作爲裝飾品若大理石外，無皆欲求建築物之耐用堅固爲鵠的，故取石亦必以堅固耐用爲前提，惟是平常取用往往斤斤於美觀與價格，而獨忽於此，實爲大謬，願今後之用之者，有以注意及之。凡通常之石類，以能經歷二十五年而不受損壞者，方稱合格。

綜上三項，第三項爲首要，第一項次之，第二項則徒作美術之上賞鑒而已，工程上之價值極微。

建築用石岩之石理結構——建築用石之結構，其石理上所應加注意之點：曰節理，曰層次，曰剖開。諸三者，即所以推得一石之性質，開採難易，及耐用與否之南針也。玆分別概述之如下：

節理　凡石岩必有節理之存在，水成之岩層，節理多豎直；火成之花岡，則節理之縱橫豎直，頗不一致；花岡岩之横歸節理；可分石爲無數厚薄不匀之層次，其豎者則與水成岩埒。節理之存在，有利亦有弊，利則因節理而開採便利；弊則因節理而給與空氣以風化之隙，因節理而使大形石塊，分成小形，減低價值不少。若有上下左右前後之節理相距極遠者，則可採得大石，頗爲有用。

層次　石岩之有層次者，多屬水成，其有關於開採之便利也，正與節理有異曲同工之妙，其層次之高下，愈深則愈爲耐用，而各層之厚薄，亦以厚者較薄者爲有用。

剖開　石塊一經剖開，即可得其可含質料之梗概，故爲明瞭石質起見，必須將石剖開，方能知悉一切。

第二節　建築用石之壽命與風化

關於建築用石之堅固耐用，前節中已一再提其重要，惟其壽命之短長，有繫於石岩所受之風化程度，而後決焉。

風化之機能有三：(一)由於石岩所受熱度之變化，如(a)石中礦物之不規則的脹縮，(b)石中水分之突然的冰凝或溶解；(二)由於風力及水力之衝擊剝落；(三)由於有機之樹木草根伸長分裂。

風化之方式有二：(一)分化 (Decomposition) (二)曰分裂 (Disintegration) 前者屬於化學變化，後者則屬於物理變化。

風化之地位：凡石岩必有所謂節理，岩床，斷層，褶摺及其他無一定規則之裂縫，此種裂縫兩旁之面積，即爲感受風化之地位，稍經風霜雨雪之侵淩，即形腐蝕。

風化與石之結構。石類有粗有細，有輕有重，於是風化之程度，亦以異矣。其風化之由於熱度之變動者，則粗而重者較易於輕而細者，其風化而由於風吹水盪者，則細者較粗者更易剝落。

風化與礦物質：石類中含有不同種之礦物質無數。各有其抵抗風化之程度，是故含抵抗風化之礦物質少者，則較易於感受風化，是亦勢所然也。白克門氏 Buckman 曾本其試驗得結論六條：(一)石類之含鹼性礦物者較含酸性礦物者，爲易受風化；(二)含鉀與鈉者易受風化，而尤以鈉爲最；(三)含鈣與鎂者，亦易風化，而鈣多則更易；(四)鐵屬易受風化；(五)加鋁可保無虞，而多矽則風化較難。

建築用石壽命之短長，實與其抵抗風化之能力有關，此外則天然與人力之摧殘：天然者如石坑中之漬水與有害之礦物等；人力者如開採不得其法等情，亦足減短其壽命不少。普通石類之生命壽數，紐約有瞿麟氏 A.A. Julien 者，積數十年之經驗，曾發表公布一表，茲抄譯如下：

石類	壽命
粗蛇紋石	二年—三年
粗黃石	五年—十五年
細條黃石	二〇年—二五年
塊頭黃石	一〇〇年—二〇〇年
藍沙石	百年以上
石灰岩	二〇年—四〇年
大理石	四〇年—一〇〇年
花岡石	七五年—二〇〇年

第三節　幾種有害之礦物質

有許多礦物質，其存在於石中，足以損害該石之價值而有餘，故對於有害之礦物質，吾人有加以認識之必要，且有時如雲母石本爲佳品，而在大理石及沙岩中，則反爲厲階。

打火石 Flint——是係一種半固體非結晶之矽，多雜處於沙岩中，其爲害也有三：（一）因質地之較四週他石爲硬，剖切時極感困難；（二）打火石富於抵抗風化，當四週鬆質剝蝕後，發生突出尖端，頗不美觀；（三）當四週風化不久，此種硬石，因不勝支持，容易鬆落，更不耐用。　沙石橋墩因此而生坍圮者，往往有之，可不注意哉！

雲母石——是一種石質，舉凡花岡石，片磨石，沙岩石，大理石中均有之，其在花岡石中，無甚大害，惟間或使石分裂成條塊耳；其在片磨石中亦無大害，惟含量過多，亦易於分裂，不能採得大形好石；其在沙岩中分若量極少，而散均勻者，亦可無害，設若含量極多，而偏布層次間者，則將使石面，更易風化；其在大理石中，稍經時日亦將使光澤之平面，失其美觀矣。　雖然雲母石功能避火，但功不抵過，故祇能目爲有害之物質。

硫化鐵——凡是建築用之石類，泰半均含有硫化鐵少許，稍經風化卽易變成黃鐵，若分量不多，尙可不以爲意，而分量一多，則斑斑點點，有損外觀，且黃鐵極易剝落，堅度乃以銳減；再者硫化鐵分解之後，自成硫酸液質。影響石質不小。一經雨洗風吹，更易浮落，故硫化鐵對於石類裝飾，頗爲不宜。

建築用石壽命之延長——石類所含礦物質，其有害者尙不止此，且其他折減之原因尙多，爲延長其壽命起見，吾人當設法注意下列各點：

（一）開採時不可多用過量之炸藥，以免震傷。

（二）開採時鑽眼必須位置適宜，不可亂鑿，否則影響石塊之抵抗力非小。

（三）當細心檢視石中細微裂縫，不可大意取用，否則易受風化。

（四）放置石塊時，必須照山岩中原定位置，上下正放，不可橫豎倒立。

（五）富於吸水之石類，須安放乾燥之處，或外蓋防水物質。

（六）鬆質石類，祇可用於氣候較冷乾燥之處。

（七）該石所能承受之壓力，必須預先測驗，應用時不可擔負過重。

第四節　建築用石之物理性質

建築用石其有關於物理作用之變態感應，如石之空隙密度，吸水性，抵抗水火，耐壓能力，伸縮程度，延長性等均須一一加以研究試驗，方克得石之眞性，而應用裕如：

吸水程度——石類之吸水程度，其表現之法，卽權其石之乾重，及經吸水後之總重，而所得之百分比，各石各有不同，以花岡石吸水最少，而灰石沙岩爲最多；再者石之吸水程度於眞空中或高壓之下，更爲劇烈，黑許渥氏 Hirschwald 曾作試驗，報告如下表：

石類	與乾石原重之百分比				佔水容積與空隙之百分比			飽和系數
	（一）	（二）	（三）	（四）	（甲）	（乙）	（丙）	
沙岩	四,八九	五,六六	七,八九	九,二三	五二,九七	六一,三〇	八五,四六	〇,六一三
石炭岩	七,五一	七,八八	一九,〇八	二一,一九	三五,四六	三七,二〇	九〇,〇四	〇,三七二

大理石	〇,三五	〇,四九	〇,五五	〇,五九	五九,四七	八四,二七	九四,六七	〇,八三一
石版岩	〇,五一	〇,五五	〇,七〇	〇,七〇	七二,九二	七九,一六	一〇〇〇〇	〇,七八六
花岡石	〇,五一	〇,九一	一,〇七	一,二五	四一,二〇	七七,七一	八五,五四	〇,七二八

〔註〕 與乾石原重之百分比項中：（一)稍入水後卽稱之重，（二)出水較遲之石樣，（三)於眞空中浸透，（四)浸之於五〇或一五〇倍大氣之高壓下者如橋墩等。

空隙密度與吸水之關係——吸水程度與石之空隙密度有固定之關係，在空隙密度，卽爲石中之空隙體積與全石體積之比；凡空隙多而密度淺者，吸水之程度亦高，而各個空隙之體積大者，則出水亦易，故吸水之程度並不較小者爲高。 是種空隙密度，除與吸水有關外，若遇冰凍時，突然澎漲，損傷石壽，是亦大害。 福斯德氏 Foerster 及白克萊氏 Buckley 兩人，亦曾試驗得表如左：

石類	空隙密度百分比	石類	空隙密度百分比
花岡石	〇,〇二九——〇,六二	石灰岩	〇,五五——一三,三五
正長石	一,三八	沙岩	四,八一——二八,二八
玄武石	一,二八	大理石	〇,二二
蛇紋石	〇,五六	石版	〇,四五——〇,一一五

上表數字可用公式：$P=100\frac{W-D}{W-S}$計算之：式中W爲飽和水分之重量，D爲乾石之原重，S爲浮於水上所權得之重量，於是代入公式中，可得P爲空隙密度之百分比數。 頗爲吸水程度除與空隙密度有關外，其他如石外與空氣接觸之面積，石面所受之壓力，石位地點空氣之溼度，以及石坑水位之高下等均有所輕重，而務須一一研究之。

耐壓能力——石之耐壓能力，卽爲其所能力負之載重，在建築用石設計中，爲一極重要之條件，有時耐壓能力薄弱之石類，砌於窗檻下或牆壁中，亦極易壓碎破裂，普通較佳之石，大都具有每方吋六千磅之耐壓能力，較之一比三之混凝土之僅二三千磅者，大至一倍以上。 他若花岡石類，可有二萬至三萬磅甚至四萬磅之耐壓力。則可以無虞矣。 通常石基石柱，其所受壓力非輕，凡取用石類時，不可超過其耐壓能力，亦不可太爲精確，剛能勝任上壓，必須稍留餘重，防意外震動焉。 白克萊氏曾將美國華盛頓紀念柱下之基石試驗，得知其最高耐壓力爲每方呎二二・六五八噸，或每方吋三一四・六磅，則其所能支持之重量，可達二十倍或每方吋六二九二磅而猶能安全無虞。 但普通其重壓數字極少超過每方吋一六〇磅者。 石類耐壓能力之試驗，慣常取其二吋見方之石樣，入衝擊重壓機內試驗之，試驗時對於石樣體積之大小，六平面之光度，緣角之正確等，均須於未試之前一一校正定當，不可彷彿，而比較多種石樣時，更須於同一之氣候地點試驗爲要。 試驗所得之結果，可得概數如左：

—待續—

中國建築

THE CHINESE ARCHITECT

OFFICE:

ROOM NO. 405, THE SHANGHAI COMMERCIAL AND SAVINGS BANK BUILDING, NINGPO ROAD, SHANGHAI.

中國建築第二卷第三期

編輯及出版	中國建築雜誌社
發行人	楊錫鏐
地址	上海寧波路上海銀行大樓四百零五號
印刷者	美華書館 上海愛而近路二七八號 電話四二七二六號

中華民國二十三年三月出版

中國建築定價

零售	每册大洋七角	
預定	半年	六册大洋四元
	全年	十二册大洋七元
郵費	國外每册加一角六分 國內預定者不加郵費	

廣告索引

近來建築事業採取美化大廈高廳莫不尙以裝飾以壯觀瞻欲得美雅宜人之鋪設惟有**海京純毛地毯**蓋**海京地毯**係選用上等國產羊毛用最新式機器製造不論大小尺寸以及各色新穎花樣均能承織定價低廉交貨迅速如蒙賜購或承繪圖定織無任歡迎

天津海京毛織廠

總　廠　天津英租界十一號路四十三號

上海辦事處　北京路一五六號　電話一二五五二

31015

VITREA
Vitrea
WINDOW
GLASS
欲求室內光
線充足請用
壁光牌玻璃
價廉而質美
各玻璃號
均有發售

欲求建築華美
燦爛堅固
惟有用
中國石公司之
花崗石以其
品質堅固
色澤美麗
不酸化 不裂紋
決非易於脫皮變質退光之
大理石可比本公司各色石樣歡迎參觀
中國石公司
總公司青島蒙古路二一至二三 電報掛號五一〇乂 電話五一〇乂
分公司上海四川路三三號 電報掛號五八八六 電話一五八八六
分廠閘北八字橋

張德興利記電料行

上海電料行

上海北四川路六九〇至九二號
青島吳淞路十五號

電話 上海四六二六一號
青島二九三六號

本行承裝各埠電氣工程略舉如下備資參考

五和洋行建築師浦鄔慶及洋人山野
本行承裝電氣工程之一

本埠工程

華商證券交易所
四明銀行號房及市房
美華地產公司市房
交通部王部長公館
外國公寓
永安公司地產市房
四達地產公司市房
中華學藝社
普益社
青心女學
楊虎臣公館
馬公館
林虎公館
文廟圖書館
吳市長公館
華慶煙草公司
劉志榮公館
好來塢影戲院
維多利影戲院
恆裕地產公司市房
大夏大學
外國公寓
外國公寓
大陸銀行地產市房

漢口路
福煦路
施高塔路
愚園路
威海衛路
北四川路
施高塔路
愛麥虞限路
南市[illegible]
南市[illegible]
環龍路
資[illegible]路
部[illegible]路
文廟路
海格路
賈西義路
趙主教路
乍浦路
海寧路
寶樂安路
中山路
北四川路角
崇明路
北四川路角
天潼路
施高塔路

上海市政府職員宿舍 市中心區
上海市興業銀行地產市房 市中心區
中國銀行分行 靜安寺路同孚路角

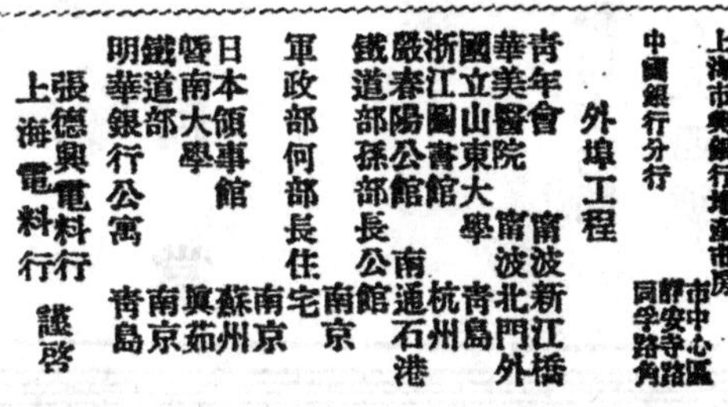

外埠工程

青年會 寧波新江橋
華美醫院 寧波北門外
國立山東大學 青島
浙江圖書館 杭州
嚴春陽公館 南通石港
鐵道部孫部長公館 南京
軍政部何部長住宅 南京
日本領事館 蘇州
暨南大學 真茹
鐵道部 南京
明華銀行公寓 青島

張德興電料行
上海電料行 謹啓

興泰電燈公司

承裝大上海大戲院全部電氣工程

上海四川路五一一號

電話 一四一一九 / 一〇四四八 號

清華工程公司

本公司經營暖汽及衛生工程由專門技師設計製圖及裝置倘蒙諮詢自當竭誠答覆

地址 上海寗波路四十七號

電話 第一三八八四號

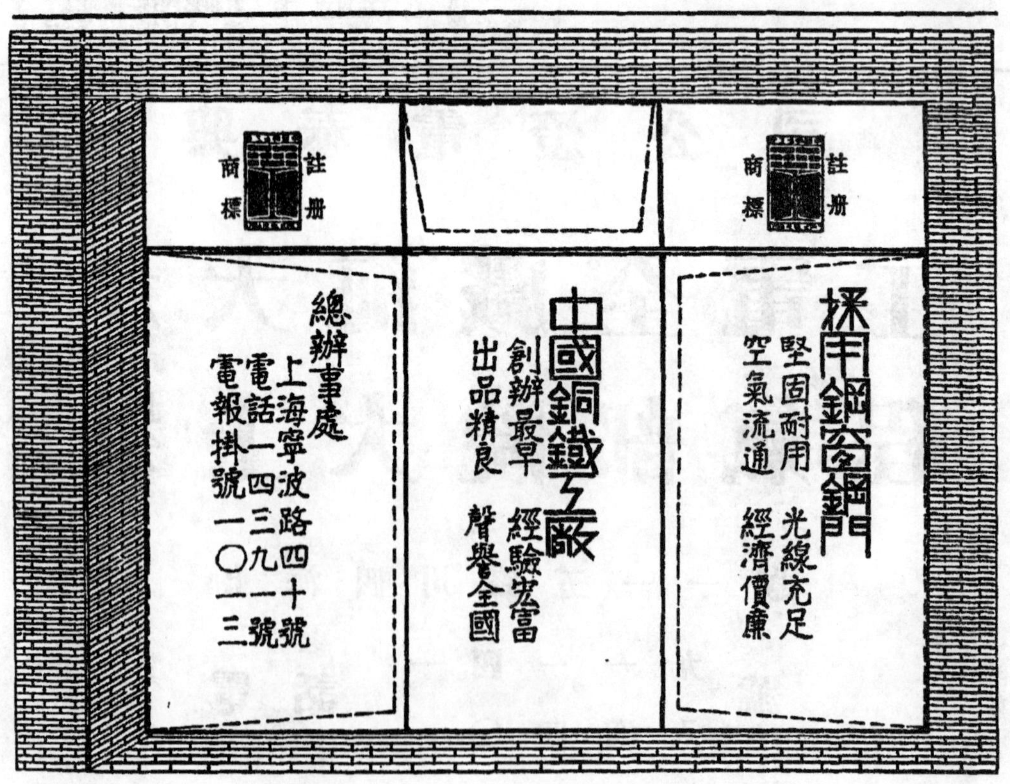

英惠衛生工程所

承裝暖氣衛生消防設備工程

上海	南京
河南路五〇五號	白下路一七四號
電話九一一六一	電話二一〇〇七

承辦工程

大上海大戲院全部暖氣衛生工程

暨

上海：中國銀行宿舍　太和大樓　姚主教路住宅　地豐路住宅　朱南山醫生住宅　林志道先生住宅　潘學安先生住宅　盧明之先生住宅

南京：中國銀行宿舍　交通銀行　中南銀行　聚興成銀行　孔財長住宅　莫干山　錢新之先生住宅　朱吟江先生住宅

常熟：張詠華先生住宅

Shanghai Sanitary & Electric Co.

Plumbing,
Heating and
Electrical
Contractors.

329 Kiangse Road
Telephone No. 12336.
Shanghai

SLOANE-BLABON

司隆百拉彭 印花油毛氈毯

此爲美國名廠之出品。今歸秀登第公司獨家行銷。中國經理則爲敝行。特設一部。專門爲客計劃估價及鋪設。備有大宗現貨。花樣顏色。種類甚多。尺寸大小不一。司隆百拉彭印花油毛氈毯。質細堅久。終年光潔。既省費。又美觀。室內鋪用。遠勝毛織地毯。

美商 **美和洋行**

上海江西路二六一號

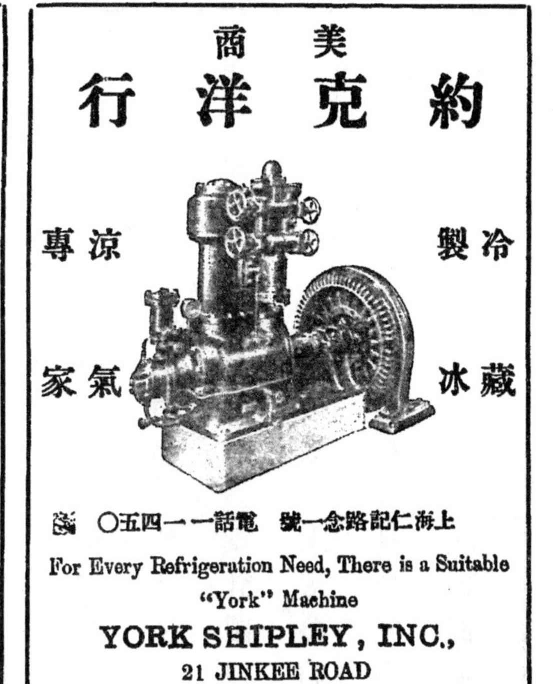

SUN KEE

GENERAL BUILDING CONTRACTOR

OFFICE: NO. 6 NORTH SZECHUEN ROAD

TEL : 40401

FACTORY: NO. 8 WUKAWAN, KIANGWAN

森記營造廠

本廠專門承造各種中西房屋碼頭橋梁及其他一切鋼骨水泥工程兼理代客設計如蒙委辦無任歡迎

事務所 北四川路六號

電話 四〇四〇一號

工廠 江灣吳家灣八號

永亨營造廠

WINGHELM CONSTRUCTION CO.

General Building Contractor

17 PASSAGE No. 425 AVENUE JOFFRE

TELEPHONE 82307

本廠專門承造中西房屋學校醫院市房住宅崇樓大廈鋼骨水泥及鋼鐵建築廠房橋樑碼頭等工程無不經驗宏富如蒙委託無任歡迎

事務所 上海霞飛路四明里十七號

電話八二三〇七號

王開

地址 南京路三〇八號

電話 第九一二四五號

美術照相 建築拍照 外景內部 一經拍攝 經驗豐富 價格公道

技術優良 特別擅長 設計圖樣 永留榮光 設備麗煌 藝術高尚

桂正昌鋼鐵廠

本廠專製建築五金鋼鐵出品堅固耐久且價格低廉交貨迅速素為各大建築公司營造廠家所讚許推為鋼鐵界上乘如蒙賜顧竭承歡迎

註册商標

廠址 盧家灣南魯班路中

電話 南市電話二三二六三